Wieso fliesst der Nil bergauf?

Kenneth C. Davis

Wieso fliesst der Nil bergauf?

Alles, was Sie über die Welt wissen sollten,
aber nie gelernt haben

Aus dem Englischen
von Michael Benthack

area

Kenneth C. Davis: Wieso fließt der Nil bergauf?
Titel der amerikanischen Originalausgabe:
DON'T KNOW MUCH ABOUT GEOGRAPHY®
Originalverlag: William Morrow & Co., New York, NY.

Lizenzausgabe mit Genehmigung der
Verlagsgruppe Lübbe GmbH & Co. KG, Bergisch Gladbach
für area verlag gmbh, Erftstadt

Einbandgestaltung: agilmedien, Köln
Einbandabbildung: Mauritius
Satz: Textverarbeitung Garbe, Köln
Druck und Bindung: Bercker, Kevelaer

Printed in Germany 2004

ISBN 3-89996-027-0

Für meine Eltern, Evelyn und Richard Davis,
die mir immer den richtigen Weg wiesen.

Ich möchte mehreren Personen danken, die dieses Buch – von der Idee bis zur Fertigstellung – möglich gemacht haben. Großer Dank gebührt meinem Lektor, Mark Gompertz, der von Anfang an dabei war. Außerdem danke ich Adrian Zackheim, Suzanne Oaks, Lisa Considine, Sharyn Rosenblum und allen anderen Mitarbeitern in den Verlagen William Morrow und Avon Books für ihre Hilfsbereitschaft. Meinem guten Freund und Agenten David Black – letzteres steht hinter der Freundschaft zurück – danke ich für seine Ermunterung und Unterstützung.

Dank gebührt auch Edward Bergman vom Lehman-College. Wenn alle, die Geographie unterrichten, den Stoff so unterhaltsam und interessant aufbereiten könnten wie er, wäre dieses Buch wohl nicht nötig gewesen.

Auch hätte ich es sicherlich nicht ohne die *Public Library* in New York sowie das Bildarchiv und die Bibliothek des *American Museum of Natural History* schreiben können.

Darüber hinaus danke ich den verständnisvollen und hilfsbereiten Freunden, vor allem Margaret Enoch, deren Ermutigung mir immer sehr viel bedeutet.

Besonders dankbar bin ich aber meiner Frau Joann. Sie hat das Buch mit Klugheit und Kreativität, Geduld und Unterstützung begleitet und alles erst möglich gemacht. Und euch, Jenny und Colin, danke ich, weil ihr so viel Geduld hattet mit eurem Vater, der immer zu viel Zeit am Schreibtisch verbringt. (Und Jenny – vielen Dank für die Seepferdchen!)

INHALT

Die Geographie beschreibt und erforscht die gesamte bekannte Welt und alle darin enthaltenen Erscheinungen. Betreibt man Geographie, so gilt es, die Erde in ihrer Gesamtheit zu betrachten, ihre Form und ihre Stellung im Weltraum … die Dauer der Tage und Nächte, die Sterne, die hoch oben stehen, die Sterne, die sich am Horizont bewegen, und die Sterne, die nie am Horizont erscheinen …
Es ist die große und vorzügliche Errungenschaft der Mathematik, daß sie all das dem Begriffsvermögen des Menschen erklärlich machen kann.

Ptolemäus *Geographia*

Do you know the way to San José?

Burt Bacharach

EINLEITUNG

Wie kommt es, daß der Nil nach oben fließt?

In der Grundschule hatte ich eine Erdkundelehrerin, die ich Mrs. McNally nennen möchte. Eines Tages verlor sie mitten im Unterricht die Fassung. Als sie eine dieser schönen, aufrollbaren Karten aus dickem Wachspapier herunterzog, die wir an unserer Schule benutzten, verstand sie die Welt nicht mehr.

Erinnern Sie sich? Drei oder vier Landkarten, die über der Tafel hingen? Wenn man eine Karte herunterzog, rollte sie sich manchmal mit einem Ruck wieder auf. Bisweilen wirkte das wie eine Slapstick-Einlage in einem Stummfilm.

An diesem besonderen Morgen hing eine Landkarte Afrikas an der Tafel, denn Ägypten und der Nil sollten behandelt werden. Die Lehrerin erklärte gerade etwas, als ein Händchen in die Höhe ging und und eine Stimme fragte: »Wie kommt es, daß der Nil nach oben fließt?«

Aus der Sicht eines Erwachsenen ist das eine dumme, aber auch unbefangene und kindliche Frage. (Wenn auch Sie sich diese Frage stellen, dann müssen Sie unbedingt weiterlesen!) Aber damals schien sich ein Rätsel dahinter zu verbergen, das sofort die Aufmerksamkeit der ganzen Klasse erregte. Plötzlich leuchtete über unseren Köpfen die sprichwörtliche Glühbirne, und wir alle dachten: Kann denn ein Fluß wirklich nach oben fließen? Für uns Fünftkläßler ergab es einfach keinen Sinn, daß ein Fluß *die Karte hinauffließt.* Denn Wasser fließt ja immer nach unten. Wir hatten also unsere Lehrerin bei einem kapitalen Irrtum ertappt.

Auf einer Karte, die sich am weitverbreiteten Mißverständnis orientierte, das im folgenden kleinen Gedicht enthalten ist:

Norden zur Decke
Süden zum Boden
Westen zum Fenster
Osten zur Tür

hatte es natürlich tatsächlich den Anschein, als flösse der Nil nach oben.

Ich erinnere mich nicht mehr genau daran, was in jenem Jahr sonst noch im Unterricht passierte, doch ich weiß noch, daß die Frage einen kleinen Sturm im Klassenzimmer hervorrief. Aber auch wenn sich Mrs. McNally noch so sehr anstrengte – sie konnte uns Zehnjährigen nicht begreiflich machen, daß es einen Unterschied zwischen oben und der Kompaßrichtung Norden auf der Landkarte gibt und daß folglich der Nil aus den Bergen Ostafrikas hinabfließt und ins Mittelmeer mündet.

Wie Mrs. McNally uns das Problem zu erklären versuchte, habe ich vergessen. Aber sie fiel bei uns durch – und zwar mit Pauken und Trompeten. Nichts fruchtete. Daraufhin war sie völlig frustriert, weil wir ein geographisches Grundkonzept einfach nicht begreifen wollten, und verlor vollends die Beherrschung. Schließlich erteilte sie uns irgendeine schlimme – und ungerechtfertigte – Strafe, beispielsweise wurden wir aus dem Unterricht gewiesen.

Bis heute ist mir diese Erdkundestunde gut in Erinnerung geblieben. Es kann durchaus sein, daß sich an diesem Beispiel die gelegentliche Unfähigkeit von Lehrern zeigt. (Bevor mich die Lehrergewerkschaft schilt, will ich gleich hinzufügen, daß mir viele sehr gute Lehrer und Lehrerinnen eine Liebe zum Lernen vermittelten und ich deren Unterricht als reine Freude empfand. Sie verdienen ein sehr viel höheres Ansehen, als ihnen die Kritiker des Erziehungssystems zubilligen.)

Aber die Unterrichtsstunde weckte auch mein Interesse an der Frage, wie viele Schulkinder begreifen, worum es bei geographischen Fragestellungen eigentlich geht. Bestimmt war Mrs. McNally nicht die einzige, die uns etwas Gescheites beizubringen versuchte.

Besonders betrüblich an unserem mangelnden Verständnis war, daß es zeigt, welch falsches Bild wir uns von der Geographie oder Erdkunde machen. In ihrer einfachsten Form stellt das Fach die ältesten und grundlegendsten Fragen der Menschheit:

»Wo bin ich?«
»Wie komme ich dorthin?«
»Was liegt auf der anderen Seite des Berges?«

Solche elementaren Fragen führten dazu, daß Menschen von einem Ort zum anderen zogen und sich auf die Suche nach einem besseren Leben machten. Am Ende haben sie sogar bewirkt, daß wir den Blick gen Himmel richteten und nach Antworten auf noch größere Fragen suchten:

»Woher komme ich?«
»Gibt es da draußen sonst noch jemanden?«
»Wer oder was hat das Weltall zusammengesetzt?«

Die Quintessenz der Geographie bilden nicht einfach Landkarten, auf denen die Orte aller Länder dieser Welt verzeichnet sind. In Wirklichkeit zeigen uns solche Karten kaum etwas. Die Geographie stellt faszinierende Fragen – Wer sind wir? Und wie wurden wir, wie wir sind? – und liefert dann Hinweise zu ihrer Beantwortung. Nur wenn man geographische Fragestellungen einbezieht, lassen sich Geschichte, internationale Politik, Weltwirtschaft, Religionen,

Philosophie sowie »kulturelle Verhaltensmuster« umfassend verstehen.

Die Geographie ist eine Leitwissenschaft. Sie ist die Mitte eines Kreises, von dem aus andere Wissenschaften und Fachdisziplinen ausstrahlen: Meteorologie und Klimakunde, Ökologie und Geologie, Meereskunde, Demographie, Kartographie, Landwirtschaftskunde, Wirtschaftswissenschaften und Politologie. Auf einer bestimmten Forschungsebene spielen in allen diesen Disziplinen geographische Umstände eine Rolle. Offenbar gehört ein solches geographisches Wissen in zentraler, elementarer Weise zum umfassenden Erkennen der Welt und des Weltalls dazu.

Im vorliegenden Buch möchte ich solche elementaren Fragen stellen und beantworten. Dabei verfolge ich ein ganz einfaches Ziel: Ich möchte das Fach Erdkunde ein wenig interessanter machen, als es die meisten von uns in Erinnerung haben. Viele haben nur deshalb so wenig geographische Fakten und Daten aus dem Unterricht im Gedächtnis behalten, weil sie Geographie so langweilig fanden. Hinter dem Fach verbergen sich aber keine verstaubten Geheimnisse, sondern es ist eine aufregende Kunst und eine nützliche Wissenschaft zugleich. Wie die Geschichtswissenschaft mißverstehen viele Menschen auch die wissenschaftliche Geographie. Oft stoßen diese Fächer auf Desinteresse, und man denkt insgeheim: Das ist doch alles recht trocken.

Das liegt zum großen Teil daran, daß viele Bücher zum Thema Geschichte oder Geographie von Experten geschrieben und von anderen Fachleuten gelesen werden. Aber die meisten Experten ignorieren die allgemeine Leser- und Schülerschaft oder behandeln sie etwas von oben herab, weil sie in ihrem Streben nach der Vermittlung fundierter Kenntnisse gerade das übersehen, was an den Fächern viele Menschen faszinieren könnte.

Abb. 1 Copyright © 1983 bei Jesse Levine. Wiederabdruck mit freundlicher Genehmigung von *Laguna Sales, 408-274-6493.*

In diesem Buch versuche ich daher, die vorherrschende Meinung über die Quintessenz der Geographie ein wenig zu korrigieren. In Fächern wie Geschichte und Geographie konzentriert man sich in der Schule oft auf die reinen Fakten, die dann auswendig gelernt werden müssen: Jahreszahlen, Schlachten, Reden, Hauptstädte, Klimatabellen. Solche Kenntnisse sind durchaus nützlich – aber nur, wenn man den Stoff in einen größeren Rahmen einzuordnen vermag. Ist es da nicht viel besser, wenn man sie mit greifbaren, interessanten Informationen verbindet?

Allzuleicht wird von Lehrern und in Lehrbüchern vergessen, daß sich hinter dem Stoff Geschichten und menschliche Schicksale verbergen. Wie jeder Zeitungsredakteur weiß, muß man diesen Aspekt einer »Story« herauskehren, wenn sich die Zeitung gut verkaufen soll. Deswegen habe ich mich bemüht, großen Wert auf die »Persönlichkeit« geographischer Begriffe und Orte der Welt zu legen. Auswendig lernen, wo Timbuktu liegt, kann jeder. Wenn man jedoch zeigen kann, daß die Stadt an einem Kreuzungspunkt liegt, an dem sich eine Wüste und ein größerer Fluß treffen, und in welcher Weise dieser Umstand zu Handelsbeziehungen führte, die diese Oasenstadt schließlich zu einem Zentrum der Wissenschaft und des Sklavenhandels machten, dann hat man einen Zusammenhang zwischen der Geographie und dem Leben der Menschen hergestellt.

Dieses Buch beginnt mit einem kurzen historischen Überblick, der die faszinierende und oft amüsante menschliche Wahrnehmung der Erde und des Universums durch die Jahrhunderte nachzeichnet. So, wie die erwähnten Schulkinder glaubten, der Nil flösse nach oben, ist auch die Weltgeschichte voller geographischer Märchen und Mißverständnisse, die die Einstellungen und Handlungen der Menschen widerspiegeln – und nicht selten den Lauf der Geschichte beeinflußten.

Selbstverständlich hatten nicht nur die Menschen im Altertum merkwürdige Vorstellungen von der Erdkunde. Wenn man unsere Wahrnehmungen von der Welt auf den Kopf stellt – wie in der »umgekehrten Karte«, auf der Südamerika zur Abwechslung einmal oben dargestellt ist –, hört man oft den enthüllenden Satz: »So habe ich das noch nie gesehen.«

Landkarten können etwas verdeutlichen oder in die Irre führen. Zum Beispiel kennen viele Leute die sogenannte »Mercatorprojektion«, bei der die Größe von Kontinenten und Ländern ihren tatsächlichen Größen überhaupt nicht entspricht, da eine ebene Karte die runde Erde verzerrt darstellt. Schon die Art der Größendarstellung hat Einfluß auf unser Denken. Grönland ist die größte Insel der Erde und wirkt auf der Mercatorkarte ebenso groß wie Kanada oder ganz Afrika. In Wirklichkeit hat sie nur eine Fläche von 2,2 Millionen Quadratkilometer, wohingegen Afrika 30,3 Millionen Quadratkilometer umfaßt. Irgendwie beeindruckt uns die schiere Größe Nord- und Südamerikas und Afrikas. Betrachtet man diese Kontinente aber anhand einer Bevölkerungskarte, wirken sie im Vergleich mit China oder Indien geradezu »leer«.

Wenn ein Ereignis die dominierenden Vorstellungen von der Welt oder vom Weltall radikal ändert – Marco Polo kehrt aus Kathai (China) zurück, Magellans Seeleute beenden die Umsegelung der Welt, die beiden deutschen Staaten wiedervereinigen sich –, dann wird die herrschende Sichtweise gründlich erschüttert und der Lauf der Geschichte ändert sich. Als nach den jüngsten Ereignissen in Europa die Grenzen neu gezogen und neue Länder auf den Karten eingezeichnet wurden, kam uns zu Bewußtsein, welchem außerordentlich großen Wandel die geographischen Fakten immer wieder unterliegen.

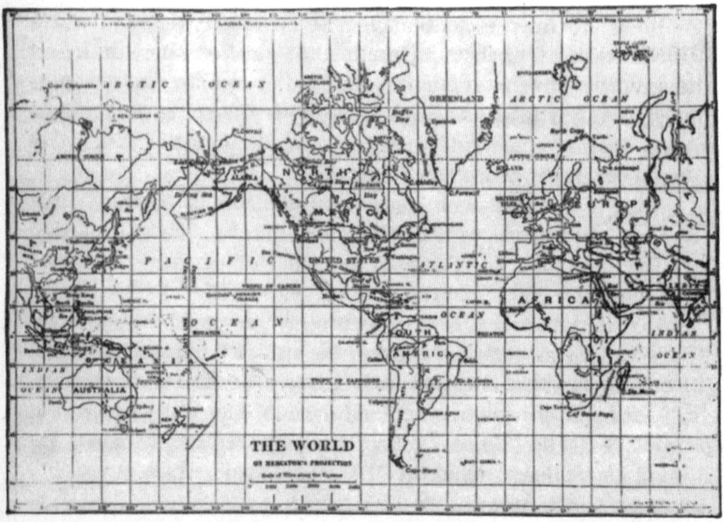

Abb. 2: Die Welt gemäß der Mercatorprojektion: Grönland ist groß, aber nicht so groß! Photographie von H. S. Rice, mit freundlicher Genehmigung des *Department of Library Services, American Museum of Natural History.*

In den nächsten Kapiteln sollen der von politischen und historischen Veränderungen herbeigeführte Wandel im äußeren Erscheinungsbild der Weltkarte wie auch die Zusammenhänge zwischen Geographie und Geschichte der Erde näher untersucht werden.

Aus reinem Vergnügen sind hier und da Auszüge aus Berichten berühmter Reisender und Entdecker – gleichsam als »Stimmen der Geographie« – in den Text eingestreut. Von den alten Griechen über Marco Polo bis zu den Mondastronauten haben Reisende viele Orte und Gegenden so lebendig geschildert, wie es auch die bedeutendsten Romanschriftsteller nicht vermochten. Ich habe mich bemüht, eine abwechslungsreiche, interessante Sammlung mit Beispielen aus allen Jahrhunderten zu bieten. Außerdem sind in den Text chronologische Tabellen eingefügt: die sogenannten

»Meilensteine der Geographie«. Sie heben einige Entwicklungen, Entdeckungen, Erfindungen und Ereignisse hervor, die sowohl die Erde als auch die Sicht der Menschen von ihr nachhaltig geprägt haben.

Ich hoffe, daß sich die Leser und Leserinnen nach der Lektüre ein wenig besser auf unserer Erde auskennen werden. Das Buch soll jedoch nicht nur den Eindruck von der Geographie, wie ihn uns der Schulunterricht vermittelt hat, korrigieren. Vielmehr will es Lust auf das Fach machen und die gleiche Freude wecken, die ein Kind empfindet, wenn es einen Globus dreht, mit dem Finger auf exotische Orte tippt und von fernen Ländern träumt.

Darüber hinaus verfolgt das Buch etwas ehrgeizigere Ziele. Das erste besteht darin, die Leserinnen und Leser aufzufordern, »geographisch zu denken«, so wie man es im Altertum tat. Das heißt, sie sollen die Welt vor dem Hintergrund »gesicherter« Erkenntnisse betrachten und nach logischen Antworten suchen, jedoch nicht annehmen, daß *offensichtlich* und *richtig* identisch sind. Um ein einfaches Beispiel zu nennen: Seit Jahrhunderten betrachteten Menschen den Horizont, wobei viele, wenn nicht alle, von dem ausgingen, was sie sahen. Die Erde schien dort zu Ende zu sein, wo sich Himmel und Meer treffen. Die Schlußfolgerung lag auf der Hand: Die Erde ist eine Scheibe, und wenn man sich zu weit vorwagt, fällt man herunter. Andere betrachteten den Horizont und stellten komplexere Beobachtungen an: Schiffe, die über den Horizont hinausfuhren, schienen langsam unterzugehen. Wenn die Erde flach wäre, müßten die Schiffe jedoch plötzlich verschwinden.

Deshalb müsse die Erde rund sein. Geographisch zu denken ist also eine andere Art zu sagen: Sieh genau hin, und stell alle naheliegenden Annahmen in Frage.

Diese Denkweise führt auch dazu, daß man Zeitungen mit einem anderen Blick liest. Täglich finden bedeutende Ereignisse statt, bei denen das *Was* in direktem Zusammenhang mit dem *Wo* steht. Wer hingegen immer noch an der Version der Ereignisse von Mrs. McNally festhält, wird nicht im Bilde sein.

Ein höheres Maß an »geographischem Alphabetentum« könnte sogar bewirken, daß uns die Welt kleiner erscheint. Der Medien-Mogul Ted Turner hat einmal vor Journalisten gesagt: Das Wort »ausländisch« sei abwertend, da man dabei an seltsame oder fremdartige Eigenschaften denkt. Im Geist des »globalen Dorfes«, so Turner, sollte man deshalb das Wort »ausländisch« durch »international« oder einen anderen Begriff ersetzen.

Vielleicht ein eher unbedeutender sprachlicher Punkt, aber einer, der uns nachdenklich stimmen sollte. Indem es uns mit der Welt ein wenig vertrauter macht, will dieses Buch dazu beitragen, daß uns die Welt jenseits unserer Grenzen etwas weniger »ausländisch« erscheint.

Und schließlich hoffe ich, daß die Menschen erkennen, welch zartes Band die Erde am Leben erhält. Wir leben in einer Zeit, da wir »das Schicksal der Welt« tatsächlich in Händen halten. Seit vierzig Jahren machen sich die Menschen große Sorgen, das Leben auf unserem Planeten könnte mit großem Getöse untergehen. Die Angst vor einem nuklearen Holocaust ist heute geringer als zu irgendeinem Zeitpunkt seit Beginn des Atomzeitalters. Dennoch sehen wir uns Bedrohungen ausgesetzt, die zwar nicht so unmittelbare katastrophale Folgen haben wie ein Atomkrieg, die Zukunft des Lebens auf der Erde aber ernsthaft gefährden können. Bedauerlicherweise werden Umweltschützer nicht selten als linke Pessimisten angesehen, die mit ihren Ideen Arbeitsplätze vernichten. Im Laufe meiner Recherchen bin ich zu der Überzeugung gelangt, daß der Zukunft des Menschen vielfältige Gefahren für die Umwelt entgegenstehen. Man muß etwas von Geographie verstehen, wenn man erkennen will, daß das, was in den Regenwäldern Brasiliens, in Chinas Kohlerevier oder an den Rändern der Sahara geschieht, Auswirkungen auf das Leben in New York, Rom, Paris oder Berlin hat. Um mit einer großen Telefongesellschaft zu sprechen: »Wir sind alle miteinander verbunden.«

Dies führt zu einer weiteren Frage: Spielt die geographische Entfernung im Zeitalter des Internets, der Mobiltelefone, Telefaxgeräte, Überschallreisen und Konferenzschaltungen, die Orte und Menschen über Tausende Kilometer verbinden, sowie der allgegenwärtigen Satellitenschüsseln in Nachbars Garten überhaupt noch eine Rolle? Ist die Geographie nicht ein überholtes Fach?

Das scheint mir eine berechtigte Frage zu sein. Ich habe gesehen, wie Ostberliner im Westteil der Stadt nach den Windeln und Hamburgern suchten, für die vor dem Fall der Mauer im westdeutschen Fernsehen Werbung gemacht worden war. Natürlich werden geographische Fakten wichtig bleiben, denn trotz aller hochentwickelter Telekommunikationsverbindungen legen die Menschen immer noch großen Wert auf ihre Individualität und Besonderheit. Zudem bleibt das ganze Gerede von der »Neuen Weltordnung« ziemlich sinnlos, wenn sich Menschen wegen Grenzstreitigkeiten und umstrittenen territorialen Besitzansprüchen gegenseitig umbringen und die Armen dieser Welt die Reichen nach wie vor anklagend anblicken. Die Technik kann die Entfernungen zwar verkürzen, aber die Unterschiede bleiben bestehen. Wenn wir diese Distanzen überbrücken und diese Unterschiede respektieren möchten, müssen wir die Lehren der Geographie beherzigen.

1

DIE ERDE IST EINE BIRNE

Ich habe immer gelesen, die Erde – Festland und Wasser – sei kugelförmig [...]. Ich habe jedoch so viele Unregelmäßigkeiten beobachtet, daß ich dazu gelangt bin, mir von der Erde eine andere Vorstellung zu machen. Ich habe gefunden, daß sie nicht kugelrund ist, wie sie beschrieben wird, sondern die Gestalt einer zwar im ganzen sehr runden Birne hat, mit Ausnahme jener Stelle, wo der Stiel sitzt. Dieser Punkt ist bedeutend erhöht. Oder sie hat die Form einer Kugel, der an einer Stelle etwas wie eine weibliche Brustwarze aufgesetzt ist. Diese Stelle ist die höchste, dem Himmel nächste [...].

Christoph Kolumbus
Aus dem Bericht über seine dritte Reise (1498).

Wer »erfand« die Geographie?
Wer stellte die ersten Landkarten her?
Imaginäre Orte: Gab es ein Atlantis?
Existierte ein Garten Eden?
Wer erfand den Kompaß?
Warum haben weder Chinesen noch Afrikaner oder Araber Amerika »entdeckt«?
Wer »entdeckte« Amerika wirklich?
Meilensteine der Geographie I: 5000 v. Chr. – 1507 n. Chr.

In einem flüchtigen Augenblick der Geschichte haben wir Menschen auf den Fernsehbildschirmen außerordentlich bedeutsame Ereignisse mitverfolgt, die das Weltgeschehen tiefgreifend verändert haben: den Fall der Berliner Mauer und die Vereinigung der beiden deutschen Staaten; den Golfkrieg; irakische SCUD-Raketen, die bis nach Israel flogen; Araber und Israelis, die Friedensgepräche führten; Serben und Kroaten, die Krieg gegeneinander führten; Armenier und Aserbeidschaner, die sich aufgrund eines jahrhundertealten Konflikts gegenseitig töteten. Und am außergewöhnlichsten von alldem war der Untergang der Sowjetunion, wie wir sie seit fast einem Jahrhundert kannten.

Noch nie schien das globale Dorf so klein. Auf einmal betrachteten allerorten Menschen, die fast nie eine Karte zur Hand nehmen – außer wenn sie die Route zu ihrem Urlaubsort festlegen oder die Geheimnisse des großstädtischen Nahverkehrssystems entziffern müssen – die Weltkarte mit einem anderen Blick, noch während sie neu gezeichnet wurde.

Ganz plötzlich dachten Menschen auf der ganzen Welt über geographische Namen nach – vielleicht zum erstenmal, seit sie die Grundschule verlassen hatten. Leider beschwört das Wort Geographie bei den meisten Menschen die Erinnerung an verstaubte Lehrbücher herauf. Vielleicht denken sie auch an die Aufgabe im Grundschulunterricht, die Namen von Hauptstädten auswendig zu lernen oder bestimmte Länder oder Regionen dadurch zu kennzeichnen, daß man die landwirtschaftlichen Haupterzeugnisse oder Rohstoffe nannte.

Inzwischen kann man der Geographie – oder dem »geographischen Denken« – jedoch nicht mehr so leicht aus dem Wege gehen. Es liegt eine gewisse Ironie darin, daß die heutige Unfähigkeit, in geographischen Kategorien zu denken

– oder unser Desinteresse daran –, im Altertum gänzlich unbekannt war. Von jeher mußte der Mensch in geographischen Kategorien denken, damit er überleben und sich weiterentwickeln konnte. Mit dieser Fähigkeit, das Weltgeschehen zu beobachten sowie wohlüberlegte, logische Schlußfolgerungen hinsichtlich der Welt und des Universums zu ziehen, begann der Vormarsch der Naturwissenschaften.

Stimmen der Geographie: Aristoteles (384-322 v. Chr.)

> Daraus ersieht man, daß ihre Masse [die der Planeten] Kugelgestalt hat. Auch sind sie darin einer wie alle, und der Mond beweist durch seine Erscheinungen, daß er kugelförmig ist. Sonst würde er nämlich nicht beim Zu- und Abnehmen meist sichel- oder doppelbogenförmig sein und nur einmal halbiert. Auch kann man wieder aus der Sternkunde lernen, daß sonst die Sonnenfinsternis nicht sichelförmig wäre. Wenn also ein Stern so ist, dann sind sie es alle.

Wer »erfand« die Geographie?

Stellen Sie sich vor: Sie – ein moderner Robinson – haben Schiffbruch erlitten und sind an die Gestade einer menschenleeren Insel gespült worden. Da Sie einen Gedächtnisverlust erlitten haben, können Sie sich weder an das Datum, den Ort, die Jahreszeit noch die Uhrzeit erinnern. Sie haben keine Uhr und erinnern sich nicht daran, wo Sie sich zum Zeitpunkt des Unterganges ihres Schiffes befanden.

Wie lange würde es dauern, bis Sie herausgefunden hätten, wie spät es ist? Welche Jahreszeit herrscht? Welcher Monat ist? Wie das ungefähre Datum lautet? Sie bemerken, daß das Meerwasser den Strand hinaufströmt und sich später am Tag wieder zurückzieht.

Wie entsteht dieses Phänomen? Und könnten Sie – während Sie sich in Ihrem Tropenparadies einrichten und hinauf in den Nachthimmel blicken – die sich am Himmel bewegenden, stecknadelgroßen Lichtquellen unterscheiden?

Wann würden Sie Feldfrüchte anbauen, um nicht zu verhungern? Schließlich können Sie sich nicht nur von Kokosnußmilch und wilden Beeren ernähren.

Wissen Sie, wie weit es bis zum anderen Ende der Insel ist? Wie würden Sie die Entfernung messen? Und wie steht es mit Ihrem ungefähren Standort in der Welt? Daß es Breiten- und Längengrade gibt, haben Sie vergessen. Wissen Sie überhaupt, wo Sie sich befinden?

Und wenn Sie das alles herausgefunden haben – könnten Sie dann die Form der Erde bestimmen? Wie groß diese Welt vielleicht ist?

Nun, die alten Griechen – genauer: einzelne Menschen, die wir unter dem Oberbegriff »die Griechen« zusammenfassen – konnten das alles zum größten Teil. Natürlich mußten mehrere Genies einige Jahrhunderte forschen, um die Erkenntnisse zu einem Bild zusammenfügen zu können. Dabei unterliefen ihnen auch einige erhebliche Fehler, die fast zwanzig Jahrhunderte weiterbestehen blieben und alle Menschen – von den Oberen der römisch-katholischen Kirche bis zu Christoph Kolumbus – beeinflußten.

Doch die Griechen haben es geschafft, und zwar ganz ohne Uhren, Fernrohre, Sextanten, Maßbänder oder irgendwelche anderen nützlichen kleinen Apparate, die die genaue Messung der Zeit und die Bestimmung des Ortes ermöglichen. Die Griechen haben aber nicht als erste die Welt betrachtet und zu erklären versucht, was sie im Innersten zusammenhält. Die Ägypter und Mesopotamier leisteten einen großen Teil der Grundlagenforschung, auf der die Griechen aufbauen konnten. Auch in der hinduistischen und chinesischen Kultur arbeitete man zur selben Zeit an der Lösung dieser Probleme.

Allerdings unterschieden sich die griechischen Philosophen in einer Hinsicht sowohl von ihren Zeitgenossen als auch den vorhergehenden Kulturen: Sie unternahmen den systematischen Versuch, ein ganz an der Vernunft orientiertes Denken auf die Erforschung der Welt anzuwenden. Die Griechen versuchten als erste, die eigenen Gedanken über die Welt durch das zu überprüfen, was man heute als wissenschaftliche Methode bezeichnet. Zwar verfielen sie, wenn ihnen die Erscheinungen des Universums unerklärlich waren, wieder in eine mythische Denkweise – so wie die vergangenen und zukünftigen Generationen der Menschheit es taten und tun werden –, aber sie bemühten sich erstmals, den Kosmos zu erkennen.

Das Wort Geographie stammt aus dem Griechischen; *ge* bedeutet »die Erde« und *graphe* »beschreiben«. Viele Griechen dachten, sprachen und schrieben in geographischen Kategorien, ohne ihre Methode jedoch so zu bezeichnen. Das Heldenepos des Homer, die *Odyssee*, gilt sogar als eines der ersten geographischen Werke der abendländischen Kultur, weil es die vielen historisch verbürgten Orte beschreibt, zu denen Odysseus während seiner langen Seereise nach dem Krieg um Troja gelangte (vgl. in Kapitel 4 »Imaginäre Orte: Gab es ein Troja?« S. 227).

Viele wissenschaftliche Methoden zur Erforschung geographischer Fragestellungen wurden in dem griechischen Handelszentrum Milet entwickelt. Milet liegt in der heutigen Türkei und erlebte seine Blütezeit etwa siebenhundert Jahre vor Christi Geburt. Dort wendeten Philosophen erstmals mathematische Grundsätze auf die Vermessung der Erde an. Thales von Milet, eine Art Thomas Edison der Antike, war nicht nur im Olivenölgeschäft außerordentlich erfolgreich, sondern besaß auch eine außergewöhnlich hohe Intelligenz und eine große Erfindungsgabe. Er leistete mehrere bedeutende Beiträge zur Geometrie und gilt als derjenige, der die Sonnenfinsternis im Jahr 585 v. Chr. präzise vorhersagte. Zu seinen einflußreichen Schlußfolgerungen gehört, daß die Erde eine flache, im Wasser schwimmende Scheibe ist.

Anaximander von Milet, ein jüngerer Kollege, der die Sonnenuhr erfand, hatte einen ziemlich verblüffenden Einfall: Nach der Untersuchung fossiler Überreste von Tieren folgerte er, daß sich das Leben in einem Meer entwickelt haben mußte, das einst einen großen Teil der Erdoberfläche bedeckte. Er hat als erster eine Erdkarte entworfen. Auf ihr bildet Griechenland den Mittelpunkt; die Welt wird von einem endlosen Fluß bzw. Meer umgeben. Seiner Meinung nach hatte die Erde eine zylindrische Form, wobei eine Scheibe – der bewohnte Teil – obenauf lag. Doch bei Anaximander ruhte die Erde nicht in einem endlos weiten Meer, wie sein Lehrer Thales angenommen hatte, sondern er ließ sie frei im Raum schweben. Der Himmel war dabei mit einer Kugel verbunden, die sich um die Erde drehte, und das erklärte den täglichen Lauf der Sonne, Sterne und Planeten.

Andere griechische Autoren, Philosophen, Historiker und Mathematiker folgten nach, unter ihnen Herodot, Platon und Aristoteles. Sie alle erweiterten die Erforschung der Erde hinsichtlich Größe und Form und erkundeten ihre Stellung im Kosmos sowie die Grenzen, denen menschliches Leben unterworfen sein müsse. Platon hielt die Erde für kugelförmig, doch eher aus philosophischen Gründen und weniger aufgrund wissenschaftlicher Beweise. Für ihn war die Kugel der vollkommenste geometrische Körper. Später stimmte ihm Aristoteles zu, der jedoch nach beobachtbaren Indizien suchte. Diese fand er schließlich in dem Schatten, den die Erde auf die Mondoberfläche wirft.

Andererseits verfielen die großen griechischen Philosophen in eine recht simple Denkweise. So meinte Aristoteles, je näher man dem Äquator komme, desto wärmer werde es.

Als Beweis galt ihm die dunkle Hautfarbe der Libyer, die seiner Meinung nach von der Sonne versengt worden seien. Nach Aristoteles war aufgrund der hohen Temperaturen am Äquator kein Leben möglich. Auch war er überzeugt, daß ein natürliches Gleichgewicht die Existenz eines Kontinents, der dem nördlich des Äquators gelegenen gleiche, südlich des Äquators zwingend nahelege. Deshalb prägte er den Begriff »Antipode«, wörtlich »Gegenfüßler«, der bis in die Zeit der Reisen des Kapitäns James Cook in der Mitte des 18. Jahrhunderts verwendet wurde.

Drei weitere Philosophen der Antike ragen heraus. Sie erfaßten das Wissen von der Welt in einzelnen Werken, die alle den Begriff »Geographie« im Titel trugen.

Der erste unter ihnen ist Eratosthenes von Kyrene (ca. 276-196 v. Chr.). Der in Libyen geborene Bibliothekar prägte den Begriff »Geographie«. Außerdem gelang ihm die recht genaue Bestimmung des Erdumfangs, wobei ihm kaum mehr als ein Schatten, ein Brunnen und ein wenig algebraisches Grundwissen zu Gebote standen.

Eratosthenes wurde zum Leiter der Bibliothek von Alexandria in Ägypten ernannt. Dort stand ihm eine Büchersammlung von über 100 000 »Bänden« – eigentlich Papyrusschriftrollen – zur Verfügung, die das gesammelte Wissen seiner Zeit enthielten. Rund 250 Jahre vor Christi Geburt war Alexandria die bedeutendste Stadt der abendländischen Welt, der Sitz der Bibliothek, die Alexander der Große, der junge Soldat aus Mazedonien und Privatschüler des Aristoteles, gegründet hatte. Nach Alexanders Tod herrschten seine Erben, die Ptolemäer (zu ihnen gehörte auch die legendäre Kleopatra), über Ägypten. Unter der 300jährigen Dynastie der Ptolemäer stieg Alexandria zum bedeutendsten Mittelpunkt der naturwissenschaftlichen, mathematischen und literarischen Forschung auf. Allerdings entstand auch eine Unterwelt, die von den weltlichen Reichtümern, die es dort zu holen gab, angezogen wurde. Alexandria war, wie ein Dichter sagte, das »Haus der Aphrodite« (der Göttin der Liebe), in dem es jede Menge Wein, Reichtum, schöne junge Männer und attraktive Frauen gab. Man fragt sich, wie die Menschen in dieser Umgebung noch Zeit hatten, ihrer Arbeit nachzugehen …

Rückblickend scheint es, als sei eine der wichtigsten Erkenntnisse des Eratosthenes sehr einfach zu erlangen gewesen. Allerdings ist vor ihm niemand auf die Idee gekommen. Ihm gebührt das Verdienst, die Welt in parallele Linien von Ost nach West und von Nord nach Süd – Meridiane – eingeteilt zu haben. Diese Linien zogen sich allerdings nicht in regelmäßigen Abständen um die Erde, sondern er orientierte sich bei dieser Einteilung an auffälligen Wahrzeichen und bekannten Orten wie Rhodos, Alexandria, den Säulen des Herakles (Gibraltar) und der Spitze Indiens.

Eratosthenes hatte erfahren, daß es in Syene (dem heutigen Assuan) einen Brunnen gebe, in dem sich die Sonne am Mittag des 21. Juni, dem längsten Tag im Jahr, spiegelte. Deshalb vermutete er, daß die Sonne in diesem Augenblick senkrecht über der Erde steht. Daraufhin nahm er einige mathematische Berechnungen vor. Seiner Meinung nach lag Syene südlich von Alexandria, auf demselben Meridian (oder Längengrad, den imaginären Nord-Süd-Verbindungslinien auf den Landkarten). Indem Eratosthenes den Schatten maß, den ein Obelisk in Alexandria in demselben Augenblick warf, in dem er in Syene keinen Schatten erzeugte, errechnete er die Länge zweier Seiten eines Dreiecks: die Länge des Schattens und die Höhe des Obelisken. Mit Hilfe dieser Erkenntnis und einigen einfachen geometrischen Berechnungen bestimmte er den Winkel des Dreiecks und damit den Winkel, in dem die Sonne direkt über ihm stand. Dieser Winkel betrug 7°12'; das entsprach ungefähr einem Fünfzigstel der 360 Grad eines Kreises.

Ausgestattet mit diesem Wissen, folgerte Eratosthenes: Wenn man die Entfernung von Syene nach Alexandria kennt – die dritte Seite seines Dreiecks, das die Sonne, Alexandria und Syene miteinander verbindet –, kann man diese mit 50 multiplizieren und erhält so den ungefähren Umfang der Erde. Und jetzt kommen Kamele ins Spiel.

Eratosthenes war bekannt, daß Kamele die Strecke von Syene nach Alexandria in fünfzig Tagen zurücklegen. Da ein Kamel pro Tag etwa 100 Stadia (Stadium ist ein altes Längenmaß, das sich auf die Größe einer griechischen Rennbahn bezieht) zurücklegt, kam Eratosthenes auf eine Entfernung von 5 000 Stadia von Syene nach Alexandria. Dann multiplizierte er diese Entfernung mit 50 – was einen Erdumfang von 250 000 Stadia ergab. Dabei bediente er sich verschiedener Schätzungen, die er anhand von Gegenstücken moderner Maße vornahm. Dies ergab einen Erdumfang von rund 45 000 Kilometern, eine Länge, die dem tatsächlichen Umfang der Erde von 40 000 Kilometern recht nahe kommt. Trotz der vielen kleinen Fehler, die sich alle gegenseitig aufhoben, ist die Berechnung ein hervorragendes Beispiel für die Fähigkeit der Griechen, Logik und Mathematik auf die Vermessung – und die Kenntnis – der Welt anzuwenden.

Nach Eratosthenes' Tod entwickelte ein anderer griechischer Historiker und Geograph, Poseidonius von Rhodos (ca. 130-51 v. Chr.), eine ähnliche Vorstellung von der Größe der Erde. Seine Berechnung beruhte auf der Höhe des Sterns Canopus, die er anhand algebraischer Berechnungen bestimmte, bei denen er sich auf die Fahrtzeit von Schiffen bezog. Ironischerweise kamen seine Berechnungen der Zahl nahe, die auch Eratosthenes errechnet hatte. Aus irgendeinem Grund wurde die Zahl später jedoch von Strabon, einem weiteren bedeutenden Gelehrten, der als nächster in Erscheinung trat, auf die viel kleinere Zahl von 29 000 Kilometern reduziert. Diese Zahl legte Kolumbus dann für seine Fahrten nach »Indien« zugrunde und »entdeckte« Amerika.

Zwar setzte sich dieser weithin akzeptierte Fehler – man ging von einer zu kleinen Erde aus – fort, aber eine andere Schlußfolgerung des Poseidonius traf zu. Sie wurde jedoch verworfen, weil sie Aristoteles' Auffassung widersprach. Poseidonius glaubte nämlich, daß die Äquatorialzone bewohnbar sei und die höchsten Temperaturen in den Wüsten im Inneren der sogenannten gemäßigten Breiten lägen – was stimmt.

Der Experte, der Poseidonius' Berechnungen falsch weiterführte, war der zweite bedeutende »griechische« Geograph, Strabon (um 64 v. Chr.-20 n. Chr.). Der auf dem Gebiet der heutigen Türkei geborene Gelehrte war ein Zeitgenosse von Jesus. Wie Eratosthenes arbeitete Strabon in der Bibliothek von Alexandria. Anders als dieser war er jedoch kein Universalgelehrter, der neue Theorien über die Welt formulierte. Seine Leistung bestand vielmehr darin, das vorhandene Wissen zu sammeln: Sein Hauptwerk *Geographica* (es hatte 17 Bände) faßte das gesamte Wissen der damaligen Mittelmeerwelt zusammen und beschrieb Asien, Nordafrika sowie einen großen Teil Europas, das Strabon selbst auf seinen sehr umfangreichen Reisen kenngelernt hatte. Zu seinen wichtigsten Leistungen gehört die Unterteilung der Erde in kalte, gemäßigte und tropische Zonen. Dabei verrechnete er sich allerdings stark hinsichtlich der Frage, wie weit diese Regionen im Norden und Süden des Äquators bewohnbar sind. Wie Aristoteles glaubte er, daß die dunkle Hautfarbe der Äthiopier das Ergebnis der sengenden Sonne sei und die hellhäutigen Barbaren des Nordens so wild seien, weil es in den arktischen Gebieten so kalt war.

Zuletzt sei Ptolemäus (um 100-170 n. Chr.) erwähnt. Ptolemäus war ein ägyptischer Grieche oder griechischer Ägypter, aber kein Mitglied der Dynastie der Ptolemäer. Er faßte das Wissen der Griechen über die Welt während der Zeit des Römischen Reiches zusammen; seine Auffassungen hatten jahrhundertelang Gültigkeit.

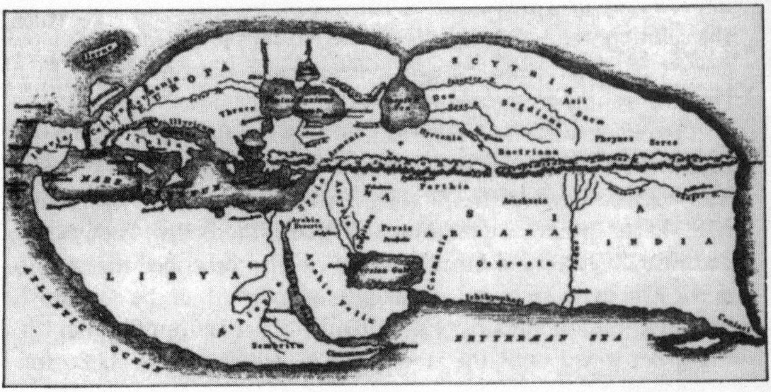

Abb. 3: Die Welt Strabons setzte sich aus den Berichten der Reisenden und den Schriften der Autoren der Antike zusammen. Sie stellt das gesamte kartographische Wissen des Abendlandes vor der christlichen Epoche dar. Mit freundlicher Genehmigung des *Department of Library Services, American Museum of Natural History.*

Berühmt sind Ptolemäus' astronomische Forschungen – die die Araber bewahrten und die unter dem arabischen Namen Almagest bekannt waren. In seinem Werk *Geographia* formulierte er jedoch auch viele Grundsätze, die in der Kartographie bis heute Geltung haben. Es enthielt zudem einen Atlas der bekannten Welt, der auf den Erfahrungen der römischen Legionen beruhte, welche sich über das Römische Reich ausgebreitet hatten. Darüber hinaus verzeichnete der Atlas rund 8 000 Orte, die mit ihrer Länge und Breite bestimmt sind, Begriffe, die Ptolemäus geprägt haben soll. In Grundzügen ist das von ihm angewandte System das der modernen Geographie. Dazu gehört auch der scheinbar einfache Gedanke, daß man Karten so »ausrichten« soll, daß der Norden oben und der Osten rechts liegt. Im Grunde ist diese Idee recht simpel, bis man sich fragt: Wenn man sich heute auf einer Karte orientieren möchte – was würde man oben plazieren? Wenn man sich die Welt als Kugel vorstellt, könnte man jeden beliebigen Ort nehmen. Jahrhundertelang wurden beispielsweise die Karten Europas so »verortet«, daß der Osten oben lag, womit man die zentrale Stellung des Heiligen Landes und insbesondere Jerusalems hervorheben wollte.

Ptolemäus mußte überdies ein bis heute bestehendes Problem lösen: die Darstellung der runden Erde auf einem Blatt Papier. Seine Lösung war eine Erdkugel. Aber dadurch entstanden wiederum Probleme, denn man kann einen Globus nicht so groß herstellen, daß er all die kleinen Details verzeichnet, die Ptolemäus aufführen wollte.

Ptolemäus' Welt war überraschend groß. Sie bestand aus den drei Erdteilen, die den Menschen der Mittelmeerregion damals bekannt waren – Europa, Asien und Afrika. Hinsichtlich der Größe, der Form und der Anordnung der Orte war sie zwar oft unzutreffend, aber immerhin umfaßte sie die Britischen Inseln, Scandia (Skandinavien) und Sinae (China). Außerdem beschrieb Ptolemäus recht genau die Quellen des Nils: die – hinter den »Mondbergen« liegenden – Seen Afrikas südlich des Äquators. In der Neuzeit konnte die Existenz der Seen erst durch die Reisen der britischen Entdecker Burton und Speke im 19. Jahrhundert nachgewiesen werden.

Wie seinen Vorgängern unterliefen aber auch Ptolemäus Fehler, die den Lauf der Wissenschaft, der Philosophie und der Religion beeinflußten. In den folgenden Jahrhunderten akzeptierte die gelehrte Welt sein Universum mit der Erde als Mittelpunkt. Er führte den Begriff »Antipode« ein und erweiterte ihn um den der Terra Australis Incognita (das unbekannte Südland). Das gab wiederum Anlaß zu Spekulationen und nährte einerseits die Hoffnung, einen großen Kontinent zu finden, der mit dem südlichen Teil Afrikas verbunden war, ließ aber andererseits die Umsegelung Afrikas unmöglich erscheinen.

Ein Trugschluß hatte jedoch noch weitreichendere Konsequenzen: Ptolemäus stützte sich auf Strabons Zahl und erklärte, die Welt habe einen Umfang von 29 000 Kilometern.

Abb. 4: Die Welt nach Ptolemäus im 2. Jahrhundert.
Mit freundlicher Genehmigung des *Department of Library Services, American Museum of Natural History*.

Auf seinen Karten dehnte sich Asien weit über seine wirkliche Breite aus, wodurch der Orient Europa sehr viel näher zu sein schien, als er es in Wahrheit ist. Ptolemäus' Autorität wurde, ebenso wie die des Aritoteles, von späteren Europäern nicht in Frage gestellt. Der bedeutendste unter ihnen war der Genuese Cristóbal Colón, besser bekannt als Christoph Kolumbus, der – gestützt auf Ptolemäus' Zahlen – seinen Standpunkt vor dem Königspaar Spaniens vertrat.

Stimmen der Geographie: Aus Strabons *Geographica* (Erdbeschreibung), geschrieben zwischen 17 und 23 n. Chr.

> In den Bergen oberhalb Albaniens sollen auch die Amazonen wohnen. […] Andere dagegen behaupten […], daß sie als Nachbarinnen der Gargarier auf den nördlichen

Abhängen jener Berge des Kaukasus wohnen und [...] alle Geschäfte für sich allein verrichten, sowohl in bezug auf den Ackerbau und die Gärtnerei als auch auf die Viehzucht, besonders die der Pferde, daß aber die stärksten [von ihnen] häufig der Jagd obliegen und sich in den Kriegsgeschäften üben. Allen werde schon als Kindern die rechte Brust ausgebrannt, damit sie den Arm ungehindert zu jeder Verrichtung gebrauchen können, besonders aber zum Wurfspießwerfen. [...] Zwei bestimmte Monate aber haben sie im Frühling, in welchen sie das nahe, sie von den Gargariern trennende Gebirge besteigen. Aber auch jene besteigen es nach alter Sitte, um mit den Weibern zu opfern und ihnen zum Zweck der Kindererzeugung beizuwohnen, und zwar blindlings und im Dunkeln, wie gerade einer eine findet; und nachdem sie sie geschwängert haben, entlassen sie dieselben. Alle Mädchen nun, welche diese gebären, behalten sie für sich. [...] Wo sie aber jetzt sind, darüber erklären sich nur wenige.

Wer stellte die ersten Landkarten her?

Selbst die so außergewöhnlich wißbegierigen Griechen fanden in den Erkenntnissen anderer Kulturen wertvolle Hilfe. Denn schon vor Heraufkunft der griechischen Klassik um 500 v. Chr. hatte man Himmel und Erde beobachtet und einige verblüffend präzise Schlußfolgerungen hinsichtlich der Funktionsweise des Kosmos angestellt. Die Griechen waren ein Handels- und Seefahrervolk, und sie lernten schnell, wenn sie mit anderen Kulturen in Berührung kamen.

Eine dieser Bevölkerungsgruppen, mit denen sie Kontakte pflegten, kannte sich in der Berechnung und in der Beobachtung der Himmelskörper sehr gut aus. Dieses Volk hinterließ der Nachwelt die ältesten Landkarten und auch die erste »Weltkarte«. Es handelt sich um die »Kinder« der sogenannten »Wiege der Zivilisation«, die Bewohner Mesopotamiens, deren Nachkommen im heutigen Irak leben.

Mesopotamien (griech.: »Zweistromland«) lag in dem weiten, fruchtbaren Tal zwischen den Flüssen Euphrat und Tigris. Heute ist ein Großteil davon Wüste, doch vor 10 000 Jahren, während der Eiszeit, war es mit Grasland bedeckt. Und hierher folgten die Nomadenstämme der Jäger ihren grasenden Herden. Dann zogen sich die Eiskappen zurück, an die Stelle des Weidelandes traten Trockengebiete, und die Nomaden zogen in das Tal, in dem die alljährlichen Überschwemmungen den Tieren Wasser und Nahrung boten. In Jahrtausenden lernten diese Menschen, wie man im Uferschlamm der beiden Flüsse Feldfrüchte anbaute. Das war die Geburt der Landwirtschaft.

Um 8000 v. Chr. verwendeten die Einwohner Mesopotamiens – erst die Sumerer und in späteren Jahrhunderten die Akkadäer, Babylonier und Assyrer – Tontafeln. Auf ihnen verzeichneten sie die Zahl der Tiere und die Kornmaße – die rudimentären Anfänge geschriebener Zahlen und Sprache, die sich dann im Laufe der nächsten 5 000 Jahre weiter entwickelten. Schließlich machten sie so bedeutende Erfindungen wie die Töpferscheibe und das Rad, Backsteine, die Bronze und das Bier. Die erste bekannte »Weltkarte« ist eine babylonische Tontafel, die ungefähr aus der Zeit um 600 v. Chr. stammt. Diese flache Scheibe ist winzig – ungefähr 8x13 cm groß. Sie stellt die Welt als einen Kreis dar, in dessen Mitte zwei Linien verlaufen, die die Flüsse Euphrat und Tigris symbolisieren. Diese werden umrundet vom »Bitteren Fluß«. Außerhalb seiner Grenzen wohnen imaginäre Tiere. Das Werk entsprang der Phantasie eines Kartographen, der die ihm unbekannte Welt bezeichnen wollte. Die Vorstellung blieb noch durch viele Jahrhunderte hindurch erhalten.

Abb. 5: Eine der ältesten Landkarten wurde auf einer Tontafel entworfen. Die Karte, die die »Einkommensteuer« verzeichnet, wurde nahe Kirkuk im heutigen Irak gefunden. Sie stammt aus der Zeit zwischen 2400-2200 v. Chr. Mit freundlicher Genehmigung des *Department of Library Services, American Museum of Natural History.*

Diese Tontafel gilt zwar als die erste bekannte Weltkarte, aber es gibt aus diesen und anderen Gegenden noch sehr viel frühere Landkarten. Eine Karte der mesopotamischen Stadt Lagasch ist in Stein gehauen und liegt auf den Oberschenkeln einer Gottes-Statue. Die Karte gilt als der älteste bekannte »Stadtplan« überhaupt. Im nördlichen Iran wurden Tontafeln gefunden, die Ansiedlungen und geographische Wahrzeichen zeigen. Sie datieren auf das Jahr 2300 v. Chr., die Regierungszeit Sargons I. von Akkad. Solche und ähnliche Karten aus derselben Zeit fand man in auch Ägypten; sie zeigen Pläne, die zweifellos zur Erhebung der Einkommensteuer dienten! Das scheint das Sprichwort von den einzigen Gewißheiten im Leben zu bestätigen …

In jüngerer Zeit fand man nahe Mezhirich in der ehemaligen Sowjetunion Knochenreste, die man ebenfalls als Kartenform bezeichnen könnte. Schätzungen zufolge stammt dieser uralte fragmentarische Knochen, in den Zeichen eingeritzt sind, aus den Jahren 10000 bis 20000 v. Chr. Vermutlich handelt es sich um eine Art Straßenkarte, weil sie die Umgebung des Ortes zeigt, an dem sie gefunden wurde. Da diese Menschen noch Symbole kritzelten, um ihren Nachbarn die Lage der besten Jagdgründe zu zeigen, stammt die rudimentäre Karte höchstwahrscheinlich aus der Zeit vor der Entstehung der Schrift.

Der hohe Entwicklungsstand der ersten babylonischen Karten zeugt zwar von den Fortschritten, die die Menschen im Land zwischen Euphrat und Tigris machten, ihr brillanter Verstand zeigte sich aber vor allem in der Erforschung des Firmaments, mit der die wissenschaftliche Astronomie begann.

Es liegt eine gewisse Ironie darin, daß vieles von dem, was die frühen Völker über die Erde wußten, der Kenntnis des Himmels entsprang. Daher bezeichnet man die Astronomie oft als »erste Wissenschaft«. Heutzutage staunen viele Leute – vor allem Großstadtbewohner, die das weite, offene Land nicht mehr gewohnt sind –, wenn sie einen sternenübersäten Nachthimmel sehen. Aufgrund der Luftverschmutzung und der Helligkeit der künstlichen Beleuchtung kommt jedoch nur noch an wenigen Orten der Erde der Nachthimmel dem strahlend hellen Himmelsdach gleich, das die alten Völker sahen, als sie die Bewegung der Sonne, der Sterne und des Mondes beobachteten und die Jahreszeiten nach diesen regelmäßig wiederkehrenden Erscheinungen definierten.

Ein anderes Volk, das auf dem Gebiet der Kartenherstellung Bedeutendes geleistet hat, sind die Chinesen. In einem Zeitraum, der lange vor Christi Geburt begann und bis etwa 150 Jahre n. Chr. währte, besaßen sie den höchsten Lebensstandard der Welt. Das wohlhabende China besaß eine hochentwickelte Landwirtschaft und war eine gut organisierte, »komfortable« Gesellschaft, in der die theoretischen und angewandten Naturwissenschaften weit entwickelt waren. Möglicherweise haben chinesische Mathematiker die Zahl Null und das Dezimalsystem erfunden und beides der hinduistischen Kultur übermittelt. Die chinesischen Astronomen übertrafen die Mesopotamier und zeichneten die längsten und beständigsten Himmelsereignisse auf. Ihre Aufzeichnungen erwähnen auch andere Ereignisse, beispielsweise 2296 v. Chr. das Erscheinen eines Kometen sowie 352 v. Chr. das einer »Supernova«. (Bei dieser – selten vorkommenenden – Explosion des größten Teils eines Sterns entsteht ein extrem heller, kurzlebiger Himmelskörper, wobei eine riesige Energiemenge freigesetzt wird.)

Die Chinesen erhoben die Kartographie aber nicht nur zu einer schönen Kunst, sie entwickelten sie auch als Wissenschaft weiter. Ab dem Jahr 700 v. Chr. finden sich in der chinesischen Literatur Hinweise auf die Existenz von Landkarten. Die ältesten, bislang gefundenen Karten datieren auf das Jahr 200 vor Christi. Die höchst genauen, unerhört detaillierten und aus Seide gewobenen Karten verzeichnen die Namen der Provinzen, verwenden zur Unterscheidung von Städten und Dörfern Symbole und zeigen Gebirge und den Verlauf von Flüssen und Straßen. Weitere Karten, die wiederum von den Fortschritten der Chinesen in der Kartographie zeugen, beschreiben beeindruckend detailgetreu die militärischen Abwehranlagen des Königreiches.

Der gemeinsame Nenner dieser frühen Karten ist, daß die Kartographen augenscheinlich meinten, im Mittelpunkt des Universums zu leben – eine Einstellung, die bis heute bei vielen Leuten anzutreffen ist, vor allem aber bei den Einwohnern von Manhattan oder Paris!

Ein Blick auf die Karten der Welt beziehungsweise auf die in ihnen enthaltenen Mythen dieser Kulturen genügt, um zu erkennen, daß Menschen zu allen Zeiten die Bedeutung ihres Lebensraums übertrieben. In beinahe allen Gesellschaften – von den alten Babyloniern, Ägyptern, Griechen und Chinesen bis zu den Azteken und den Indianern in den weiten Ebenen des nordamerikanischen Kontinents – haben sich Menschen als Mittelpunkt der Welt verstanden. Auch ist es noch gar nicht lange her, daß der Mensch einen Schritt weiterging und die Erde ins Zentrum des Universums rückte, wobei Sonne und Sterne den recht unbedeutenden Flecken im riesengroßen Kosmos umkreisten, den wir Erde nennen.

Diese ungeheure Selbstüberschätzung, die bewirkte, daß vernunftbegabte Menschen an der Vorstellung vom Mittelpunkt der Erde festhielten, ist eine weitverbreitete menschliche Eigenheit. Man hat sie auch als »Omphalos-Syndrom« bezeichnet, abgeleitet vom griechischen Wort für Nabel. Der *Omphalos* der Griechen lag im berühmten Tempel zu Delphi, an den unteren Hängen des Parnaß. Hier befand sich das berühmteste Orakel in Griechenland. Das Delphische Orakel galt als das Zentrum der Welt und wurde in allen Staatsangelegenheiten befragt. Ebenso leitet sich *Babylon* aus einem alten Wort her, das »Tor der Götter« bedeutet bzw. den Ort bezeichnet, an dem die Götter auf die Erde kamen.

Wenn man meint, im Mittelpunkt des Geschehens zu leben, und sich in der übrigen Welt kaum auskennt, verläßt man natürlich das Reich der Erkenntnis und der vernunftorientierten Vermutungen und betritt die Sphäre des Mystizismus. Zumindest für das 20. Jahrhundert sind die Ergebnisse durchaus amüsant. Die Weltanschauungen der alten Kulturen spiegeln sowohl ihr Gefühl für die geographischen Gegebenheiten als auch ihre philosophischen Gedanken wider. Beides hing eng miteinander zusammen. Für die Ägypter beherrschte der Nil alles Leben und ihre Sicht des Universums. Der Strom mit seinen regelmäßigen Überschwemmungen war das Leben selbst. Durch den Nil, der in einen großen Ozean floß, war die ägyptische Welt zweigeteilt. Den Himmel hielten vier Stützen, manchmal waren es auch Stangen oder Berge. Den täglichen Lauf der Sonne stellte man sich mittels verschiedener Gestalten und Tiere vor. So schien die Sonne ein Habicht zu sein, der jeden Tag aufs neue in die Lüfte steigt, oder wie ein Ball von einem riesengroßen Käfer vor sich hergeschoben zu werden – so wie Käfer ihre Dungkugeln rollen. In einer anderen Version fährt der Sonnengott Ra seinen Wagen – den die Griechen später übernehmen und Apollon nennen.

Das Leben der Babylonier war so sehr von den beiden heimischen Flüssen beherrscht, daß sie glaubten, es gebe innerhalb der Erde ein riesiges, Leben spendendes Gewässer. Weil sie der Astronomie einen so großen Wert beimaßen, stellten sie sich die Welt als großes Himmelsgewölbe über der Erde vor. Dies fand auch in den Ansichten der Chinesen ihren Ausdruck.

Oftmals war – wie im Fall des Olymps, der Sitz der griechischen Götter, der normalerweise dem Blick entzogen blieb – ein Berg der Mittelpunkt. Für die Japaner war es der Fudschijama. In der hinduistischen und der späteren buddhistischen Kosmologie, die stark von ihrer Nähe zum scheinbar unbezwinglichen Himalaja beeinflußt war, ragt der mythische Berg Meru als Mittelpunkt der Erde auf.

Imaginäre Orte: Gab es ein Atlantis?

Alle diese Vorstellungen der Antike von der Welt markieren die Trennlinie zwischen wissenschaftlichen, vernunftorientieren Gedanken und der Sphäre der Fabel, der Phantasie oder des Glaubens. Selbst die Griechen griffen trotz ihrer erstaunlich weit entwickelten Ideen auf Mythos, Aberglauben und Legenden zurück, wenn sie etwas erklären wollten, für das es keine nachprüfbare und rationale Interpretation gab.

Zu den bekanntesten Beispielen aus der Zeit der Griechen gehört ein geographisches Märchen, das jahrhundertelang Bestand hatte und im Verlauf der Geschichte ausgeschmückt wurde, bis es zum festen Bestandteil des modernen Bewußtseins wurde, ja sogar zum Erfolg eines ziemlichen albernen Popsongs aus den sechziger Jahren durch einen Sänger namens Donovan beitrug. Diese Fabel war die Geschichte des mythischen Atlantis. Und die Quelle dieses lange währenden Mythos war, so unwahrscheinlich es klingt, Platon.

Das meiste von dem, was die Menschen über Atlantis als einer überlegenen Kultur wußten, die während einer plötzlichen Katastrophe unterging, stammt aus zwei Dialogen Platons: *Timaios* und *Kritias*. Platon sagte, er habe die Geschichte von Sokrates, der sie von Solon gehört habe, dem sie von den Ägyptern berichtet wurde. Wahrscheinlich hat sich die Geschichte im Zuge ihrer Überlieferung immer weiter verändert.

Laut Platon war Atlantis einst eine große Insel westlich der Straße von Gibraltar (bei den Griechen: die Säulen des Herakles). In dieser legendären Zivilisation, die ihm zufolge 9000 Jahre zuvor ihre Blüte erlebt hatte, stammten die Menschen, die ein Paradies auf Erden geschaffen hatten, vom Meeresgott Poseidon ab. Nahrung gab es im Überfluß, die Bauwerke und Tempel waren großartige, reich verzierte architektonische Meisterleistungen. Von einem Tempel heißt es: »Den ganzen Tempel nun überzogen sie von außen mit Silber, mit Ausnahme der Zinnen, die Zinnen aber mit Gold. Was aber das Innere anbetrifft, so konnte man die elfenbeinerne Decke ganz mit Gold und Goldkupfererz verziert sehen …« Nach Platons Beschreibung war Atlantis eine bedeutende Militärmacht, die eine Armee mit einer Million Soldaten aufgestellt hatte und sich gerade darauf vorbereitete, Athen und Ägypten anzugreifen, als die große Katastrophe stattfand.

Bei Platon heißt es:

> »Späterhin aber entstanden gewaltige Erdbeben und Überschwemmungen, und da versank während eines schlimmen Tages und einer schlimmen Nacht das ganze streitbare Geschlecht scharenweise unter der Erde; und ebenso verschwand die Insel Atlantis, indem sie im Meere unterging. Deshalb ist auch die dortige See unfahrbar und undurchforschbar, weil der sehr hoch aufgehäufte Schlamm im Wege ist, welchen die Insel durch ihr Sinken hervorbrachte.«

Im Laufe der Jahrhunderte zog die Legende vom Inselstaat Atlantis immer weitere Kreise. Und während die Insel Platons Darstellung zufolge plötzlich versank, lebte das mythische Atlantis weiter und führte sein wundersames Leben unter dem Meer weiter.

Tatsächlich beruht die Legende vom verlorenen Kontinent wohl auf dem Schicksal der Insel Thera (Santorini), die etwa 110 Kilometer nördlich von Kreta im Ägäischen Meer liegt. Aufgrund geologischer und archäologischer Funde weiß man, daß irgendwann zwischen 1650 und 1500 v. Chr. der Vulkan Santorini ausbrach und die Insel weitgehend zerstörte. Übrig blieb nur ein schmaler Felsstreifen auf der einen Seite einer großen, mit Wasser gefüllten »Caldera« (ein großer, beckenförmiger Krater, der normalerweise entsteht, wenn ein Vulkan zusammenfällt und alles bis auf die Spitze von Wasser bedeckt ist).

Dem Ausbruch und der nachfolgenden Flutwelle hat man auch die Schuld für die Zerstörung der minoischen Zivilisation gegeben. Die Minoer lebten ungefähr zur gleichen Zeit auf Kreta; ihren Namen führte das Volk nach dem legendären König Minos. Da die Minoer als das wohlhabendste, mächtigste und kulturell hochstehendste Volk der Antike galten, paßt die Beschreibung sehr gut zu Platons Bericht über die Einwohner von Atlantis. Die Minoer hatten eine bedeutende religiöse Kultur entwickelt, darunter den Stierkult, dem der bekannte Mythos vom Minotaurus und dem Labyrinth entsprang. Nach 1400 v. Chr. ist die minoische Zivilisation aus den geschichtlichen Darstellungen verschwunden. Einer beliebten Theorie zufolge leitete der Ausbruch des Vulkans auf Santorini den Niedergang der minoischen Hochkultur ein.

Aufgrund des vermuteten Datums gilt der Vulkanausbruch auch als mögliche Ursache der Plagen Ägyptens, von denen im 2. Buche Mose berichtet wird, sowie der darauffolgenden Teilung des Schilfmeeres – nicht des Roten Meeres, wie man uns so lange Zeit lehrte – durch Moses. Diese Theorie ist zwar umstrittener, jedoch faszinierend, weil sich durch die vulkanische Asche und die Flutwellen, die bei der Eruption auf Thera entstanden, einige der in der Bibel beschriebenen Naturphänomene erklären lassen. Die Krux dieser Auffassung liegt in der zeitlichen Bestimmung des Auszugs aus Ägypten. Zumeist datiert man ihn auf das 13. Jahrhundert v. Chr. statt auf das 16. Jahrhundert v. Chr., also die Zeit, in der sich der Ausbruch des Vulkans aller Wahrscheinlichkeit nach ereignete.

Existierte ein Garten Eden?

Daß sich der Atlantis-Mythos Jahrhunderte hielt und Anlaß zu Spekulationen und abergläubischen Vorstellungen gab, ist typisch für die Neigung des Menschen, Vernunft und Glauben zu mischen. Alle geographischen Mythen der antiken Kulturen waren mit dem gesamtem philosophischen beziehungsweise religiösen System dieser Gesellschaften verknüpft und lassen sich am besten durch ihre Schöpfungsmythen veranschaulichen. In jeder Gesellschaft gibt es eine Schöpfungsgeschichte, weil sich die Menschen nach einer Erklärung für ihre Entstehung sehnen. In der Regel sind diese Anfänge mit irgendeinem besonderen Status der eigenen Bevölkerung verbunden. Es ist leicht, die eigene Überlegenheit zu behaupten, wenn man behaupten kann, man sei ein Produkt göttlicher Fügung.

Der Schöpfungsmythos mit der größten Wirkung auf die abendländische Zivilisation ist die biblische Geschichte vom Garten Eden.

> Da machte Gott der Herr den Menschen aus Erde vom Acker und blies ihm den Odem des Lebens in seine Nase. Und so ward der Mensch ein lebendiges Wesen. Und Gott der Herr pflanzte einen Garten in Eden gegen Osten hin und setzte den Menschen hinein, den er gemacht hatte. Und Gott der Herr ließ aufwachsen aus der Erde allerlei Bäume, verlockend anzusehen und gut zu essen, und den Baum des Lebens mitten im Garten und den Baum der Erkenntnis des Guten und Bösen. Und es ging aus von Eden ein Strom, den Garten zu bewässern, und teilte sich von da an in vier Hauptarme. Der erste heißt Pischon, der fließt um das ganze Land Hewila, und dort findet man Gold; und das Gold des Landes ist kostbar. Auch findet man dort Bedolachharz und den Edelstein Schoham. Der zweite Strom heißt Gihon, der fließt um das ganze Land Kusch. Der dritte Strom heißt Tigris, der fließt östlich von Assyrien. Der vierte Strom ist der Euphrat.

Der biblischen Version der Schöpfung im 1. Buch Mose mit seinem irdischen Paradies, aus dem Adam und Eva schließlich vertrieben werden (»Und er trieb den Menschen hinaus und ließ lagern vor dem Garten Eden die Cherubim mit dem flammenden, blitzenden Schwert, zu bewachen den Weg zu dem Baum des Lebens«), entsprangen Nachforschungen, Spekulationen sowie die Suche nach einem großen Teil der Geschichte des Frühchristentums.

Die heutigen Christen diskutieren zwar, in welchem Umfang die Bibelvariante der Geschichte in ihrem buchstäblichen Sinn übernommen werden soll, aber im europäischen Christentum des Mittelalters hegte man diesbezüglich keine Zweifel. Die Bibel war das Wort Gottes, das man keineswegs in Frage stellen durfte. Diesen Berichten auch nur den geringsten Zweifel entgegenzubringen galt als Ketzerei, die nicht selten mit dem Tode bestraft wurde.

So entfernte sich im mittelalterlichen Europa das Studium der Geographie von der griechischen Tradition der Erweiterung der wissenschaftlichen und geographischen Kenntnisse. Es entstand ein Zeitalter des Glaubens und der Obsession, die Welt durch biblische Lehren erklären zu wollen. Leider ließen sich die heiligen Männer aus anderen Quellen als der Bibel inspirieren. Das lag unter anderem an der Existenz einer weit einnehmenderen Version der Weltgeographie, die von so einflußreichen Autoren wie Plinius dem Älteren (23-79), Lukian von Samosata (etwa 120-190) und Gaius Julius Solinus verfaßt worden waren.

Die *Naturgeschichte* des Plinius war zwar von eher zweifelhaftem wissenschaftlichem Nutzen, doch bildeten seine Ideen über die Welt den Grundstock für die Kartographen in den folgenden Jahrhunderten. Schlechterdings faszinierend wurde seine Darstellung, wenn er die Welt jenseits seiner Erfahrungen und unmittelbaren Kenntnisse beschrieb. Zu den wundersamen Orten und Menschen, die seiner Ansicht nach existierten, gehörten die Menschen der Ohrinseln, die vor der Küste Deutschlands lag, bevölkert von Fischern, deren Ohren so lang waren, daß sie den Körper bedeckten. Die großen »Anhängsel« boten den Vorteil, daß die Ganzohren die Fische tief unten im Meer hören konnten. Auf der Insel des Bösen Blicks, nahe dem Nordpol, waren die Frauen vom bösen Blick besessen, der andere Menschen zu verzaubern oder sogar zu töten vermochte. Plinius warnte Reisende auch vor Hyperborea, einer Insel mit Klippen in Gestalt von Frauen, die nachts zum Leben erwachten und Schiffe auf den Meeresgrund schickten. In dem Land nahe Schottland ging die Sonne nur einmal im Jahr auf und unter. Kummer und Elend waren in Hyperborea unbekannt, die Menschen wählten die Zeit ihres Todes und sprangen vom »Sprungfelsen« ins Meer. Auf Lixus, einer Insel vor Afrika, gab es nach Plinius einen Baum, der goldene Früchte trug. Auf der Insel Taprobane lebten Schlangen, die an jedem Körperende einen Kopf trugen. Und in der Wüste Afrikas existierten ihm zufolge die Blemmyae, ein Volk, deren Angehörige keinen Kopf hatten und deren Augen und Mund in der Brust saßen.

Anders als Plinius nahm sich Lukian nicht ganz so ernst. Mit seinen satirischen Werken begann eine Tradition, der später so bedeutende Autoren wie Voltaire, Rabelais und Swift angehörten: Schriftsteller, die sich der Form des Reiseberichtes bedienten, um die Gewohnheiten ihrer Zeitgenossen aufs Korn zu nehmen. Obwohl sie offensichtlich erfunden waren, fanden Lukians *Wahre Geschichten* gläubige Leser. Zu den Wundern, von denen er berichtete, gehört die Käseinsel, eine runde Insel aus Käse mit einem Unfang von 40 Kilometern, auf der die Trauben keinen Wein, sondern Milch produzieren. Auf der Insel des Dionysos gab es Weinstöcke, die wie Frauen geformt waren und sprechen konnten. Dem Reisenden wurde jedoch von der Unterhaltung mit diesen Weinstock-Frauen abgeraten, da sie sonst betrunken würden. Die unglückliche Seele, die sich mit einer dieser Wesen geschlechtlich zu vereinigen suchte, drohte selbst in einen Weinstock verwandelt zu werden. Auf der Insel

Kork im Atlantik lebten die Korkfüßler, die, wie der Name andeutet, mit ihren Korkfüßen auf dem Wasser gehen konnten. Auf der Kürbisinsel hausten Piraten, die mit Booten aufs Meer hinaussegelten, die aus Kürbissen hergestellt wurden.

Lukian war zwar so etwas wie eine antiker Schelm, aber manch einer glaubte seinen Erzählungen aufs Wort. Der Versuch, naturwissenschaftliche Erkenntnisse mit der Heiligen Schrift, Rationalismus mit der Religion zu versöhnen, begann zögernd mit Solinus (um 250 n. Chr.), der ohne Scheu von Plinius abschrieb. Er berichtete von Pferdefüßlern, einäugigen Jägern, die aus Schädeltassen tranken, und Schirmmenschen in Indien, deren eines Bein in einem Fuß endete, der groß genug war, daß er den Kopf bedeckte. In Solinus' Welt gab es auch interessante Tiere, insbesondere den Luchs, dessen Urin sich in einen Edelstein mit magnetischen Kräften verwandelte. Zu den weniger phantasievollen Schöpfungen gehört sein Entschluß, die bekannten Gewässer rund um Rom umzubenennen. Lange hatte man es Mare Nostrum (»Unser Meer«) genannt, aber Solinus fand die Bezeichnung Mittelmeer (bzw. »Meer in der Mitte der Erde«) treffender. Auch hierin kommt wieder das Nabel-Syndrom zum Ausdruck. Welcher Bürger Roms auf dem Höhepunkt des Reiches bezweifelte schon, daß er im Mittelpunkt der Welt lebte?

So ist es vielleicht nicht verwunderlich, daß diese geographischen Lügengeschichten weithin geglaubt wurden, während sich Europa ins Mittelalter stürzte und die Gelehrten mehr Wert auf Glaubenssätze als auf wissenschaftliche Erkenntnisse legten. Zu jenen, die stark von den Schriften des Solinus' beeinflußt waren, gehörte Augustinus (354-430), Bischof von Hippo in der römischen Provinz Algerien, der über einen Zeitraum von mehreren hundert Jahren einflußreichste Denker des Altertums. Augustinus war mit der Literatur der »Heiden« (Griechen) vertraut und rang mit den

Widersprüchen zwischen Heiliger Schrift und den Autoren der Antike. Die Bibel nennt nur drei Erdteile – jeder steht für einen Nachkommen Noahs; wie konnte es da noch einen weiteren geben? Was die Frage der Antipoden betraf, war Augustinus allerdings sicher, daß es für eine solche Annahme keinen rationalen Grund gebe.

Im Laufe der Zeit geriet Ptolemäus' wohldurchdachte Vorstellung von der Erde als einer Kugel mit einem deutlich erkennbaren Gitternetz, das die Breiten- und Längenkreise zeigte, in Vergessenheit. An ihre Stelle traten die fernen, märchenhaften Welten des Plinius und Solinus. An die Stelle der Vorstellung von der Erde als einer Kugel, wie sie sich bei den Griechen fand, trat ein bisher unbekanntes, christliches Bild. Einer berühmten Überlieferung zufolge war die Erde rechteckig, vergleichbar einer Schatztruhe mit gewölbtem Deckel, in dem sich der Himmel befand. Der Urheber dieser besonderen Version der Welt war Kosmas Indikopleustes (der »Indienreisende«), ein weitgereister Händler des 6. Jahrhunderts, der später zum christlichen Mystiker wurde. Für Kosmas ließen sich alle Fragen hinsichtlich Form und Größe des Universums wie auch die Beschreibungen der Bewohner der Erde durch sorgfältige Lektüre der Bibel beantworten. Für ihn war die Vorstellung von Antipoden einfach lächerlich. Er fragte: »Kann jemand so töricht sein zu glauben, daß es Menschen gibt, deren Füße höher sind als der Kopf, oder Orte, wo die Dinge nach unten hängen, Bäume nach unten wachsen oder der Regen nach oben fällt?«

Daß es einen Garten Eden gab, davon blieb Kosmas indes fest überzeugt. Allerdings lag er hinter dem Ozean, unerreichbar fern für den Menschen.

Noch einflußreicher als Kosmas war Isidor von Sevilla (ca. 560-636), der mitten im frühen Mittelalter lebte. Isidor hatte ganz genaue Vorstellungen, was die Lage des Paradieses betraf. Er verfaßte eine einflußreiche Enzyklopädie, die

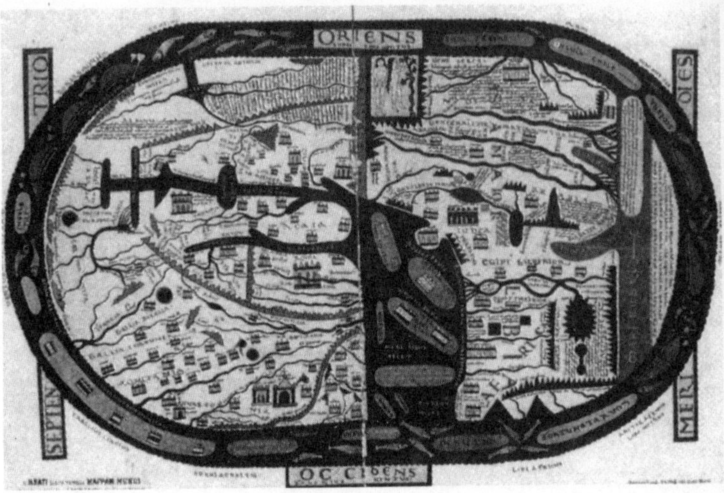

Abb. 6: Karte des Hl. Beatus, 776 n.Chr. Mit freundlicher Genehmigung des *Department of Library Services, American Museum of Natural History.*

das Wissen seiner Zeit zusammenfaßte, und ortete das Paradies unverrückbar auf einer Insel im fernöstlichen Asien. In den folgenden Jahrhunderten zeigten beinahe alle Karten des Abendlandes diesen Ort. Laut Isidor gab es nur ein Problem, ins Paradies zu gelangen, nämlich daß Gott, wie im ersten Buch Mose deutlich ausgesprochen, jeden Zugang zum Garten Eden mit einer schwertähnlichen Flamme versperrt hatte.

Antriebskraft der Suche nach dem Garten Eden waren Mythen und Legenden, die über Jahrhunderte hindurch lebendig blieben; eine davon war die Geschichte des heiligen Brendan (ca. 484-578), eines irischen Mönches, der angeblich Amerika 900 Jahre vor der Fahrt des Kolumbus entdeckte. Von einem Traum inspiriert, machte sich Brendan auf, das Paradies zu finden. Mit einer aus 60 Seeleuten bestehenden Mannschaft befuhr der Heilige fünf Jahre die

Meere und begegnete dabei seltsamen wilden Tieren, darunter auch Vögeln, die sich dem Heiligen als gefallene Engel vorstellten. Auf einem entlegenen Felsen mitten im Ozean stieß er sogar auf die einsame Gestalt des Judas Ischariot, des Verräters Christi. Schließlich erreichte Brendan eine wunderschöne Insel, auf der er einem heiligen Mann und einem toten Riesen begegnete, der zu neuem Leben erwachte. Diese Geschichte, eine Mischung aus mittelalterlicher Legende und Tatsachenbericht, blieb Hunderte Jahre erhalten, und daher blieb Brendans »Gelobtes Land der Heiligen« auf den Karten eingezeichnet. Darunter sind einige, die sein Paradies in der Nähe jenes Gebietes ansiedelten, wo ein Europäer später Nordamerika entdeckte.

Aber selbst wenn der Garten Eden tatsächlich im Osten lag, wie die meisten glaubten, so gab es in dieser Gegend noch einen anderen Ort, der für die europäischen Christen des Mittelalters weitaus realer und vielleicht noch bedeutungsvoller war. In seinem Aufruf zum Ersten Kreuzzug im Jahr 1095, durch den die Christen das Heilige Land der Herrschaft des Islams wieder entreißen wollten, soll Papst Urban II. gesagt haben: »Jerusalem ist der Nabel der Welt, ein Land, das fruchtbarer ist als jedes andere, ein Land, das wie ein Paradies der Freuden erscheint.«

Der Erste Kreuzzug war einer von mehreren Kriegen, durch die die Christen Jerusalem von den Muselmanen zurückerobern wollten – was mit der Eroberung Jerusalems im Juli 1099 gelang. Damit war es mit den Erfolgen der Kreuzfahrer aber auch schon vorbei. Zumal es ein kurzfristiger Erfolg war, denn 1187 wurde Jerusalem von Saladin zurückerobert (vgl. in Kap. 4 »Schlachtfelder, die Geschichte schrieben«, S. 247). Die Hoffnungen der europäischen Christen wurden dabei noch durch die Nachricht von einem mächtigen Verbündeten gegen die islamischen »Horden« verstärkt. Ungefähr zur Zeit des Ersten Kreuzzugs kamen Berichte über einen großen christlichen König im Osten namens Presbyter oder Priester Johannes in Umlauf. Dieser Priesterkönig Johannes stammte, wie man glaubte, von den Heiligen Drei Königen aus der Bethlehem-Geschichte ab, hatte in einer langen Schlacht die Perser geschlagen und sich nun auf den Weg nach Westen aufgemacht, um den Kreuzfahrern zu Hilfe zu eilen. Einige Jahre später tauchte ein Brief dieses sagenhaften östlichen Generals und Königs auf. Obgleich es sich um eine frei erfundene Geschichte handelte, nährte sie doch die Hoffnung, Priester Johannes werde, einem Racheengel gleich, aus dem Osten herbeigallopieren und sich den europäischen Christen in ihrem Streben zur Rückeroberung des Heiligen Land anschließen. Die Geschichte von Priester Johannes hielt sich, so wie die vom heiligen Brendan und andere mittelalterliche Mythen, lange in den Büchern. Zweihundert Jahre später behauptete sogar Marco Polo, Priester Johannes habe wirklich gelebt, sei aber in einer großen Schlacht mit Dschingis Khan ums Leben gekommen.

Die Suche nach Priester Johannes und die Kriege zur Eroberung Jerusalems waren zwar zum Scheitern verurteilt, hatten jedoch Auswirkungen auf den Lauf der Geschichte. Die Europäer, die sich seit dem Fall Roms isoliert hatten und unter den Nachwirkungen der Pest litten, kamen endlich hervor und sahen sich in der Welt um. Viele Ideen blieben einer Grauzone von Glauben und Wunderglauben verhaftet, aber die Tür hatte sich einen Spalt geöffnet und ließ einen Lichtstrahl aus dem Osten hinein.

Das Streben der Europäer, den Ort des Garten Eden zu lokalisieren, blieb bestehen. Dies galt bis zur Zeit des Christoph Kolumbus, der nach seiner dritten Reise im Jahr 1498 überzeugt war, das Paradies gefunden zu haben. Seine Beschreibung der Erde als birnenförmig stammte aus jener Zeit, als er die Mündung des Orinoco (im heutigen Venezuela) erreichte. Kolumbus, vermutlich Sohn eines jüdischen Vaters, war ein strenggläubiger Mann und nahm die

Heilige Schrift sehr ernst. Er glaubte, daß jenes Wasser den vier biblischen Strömen des Paradieses entstammte und daß die Landmasse, die er sah, der irdische Ort des Garten Edens war. In seinem Logbuch schrieb er: »Meiner festen Überzeugung nach ist dies der Ort des irdischen Paradieses, wohin man nur mit der Erlaubnis Gottes gelangt.«

Wer erfand den Kompaß?

Kolumbus kam unter anderem so weit, weil er etwas besaß, das uns heute als ein recht einfaches technisches Gerät erscheint. Jeder Pfadfinder hat es. Man findet es in der einen oder anderen Form in fast jedem Haushalt. Manche Leute haben es auf dem Armaturenbrett ihres Autos. Dieses Gerät ist eine Quelle endloser Faszination, aber die meisten von uns wissen nicht recht, wie sie damit umgehen sollen. Es ist ein magnetischer Kompaß. Er funktioniert aufgrund der seltsamen magnetischen Pole der Erde. Diese Pole sind charakteristische Merkmale unseres Planeten und nicht mit den geographischen Polen identisch. Der Grund für die Lage der magnetischen Pole ist bis heute ungeklärt. Es scheint, daß das Magnetfeld der Erde in der geologischen Vergangenheit ihre Polarität umgekehrt hat. Wie auch immer: Eine Magnetnadel kommt zur Ruhe, wenn sie ungefähr nach Norden weist. Der Kompaßbenutzer befestigt darunter eine Karte, die die Richtung weist, bringt die Nadel über dem nördlichen Punkt auf der Kompaßscheibe an und kann so exakt die Richtung festlegen, in die er sich begeben will.

Heute nimmt man den Kompaß als etwas völlig Selbstverständliches hin. Aber so wie bei vielen anderen kleinen Annehmlichkeiten des Lebens, verstehen wir im Grunde nicht, wie er funktioniert. Im Fall des Kompasses wie auch des Rades und Hunderter anderer elementarer Erfindungen, die den Fortschritt des Menschen ermöglichten, kennt man nicht einmal den Erfinder genau. So merkwürdig es auch erscheint – aber niemand weiß, wer die magnetische Eigenschaft des Magnetits bzw. Magneteisensteins entdeckte. Weder wissen wir, wer herausfand, daß die Anziehungskraft des Steins auf ein Stück Eisen übertragen werden kann, noch ist bekannt, wer entdeckte, daß sich mit Hilfe des Magneten die Himmelsrichtung bestimmen läßt.

Wie um so viele unerklärliche Naturphänomene rankten sich auch um den Magnetiten viele Legenden, ehe man seinen praktischen Nutzen erkannte. In einer von ihnen geht es um die Existenz zweier magnetischer Inseln, zwischen denen kein Schiff, bei dessen Bau man Nägel verwendete, hindurchfahren konnte. Von frühester Zeit an brachte man die erstaunlichen Kräfte des Magneteisensteins mit dunklen, magischen Mächten in Verbindung.

Im mittelalterlichen Europa wurden Magneten von Zauberern eingesetzt, die ihrem Publikum damit verblüffende Kunststücke vorführten. Einer anderen Legende zufolge vermochte ein Magnetit, unter das Kopfkissen einer untreuen Frau gelegt, diese zum Beichten ihrer Sünden zu veranlassen. Das Mineral galt als so wirksam, daß ein kleines Stück alle möglichen Krankheiten heilen sollte, ja es diente sogar als Verhütungsmittel. Simon Berthon schrieb in seinem Buch über die Geschichte der Kartographie, *The Shape of the World*, daß der Kompaß, »Ehemänner mit ihren Ehefrauen zu versöhnen und Bräuten ihre Verlobten zurückzubringen vermochte«.

Und Daniel Boorstin berichtet in seinem Buch *The Discoverers*: »Da die unerklärliche Kraft einer magnetischen Nadel, den Norden ›zu finden‹, wie schwarze Magie erschien, waren die Seeleute vor ihren Kräften auf der Hut. Viele Jahrzehnte lang konsultierte der kluge Kapitän seinen Kompaß im geheimen … Nachdem der Kompaß seinen okkulten Ruch verloren hatte und zum alltäglichen Werkzeug des Matrosen geworden war, erschien er gleichsam auf Deck. Dennoch: Ein Seefahrer zu Kolumbus' Zeiten, der einen Magnetkompaß verwendete, wurde unter Umständen beschuldigt, mit dem Teufel im Bunde zu sein.«

Erstmals verwendeten die Chinesen – vielleicht um 1000 n. Chr. – eine Magnetnadel zu Navigationszwecken. Die merkwürdige Kraft des Magneteisensteins war zwar im Osten wie im Westen bekannt, aber die Chinesen waren die ersten, die den Erdmagnetismus verstanden: Sie haben den Kompaß erfunden. Vier Jahrhunderte später waren sie ausreichend mit dem Kompaß und der Navigation auf hoher See vertraut, so daß sie unter dem berühmten Admiral Cheng Ho – bekannt als »Drei-Juwelen-Eunuch«, weil er Edelsteine als Geschenke mitführte – ehrgeizige Segelexpeditionen unternehmen konnten. Mit etwa 60 Schiffen, auf denen insgesamt 37 000 Seeleute fahren konnten, überbrachte Cheng Ho den Handelsnationen im Indischen Ozean die Botschaft der chinesischen Überlegenheit. Um 1431 hatte er, lange bevor die Europäer ernstzunehmende Seereisen in diesen Teil der Welt unternahmen, Chinas Vorherrschaft in der gesamten Südsee bis nach Indien, Arabien und Ostafrika gesichert. Ironischerweise war Cheng Hos siebte Reise seine letzte. Intrigen bei Hofe beendeten die Abenteuer in fernen Ländern. Somit wandte sich China, die Nation, die die Große Mauer gebaut hatte, um Fremde fernzuhalten, wieder nach innen. Die fremdenfeindlichen Chinesen wiesen den Geist des aggressiven Erfindungsreichtums und der Erforschung anderer Länder zurück und beendeten damit ein Zeitalter der Entdeckungen, das den Lauf der Geschichte hätte ändern können, wenn man diesen Geist und den Forscherdrang hätte erblühen lassen.

Zwar kann der Kompaß durchaus seinen Weg von China nach Europa gefunden haben, ebenso wahrscheinlich ist aber, daß den Europäern die Entdeckung ohne fremde Hilfe gelang. Das geschah allerdings etwas später. Einem historisch nicht verbürgten Bericht zufolge wurde der Meereskompaß von einem anonymen italienischen Seemann zu Beginn des 14. Jahrhunderts erfunden.

Ausschlaggebend war, daß jemand die Idee hatte, eine sich drehende, magnetisierte Nadel auf einer »Kompaßscheibe« zu befestigen – einem Kreis, in dem die vier Himmelsrichtungen angegeben sind. Zunächst war die Kompaßscheibe des Seemanns rund und lag flach auf einem Tisch. In einem Schälchen daneben lag eine Magnetnadel auf einem Stück Kork oder Stroh. Wies die Nadel nach Norden, wurde die Karte so ausgerichtet, daß sie in die richtige Richtung zeigte.

Vor der Einführung und Verbreitung des Magnetkompasses mußten sich die Seefahrer auf eine alte Technik namens »blinde Besteckrechnung« verlassen. Kurz gesagt nutzte der Seefahrer dabei seine Erfahrung, seine Intuition und seine örtlichen Kenntnisse in Verbindung mit Beobachtungen der Sterne. Leider führte die »blinde Besteckrechnung« häufig in die Irre und zum Tod der Seeleute. Es handelte sich um eine gefährliche, unzuverlässige Methode, die ein immenses Hindernis auf Seereisen in die riesigen, nicht kartierten Weiten des Ozeans war. Ohne einen Kompaß hätte Kolumbus sicherlich nicht einmal erwogen, seinen ehrgeizigen Traum, den Orient durch eine Fahrt nach Westen zu erreichen, umzusetzen.

Warum haben weder Chinesen noch Afrikaner oder Araber Amerika »entdeckt«?

Wie die heldenhaften Fahrten Cheng Hos, des chinesischen Christoph Kolumbus, und die chinesische Erfindung des Kompasses zeigen, machte nicht nur Europa Fortschritte in der Navigation und in der Entdeckung geographischer Fakten. Seefahrer aus orientalischen und arabischen Ländern befuhren schon weite Bereiche der östlichen Meere, als sich Europa noch im tiefen Mittelalter befand.

Tatsächlich war das Mittelalter in den nichteuropäischen Gesellschaften eine Zeit außergewöhnlicher Fortschritte auf den Feldern der Mathematik und der Naturwissenschaften. Während die mittelalterliche Kirche die Klassiker des Altertums entweder verbrannte oder verbannte und die Gelehrten ihren Blick auf die Lokalisierung des Paradieses hefteten, übernahm die arabische Welt bestimmte Vorstellungen der Griechen und trat selbst in das goldene Zeitalter des naturwissenschaftlichen und mathematischen Fortschritts ein. Während das Werk des Ptolemäus von den Europäern vernachlässigt wurde, setzten die Araber das Studium der Astronomie und der Mathematik fort und erweiterten ihr Reich in dem Vakuum, das der Niedergang Roms geschaffen hatte.

Dennoch bleibt die Frage bestehen, warum diese Gesellschaften, die über die notwendigen Fertigkeiten und genug Bildungswissen verfügten und mit Sicherheit die nötigen technischen Fähigkeiten besaßen, nicht die Art Erkundung und Kolonisation auf dem Seeweg begannen, die im späten 15. Jahrhundert, dem europäischen »Zeitalter der Entdekkungen«, den Lauf der Geschichte änderte.

Die Annahme, daß keine dieser Kulturen tatsächlich als erste Amerika erreichte, führt zum Kernstück des Verhältnisses zwischen Geographie und Schicksal. Welche geographischen oder kulturellen Faktoren hielten nun insbesondere die Araber und Chinesen davon ab, die Meere zu befahren und die Neue Welt zu entdecken?

Im Fall der Chinesen lag das wohl einfach daran, daß man sich in ihrer Kultur mit dem Bestehenden zufrieden gab und man deshalb nicht die enormen Anstrengungen und Opfer in Kauf nehmen wollte, die solche Entdeckungen und Erforschungen erforderten. Daniel Boorstin hat China als »Reich ohne Wünsche« bezeichnet. Auch die Tradition spielte eine Rolle. Die Chinesen waren ein Volk, dessen kulturelle und historische Tradition ihnen vorschrieb, den Kontakt mit Fremden abzulehnen oder zumindest zu begrenzen. Schließlich waren sie Erben des Volkes, das im Jahr 214 v. Chr. begann, die Große Mauer zu bauen, um fremde Räuber und Plünderer fernzuhalten.

Auch die Araber verfügten im Mittelalter über die Mittel, auf den Weltmeeren zu segeln. Und gewiß war ihre Kultur in vielerlei Hinsicht fortgeschrittener als die ihrer europäischen Zeitgenossen. Statt die Werke der »heidnischen« Autoren wie Ptolemäus zu verbrennen, studierten und erweiterten sie sie. Noch fehlten den Arabern theoretische Grundkenntnisse, die von Europäern, zum Beispiel von Kolumbus, auf ihren Reisen später praktisch umgesetzt wurden. Die Araber mußten keinen Weg finden, um nach Osten segeln zu können. Sie waren dort bereits gut etabliert und hatten wenig Interesse an der Ausweitung ihrer Verbindungen mit den Europäern, die ihnen bereits während der Kreuzzüge ihre Flagge aufgezwängt hatten.

Daraus ergibt sich ein dritter Unterschied. Anders als die europäischen Entdeckungsreisenden, die das Kreuz und die Flagge ihrer christlichen Förderer trugen, kannten die Chinesen keinen missionarischen Eifer. Die Araber führten zwar den Islam ein, doch es gab keine Entsprechung zu den Jesuiten oder zu irgendeinem der anderen römisch-katholischen Orden, die es darauf anlegten, die »Heiden« zu bekehren. Auch wenn die Bemühungen der Christen fehlgeleitet gewesen sein mögen, so war doch das Streben, den Glauben zu verbreiten, eine große Triebfeder der europäischen Entdeckungsfahrten.

Stimmen der Geographie: Aus Marco Polos *Il Millione. Die Wunder der Welt* (um 1299)

Die Götterbilder auf der Insel [Japan] und auch anderswo haben teils Rinderköpfe, teils Schweine-, Hunde- oder Schafsköpfe oder sonst welche. Es gibt Götzen mit viergesichtigen Köpfen und solche mit dreien, von denen einer an der richtigen Stelle ist, die übrigen zwei auf je einer Schulter. Man sieht Bildnisse von Gottheiten mit vier Händen, solche mit zehn und einige mit tausend Händen. Das sind die obersten Götter, sie werden am höchsten verehrt. Wenn die Christen die Heiden fragen, warum sie ihre Götter so unterschiedlich darstellen, dann antworten sie: »Die Vorfahren haben uns diese Bilder vererbt; wir hinterlassen sie unverändert unsern Kindern und unsern späteren Nachfahren.« Die Taten dieser Götter sind so mannigfaltig, ihre Werke derart teuflisch, daß ich in unserem Buche gar nicht darauf eingehen will, die Abscheulichkeiten würden Christenohren beleidigen. Wir wollen deshalb von etwas anderem reden.

Einen Brauch will ich trotzdem erwähnen. Wenn die Heiden dieser Insel einen Fremden in ihrer Gewalt haben, der kein Lösegeld bezahlen kann, dann laden sie alle ihre Verwandten und Freunde ein mit den Worten: »Ich möchte, daß ihr zum gemeinsamen Mahle in mein Haus kommt.« Der Gastgeber läßt den Gefangenen töten und verspeist ihn gemeinsam mit den Geladenen. Und stellt euch vor: Sie kochen die Leiche und behaupten dann, Menschenfleisch sei weitaus das beste Fleisch.

Nun aber genug davon, wir wollen in unserer eigentlichen Geschichte weiterfahren. Ihr müßt wissen: unsere Insel liegt im sogenannten chinesischen Meer [...]. Im östlichen Chinesischen Meer gibt es nach den vertrauenswürdigen Aussagen erfahrener Steuermänner und Seeleute, die immer dort segeln, siebentausendvierhundertachtundvierzig Inseln. Die meisten sind unbewohnt. Und glaubt mir: auf allen Inseln wächst kein Baum, der nicht stark und fein duftet und der nicht mannigfach genutzt werden könnte, genauso gut oder noch besser als Aloeholz. Jede Sorte kostbarer Gewürze findet man. Und der Pfeffer gedeiht, so weiß wie Schnee, und schwarzer Pfeffer ebenfalls in großen Mengen. Die prächtigsten Dinge trifft man auf den Inseln, wertvolles Gold und noch vieles, was teuer und selten ist. Doch die Inselgruppe ist sehr weit entfernt, und die Reise ist mühsam. Die Schiffe [...] machen große und gewinnbringende Geschäfte.

Marco Polo wurde 1254 in Venedig geboren und kam aus einer wohlhabenden Kaufmannsfamilie. Im Alter von siebzehn Jahren begab er sich mit seinem Vater und seinem Onkel im Auftrag von Papst Gregor X. auf eine diplomatische Reise an den Hof des Mongolenherrschers Kublai Khan. Sie dauerte dreieinhalb Jahre und führte durch Persien und Afghanistan. Nachdem die Gesandten in Peking eingetroffen waren, zog der junge Europäer die Aufmerksamkeit des Herrschers auf sich; zwanzig Jahre lang stand er dann in dessen Diensten.

Nach seiner Rückkehr nach Venedig diente Marco Polo während eines der regelmäßigen Kriege zwischen seiner Heimatstadt und deren Gegenspieler Genua auf einem venezianischen Schiff. Er wurde gefangengenommen und eingekerkert. Während seiner Zeit im Gefängnis diktierte er einem Mithäftling einen Bericht über seine Erlebnisse im Fernen Osten. Dabei stützte er sich auf seine Notizbücher, vielleicht eine selektive Erinnerung und, in gewissem Umfang, wohl auch seine Phantasie. Doch soll er gesagt haben: »Ich habe nicht die Hälfte von dem erzählt, was ich sah.«

Obgleich es zwischen Europa und China seit Jahrhunderten Verbindungen gab, regte Marco Polos in zahlreiche

Sprachen übersetzter Reisebericht doch den merkantilen Appetit der Europäer nach Expansion und Vorherrschaft im Osten an. Der Handel förderte nicht nur das starke Bestreben der Portugiesen, einen Seeweg um Afrika zu finden, sondern auch Kolumbus' Ehrgeiz, eine westliche Seeroute zu den von Marco Polo beschriebenen Reichtümern zu finden.

Wer »entdeckte« Amerika wirklich?

Stellen Sie sich einen Tag auf dem Mond im Jahr 2250 vor. (Vergessen Sie nicht, daß der historische Zeitraum, um den es hier geht, von der Gegenwart nicht sehr weit entfernt ist.) Die Mondkolonie des japanisch-deutschen Firmenkonsortiums bereitet sich auf die Feiern zum zweihundertjährigen Bestehen der Kolonie vor. In dem interstellaren Einkaufszentrum sollen eine große Parade und ein riesiger Schlußverkauf zur Feier der Ansiedlung der ersten Erdlinge auf dem Mond im Jahre 2050 stattfinden. Doch eine kleine Gruppe von Demonstranten – Mitglieder der unteren amerikanischen Arbeiterklasse – protestiert gegen die Feierlichkeiten. Die Führer der Kolonie sollen anerkennen, daß die ersten Menschen, die auf dem Mond landeten – damals im Jahr 1969 –, Amerikaner waren. In den Massenmedien werden die Demonstranten als Wirrköpfe verspottet: Selbst wenn die Amerikaner als erste auf dem Mond gelandet waren – eine absurde Vorstellung angesichts ihres gesellschaftlichen Status im Jahr 2250 –, so hatten sie doch keine Kolonie gegründet und auch keine unauslöschlichen Zeichen ihrer einstmaligen Anwesenheit auf dem Mond hinterlassen.

Auch mehr als fünfhundert Jahre nachdem Christoph Kolumbus von Kap Palos in Spanien losgesegelt und damit in das Buch der Geschichte – und des Mythos – eingegangen war, weckt sein Name immer noch außergewöhnliche Emotionen. Die Feier zum fünfhundertsten Jahrestag seiner ersten Reise im Jahr 1492 löste erneut eine lebhafte Debatte über seine Leistung und seinen rechtmäßigen Platz in den Geschichtsbüchern aus.

Weitgehende Einigkeit herrscht darüber, daß Amerika nicht von Kolumbus entdeckt wurde, wie man es Generationen von Schulkindern beigebracht hat, denen man eine Märchenversion der Geschichte auftischte. Nach wie vor besteht auch erhebliche Verwirrung hinsichtlich der Frage, was Kolumbus eigentlich fand und ob nicht andere die Neue Welt lange vor ihm »entdeckten«.

Einige Historiker sind der Ansicht, daß es diese »anderen« gibt. Da man vor der kalifornischen Küste eine Schiffsglocke fand, sei es durchaus möglich, daß lange vorher chinesische oder japanische Schiffe mit Hilfe der beständigen Winde Amerika erreicht hätten. In Südamerika hat man Münzen aus der Römerzeit gefunden, die ebenfalls Seeleute eines verschollenen Segelschiffes zurückgelassen haben könnten. Die vielleicht bekannteste dieser präkolumbischen Entdeckungstheorien stellte Thor Heyerdahl auf, der mit seiner *Kon-Tiki*- und der *Ra*-Expedition Berühmtheit erlangte. Der norwegische Anthropologe vertritt die These, daß Seefahrer aus Ägypten oder Phönizien Südamerika oder Mexiko viel früher erreicht und dort die Pyramiden gebaut hatten.

Auch Professor Iban van Sertima meint, daß Amerika von Afrika aus entdeckt worden sei. In seinem Buch *They Came before Columbus* untermauert er seine Beweisführung vor allem anhand von Alltagsgegenständen und Skulpturen der Kulturen Süd- und Mittelamerikas, die ihren afrikanischen Entsprechungen ähneln. Alle diese Theorien sind ebenso faszinierend wie problematisch. Denn zum einen können verschiedene Kulturen die gleiche Entwicklung unabhängig voneinander durchlaufen haben, und darüber hinaus drängt sich die Frage auf, warum nur einzelne Teile dieser Kulturen gefunden worden sind. Wenn die Phönizier tatsächlich bis nach Amerika gelangten, warum brachten sie dann nicht auch ihr Alphabet und das Rad mit? Von beidem fanden die Spanier bei ihrer Ankunft keine Spur.

War Kolumbus der erste? Keineswegs, wenn man die Wikinger berücksichtigt, die im oder um das Jahr 1000 nahe Neufundland landeten, Häuser errichteten, die einheimische Bevölkerung als wenig freundlich empfanden und einige Jahre später nach Hause zurücksegelten. Die Wikinger waren zwar vor Kolumbus in Amerika eingetroffen, das hatte jedoch keine langfristigen Auswirkungen – weder auf die Geschichte Amerikas noch auf die übrige westliche Welt. Die »Entdeckung« Amerikas durch Christoph Kolumbus als »Bannerträger« Europas signalisierte dagegen den Beginn eines außergewöhnlichen Zeitalters der Entdeckungen, der Kolonisierung und der beispiellosen Ausbeutung in der Geschichte der Menschheit. Dieses Zeitalter hätte anders ausgesehen, wenn sich in Europa nicht andere außergewöhnliche Ereignisse zugetragen hätten: das Lüften des Schleiers blinden Glaubens, der Europa im Bann das Mittelalters hielt; die Feier des menschlichen Geistes, aus der sich die Renaissance entwickelte; der langsame, mühselige Übergang in eine neue Ära vernunftorientierten Denkens, aus der die Aufklärung hervorging. Natürlich hatte dieser Glanz auch dunkle Seiten. Dazu gehörten insbesondere die Unterwerfung der Völker, die die Europäer bei ihrer Ankunft in Amerika antrafen, sowie, nicht lange danach, der Import von Sklaven aus Afrika und der große transatlantische Sklavenhandel.

Der heroische Glanz des Kolumbus ist heute verblaßt. In den Geschichtsbüchern steht, man habe ihn wegen der unter seiner Regie begonnenen schwerwiegenden Mißwirtschaft der Kolonien in Ketten nach Spanien zurückgeschickt. Doch der Mythos lebt bis heute. Immer noch halten Menschen hartnäckig an dem Irrglauben fest, Kolumbus habe sich in eine völlig unbekannte Welt aufgemacht, zusammen mit ängstlichen Seeleuten, die glaubten, die Reise sei zum Scheitern verurteilt, weil die Erde flach sei und man deshalb einfach über ihren Rand hinaussegeln würde.

Aber das ist natürlich Unsinn. Obgleich die Vorstellung von der Welt im späteren 15. Jahrhundert immer noch zum großen Teil durch Legenden und Mythen geprägt war, wußte Kolumbus doch mit Sicherheit, daß die Welt rund war. Dies nahmen auch die meisten vernünftigen Menschen an, weil es auf die bedeutenden griechischen Philosophen zurückging.

Manche Leute wissen immer noch nicht, daß Kolumbus die Gestade der Vereinigten Staaten nie erreichte. Seine Reisen führten ihn durch die Karibik und an die Küste Südamerikas. Noch auf dem Sterbebett glaubte er, er sei bis an sein ursprüngliches Ziel gelangt: China.

Zudem lebten in den amerikanischen Ländern, als Kolumbus dort eintraf, verteilt über zwei Kontinente Millionen von Menschen. Offenbar fällt es schwer, sich einzugestehen, daß man nicht ein Land »entdecken« kann, in dem bereits Millionen Leute leben! Das wäre etwa so, als erzählten Sie Ihren Freunden, Sie hätten ein großartiges Restaurant entdeckt, in dem man fabelhafte Hamburger und Pommes frites bekommt. Nur hätten Sie die Einrichtung und diese goldenen Bögen als Firmenlogo nicht ganz so toll gefunden.

Die Antwort auf die Frage, wer Amerika entdeckt hat, lautet: die Menschen, die dort lebten, als Kolumbus vor Anker ging. Die ersten waren fünfzehn- bis dreißigtausend Jahre zuvor eingetroffen, als sie während einer der letzten Eiszeiten die Landbrücke zwischen Asien und Amerika überschritten. In dicht aufeinanderfolgenden Einwanderungswellen folgten sie dem Wild, das sie jagten, wurden seßhaft und breiteten sich schließlich über die beiden riesigen Kontinente aus.

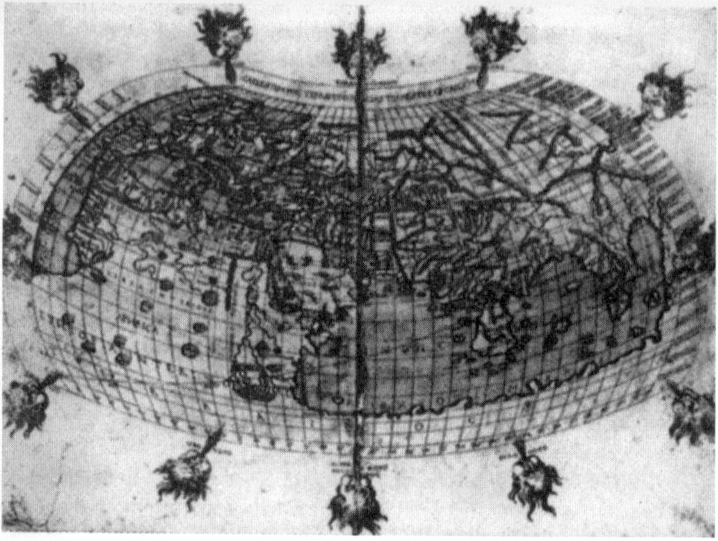

Abb. 7: Weltkarte von Berlinghiero. Diese Karte stand Christoph Kolombus zur Verfügung. Mit freundlicher Genehmigung des *Department of Library Services, American Museum of Natural History.*

Die einzige Konstante in der Diskussion hinsichtlich der Auffassungen des Menschen über die Form der Erde und den eigenen Platz im Universum ist der stete Wandel. Deshalb kann man zwar leicht über die Vorstellungen der frühen Menschen von der Welt mit ihren mythischen Tieren, der flachen Erdscheibe, die auf einem endlosen Meer schwebt, und den Dung rollenden Käfern schmunzeln, doch sollten wir unsere Vorstellungen von der Welt mit etwas weniger Selbstgewißheit betrachten.

Das Universum hat so eine Art, sich an uns heranzuschleichen und zu sagen: »Du hältst dich vielleicht für schlau, aber du hast überhaupt nichts begriffen.« Das geschieht jedesmal, wenn Wissenschaftler etwas entdecken, das unsere Kenntnis der Welt erneut grundlegend erschüttert.

Wenn Sie zum Beispiel vor etwa zwanzig Jahren die Grundschule besucht haben, können sie getrost alles, was Sie damals über Dinosaurier, die Evolution des Menschen oder das Weltall gelernt haben oder woran sie sich zu erinnern glaubten, wieder vergessen.

Allein in den letzten zehn Jahren ist der Großteil dessen, was wir vor zwanzig oder dreißig Jahren als wissenschaftliche Tatsache betrachtet und akzeptiert hatten, entweder radikal revidiert oder schlicht widerlegt worden. Grundlegende Kenntnisse über das Alter der Menschheit oder die Beschaffenheit des Universums mußten aufgrund bedeutender Entdeckungen in den letzten Jahren umformuliert werden.

Zu den schwerwiegendsten populären Irrtümern auf den Gebieten der Wissenschaft und der Technik gehört es zu meinen, daß die Leute mit den Nickelbrillen auf der Nase und den vielen Kugelschreibern in der Brusttasche alles wissen. Jeder Wissenschaftler oder Ingenieur mit Selbstachtung wird diesen Gedanken voll Überzeugung zurückweisen.

Es gibt ein bemerkenswertes Beispiel, auf welche Weise Fortschritte in der Wissenschaft unser Denken durcheinanderbringen können. Kehren wir kurz zu Christoph Kolumbus zurück. Vielleicht mußten sie ja bei den Sätzen zu Beginn dieses Kapitels, mit denen Kolumbus seiner Vorstellung von der birnenförmigen Gestalt der Erde Ausdruck verlieh, lächeln.

Nun, der Spaß geht auf Ihre Kosten.

Denn die Aufnahmen des Weltraumsatelliten *Vanguard*, der im März 1958 gestartet wurde, zeigen, daß die Erde keine Kugel ist, wie man uns in der Grundschule beigebracht hat – eine »Tatsache«, die wir seit den Tagen Isaac Newtons akzeptiert hatten. Vielmehr entdeckte der Astronom John O'Keefe aufgrund der Umlaufbahn von *Vanguard*, daß die Erde leicht birnenförmig ist und auf der Südhalbkugel eine Ausbuchtung hat – wenn auch nicht in dem Maß, wie es sich Kolumbus vorstellte.

Man sollte Kolumbus dafür ehren. Zumindest in diesem Punkt hatte er recht!

Stimmen der Geographie: Aus dem Theaterstück *Der Sturm* von William Shakespeare (1564-1616)

O Wunder!
Was gibts für herrliche Geschöpfe hier!
Wie schön der Mensch ist! Wackre neue Welt,
die solche Bürger trägt!

Dies sagt Prosperos schöne Tochter Miranda, als sie zum erstenmal einen jungen Mann erblickt, und ihre Worte liefern ein gutes Beispiel für den Zusammenhang von Geographie, Geschichte und Literatur und Kunst. *Der Sturm* ist eines der letzten Stücke des englischen Dramatikers. Das um 1616 geschriebene Drama erzählt die Geschichte des Herzogs Prospero, der gestürzt und auf eine Insel verbannt worden ist, auf der er nun mit Hilfe magischer Kräfte herrscht. Als die Männer, die ihn einst entthronten, nahe an der Insel vorbeifahren, beschwört er einen Sturm herauf. Das Schiff zerschellt an den Felsklippen, die Besatzung wird an Land geworfen.

Das Drama beruht auf einer wahren Begebenheit, die im damaligen England große Aufmerksamkeit erregte. Im Mai 1609 stach eine aus neun Schiffen bestehende Expedition von England aus in See. Ihr Ziel war die neu gegründete Kolonie Virginia. Das Flaggschiff *Sea-Adventure* erlitt nahe Bermuda Schiffbruch. Alle Seeleute wurden gerettet. Auf der Insel bauten sie Ersatzschiffe und erreichten schließlich ein Jahr später Virginia. Die Berichte über ihre Abenteuer fanden den Weg zurück nach England und wurden dort veröffentlicht.

Aber nicht nur Shakespeare ließ sich durch diese staunenswerte Erzählung anregen. Etwa 100 Jahre später erschien Daniel Defoes (1660-1731) Roman *Robinson Crusoe* (1719), in dem ebenfalls die Geschichte eines Schiffbrüchigen erzählt wird. Und auch Defoes Roman beruht auf tatsächlichen Geschehnissen, nämlich den Erlebnissen des schottischen Seemanns Alexander Selkirk. Während einer Kaperfahrt im Jahr 1704 wurde Selkirk auf eigenen Wunsch auf der Juan Fernández-Insel Mas-a-tierra, 600 Kilometer westlich von Chile, ausgesetzt. 1709 wurde er gerettet. Nach seiner Rückkehr nach England erlangte Selkirk Berühmtheit und unsterblichen literarischen Ruhm, als Defoe seinen zeitlosen Roman vor dem Hintergrund von Selkirks Abenteuern schrieb.

Tatsächlich war das große europäische Zeitalter der Entdeckungen Anregung für eine ganze Reihe weiterer Klassiker der Weltliteratur. Darunter ist Thomas Mores Erzählung *Utopia* (1516), mit der ein neues Wort in die englische Sprache Einzug hielt, auf deutsch: *Utopie.* More, (bzw. Morus) der sich von den erstaunlichen Erzählungen anregen ließ, die fast täglich mit jeder Rückkehr eines Schiffes aus den neuentdeckten Ländern eintrafen, benutzte die Form der Reiseerzählung, um die Vision einer völlig altruistischen Gesellschaft zu entwerfen. In Utopia gab es keinen Privatbesitz. In dieser demokratischen Gesellschaft, die irgendwo vor der Küste Südamerikas lag, war das würdigste Ziel des Menschen, den »Müßiggang« zu erlernen und sich weiterzubilden. (Die Ironie: Der Name dieser von Armut und Leid freien Gesellschaft, »Utopia«, bedeutet wörtlich »kein Land«.)

Die anderen beiden bedeutenden literarischen »Reisebücher«, die von den außergewöhnlichen Entdeckungen und Erkundungen dieser Zeit beeinflußt waren, sind Sir Francis Bacons Werk *Das Neue Atlantis* (1627), in dem der Autor, wie More in *Utopia*, eine ideale Gesellschaft auf einer pazifischen Insel ansiedelt, sowie Jonathan Swifts *Gullivers Reisen* (1726). Wie die anderen Autoren nutzte auch Swift das immense öffentliche Interesse an den neuentdeckten exotischen Orten, als er in seinem Roman über einen Reisenden zu den Inseln Lilliput, Laputa, Brobdingnag und etlichen anderen fernen Ländern der Erde die englische und europäische Gesellschaft und ihre Sitten satirisch bloßstellte.

Meilensteine der Geographie I

5000 v. Chr. – 1507 n. Chr.

Vor Christi Geburt

Um 5000: Auf den Flüssen in Mesopotamien werden Segelschiffe eingesetzt.

Um 3000: Auf dem Nil in Ägypten fahren Segelschiffe.

Um 2900: In Ägypten wird die Große Pyramide von Giseh gebaut und dient Pharao Cheops (Khufu) als Grabkammer. Die Seiten der Pyramide, die an der Treppenbasis ein fast vollkommenes Quadrat bilden, sind präzise in nord-südlicher und ost-westlicher Richtung ausgerichtet.

Um 2400: Die Chinesen erfinden eine Methode, mit der man astronomische Beobachtungen vornehmen kann. Grundlage sind der Äquator und die Pole. Zwar wird sie im Westen erst im 16. Jahrhundert angewandt, doch ist sie bis heute bei der Beobachtung des Himmels und der Gestirne üblich.

Um 2300: Eine Karte der Stadt Lagasch in Mesopotamien wird in Stein gehauen. Die Karte liegt auf den Oberschenkeln einer Gottesstatue und gilt als der älteste überlieferte »Stadtplan«.

Um 2000: Erstmals werden auf seetüchtigen Schiffen im Ägäischen Meer Segel eingesetzt.

Um 1800: Zur Zeit des berühmten Gesetzgebers Hammurabi werden in Babylonien Sternenkataloge und Planetenverzeichnisse angelegt.

Um 1350-1251: Moses führt die Hebräer aus Ägypten. (Das Datum ist umstritten; andere Datierungen gehen von einem späteren Zeitpunkt, etwa 1225 v. Chr., aus.)

Um 1100: Die Phönizier, die im heutigen Libanon lebten, beginnen ihre Expansion in die Mittelmeerregion. Die Phönizier waren in erster Linie eine Seefahrernation und kolonisierten das

Mittelmeer, vor allem Karthago. Sie wurden zwar von den Griechen überflügelt, doch lieferten sie bedeutende Beiträge, insbesondere auf dem Gebiet der Nautik und bei der Entwicklung einer alphabetischen Schrift, aus der schließlich das lateinische Alphabet hervorging.

Um 900: In Babylon wird eine Weltkarte in Ton gezeichnet.

Um 750: Die griechischen Stadtstaaten breiten sich allmählich in dem gesamten Mittelmeerraum aus.

Um 610: Eine Expedition der Phönizier umsegelt angeblich Afrika.

Um 530: Auf der griechischen Insel Samos lehrt der Mathematiker und Mystiker Pythagoras. Die Pythagoräer lehren, daß die Erde ein Kugel ist und nicht die Form einer Scheibe hat. Erstmals 380 v. Chr. wird durch Platon, der Sokrates zitiert, eine Beschreibung der Erde als Kugel überliefert. Eines der späteren Mitglieder der pythagoräischen Schule vermutet, es gebe ein zentrales Feuer, um das sich Erde, Sonne, Mond und die Planeten drehten; außerdem glaubt er, daß sich die Erde um die eigene Achse drehe.

Um 500: Der griechische Historiker Hekataios entwirft eine Weltkarte, die Europa und Asien als einen vom Meer umgebenen Halbkreis darstellt.

Um 480: Der griechische Philosoph Oenopides soll als erster den Neigungswinkel der Erde berechnet haben. Der von ihm errechnete Winkel von 24 Grad weicht nur 0,5 Grad von dem mittlerweile brechneten Wert von 23,5 Grad ab.

5. Jahrhundert: Chinesische Astronomen beginnen kontinuierliche Sternbeobachtungen.

Um 390: Platon entwickelt die Idee, daß es Europa gegenüber, auf der anderen Seite des Globus, einen Erdteil geben müsse, den er als Antipoden bezeichnet.

334: Alexander von Mazedonien marschiert in Kleinasien ein. Er erobert Ägypten (332), gelangt bis Indien (329) und stirbt in Babylon (323).

Um 300: Der griechische Seefahrer Pytheas erreicht vermutlich Island. Er beobachtet die starken Gezeiten des Atlantiks und stellt die richtige Theorie auf, daß Ebbe und Flut vom Mond verursacht werden.

Um 310-230: Aristarchos von Samos behauptet, daß sich die Erde um die Sonne dreht, wie Archimedes annahm.

Um 300: Chinesische Schriften enthalten die ersten Hinweise auf die magnetische Ausrichtung des Magnetits; er wird als »Südweiser« bezeichnet.

Um 240: Eratosthenes berechnet den Umfang der Erde annähernd korrekt.

221: Shih Huang Ti aus der Ch'indynastie vereinigt China. 214 beginnt der Bau der Großen Mauer.

2. Jahrhundert: Möglicherweise Verwendung des Magnetits in China.

Um 190-125: Erstmals verwendet der griechische Astronom Hipparchos von Nizäa bei seinen Berechnungen ein System von Längen- und Breitengraden.

Um 138: Während der Herrschaft der Handynastie wird Chang Ch'ien als Botschafter nach Zentralasien entsandt, wo er Verbündete im Kampf gegen die Hunnen anwerben soll. Auf seinen jahrelangen Reisen erreicht er Afghanistan und gelangt später bis nach Syrien und möglicherweise Ägypten.

Um 112: Eröffnung der »Seidenstraße« durch Zentralasien. Sie wird zur Route, auf der die Handelsgüter der Chinesen und Europäer getauscht werden. Dennoch lernt kein Europäer in den nächsten Jahrhunderten China kennen.

Um 64 v. Chr.-21 n. Chr.: Leben des einflußreichen griechischen Reisenden und Geographen Strabon.

Anno Domini

23-79: Leben des römischen Gelehrten Plinius (des Älteren). Sein Werk *Naturgeschichte* war eine weithin gültige Quelle geographischer Kenntnisse. Plinius betrieb seine Forschungen mit einer gewissen Sorglosigkeit; seine Erzählungen und Fabeln waren ganz nach dem Geschmack des Massenpublikums. Er starb bei der Beobachtung des Ausbruchs des Vesuvs 79 n. Chr.

117: Tod des römischen Kaisers Trajan. Das Römische Reich erreicht seine größte Ausdehnung.

127-145: In Alexandria veröffentlicht der Mathematiker, Astronom und Kartograph Claudius Ptolemäus seine wichtigsten Werke.

271: In China wird der Magnetkompaß eingesetzt.

Ende des 3. Jahrhunderts: Die ersten chinesischen Seidenkarten mit einem rechteckigen Gitternetz mit Koordinaten erscheinen.

Um 350: Die Peutingersche Tafel, eine römische Straßenkarte, wird gezeichnet. Die Kopie, ein langer, schmaler Streifen mit den Maßen 34 Zentimeter Höhe und 6,82 Meter Länge, zeigt die bekannte Welt auf dem Höhepunkt des Römischen Reiches. Sie verzeichnet ein 112 000 Kilometer langes Netz römischer Straßen und zeigt Kurorte, Poststrecken sowie kleinere und größere Städte. Alle Straßen sind jedoch als gerade Linien eingezeichnet, und man hat sich keine Mühe gegeben, die Eintragungen maßstabgetreu vorzunehmen. Allerdings sind zwischen einigen Punkten die Entfernungen eingezeichnet.

410: Die Westgoten marschieren in Italien ein, erobern Rom und überrennen Spanien.

6. Jahrhundert: In dieser Zeit lebt Kosmas Indikoplentes, ein Reisender und christlicher Topograph, dessen Vorstellung von der Erde auf der Heiligen Schrift statt auf wissenschaftlicher Genauigkeit beruht.

632: Der Tod Mohammeds. Die Expansion der Araber beginnt.

760: Araber übernehmen das indische Zahlensystem und entwickeln die Algebra und die Trigonometrie.

800: Karl der Große wird in Rom zum Kaiser gekrönt. Dies markiert den Beginn eines neuen westlichen (später Heiligen Römischen) Reiches.

Um 1000: Die Wikinger kolonisieren Grönland und »entdecken« Amerika. Auf Neufundland gründen sie eine Kolonie. Ihr kurzer Aufenthalt in Nordamerika hat keinerlei Auswirkungen auf die Geschichte des Kontinents.

1095: Papst Urban II. ruft zum Ersten Kreuzzug auf. Das Ziel ist die Rückeroberung der heiligen Stätten des Christentums in Palästina von den Muslimen. 1099 wird Jerusalem von dem Heer der Europäer erobert, die sofort damit beginnen, die dort lebenden Moslems grausam zu ermorden. Die Kreuzfahrer errichten ein lateinisches Königreich in Jerusalem, das 1187 an Saladin fällt. Doch bald legt sich der religiöse Eifer der Kreuzfahrer, die sich statt dessen auf die Eroberung neuer Territorien konzentrieren. Bis 1270 greifen sie weiter die moslemischen Stützpunkte an. Obgleich die Kreuzzüge militärisch scheitern, haben sie weitreichende Folgen für Europa: Sie erweitern den europäischen Kontakt mit dem Osten und regen zu Handelsbeziehungen mit den viel weiter entwickelteren Kulturen des Mittleren Ostens, Chinas und Indiens an.

1206: Die Mongolen unter Dschingis-Khan beginnen die Eroberung Asiens.

1275: Marco Polo erreicht China und tritt in die Dienste Kublai Khans ein. 1299 erscheint sein Bericht über seine Erlebnisse in China und im Osten.

1291: Die Brüder Vivaldi aus Genua versuchen, Afrika zu umsegeln und nach Fernost zu gelangen. Die Expedition scheitert, die Brüder bleiben verschollen. In ihrem Unternehmen kommt jedoch der neue Geist des europäischen Abenteurertums wie auch die Zurückweisung der Vorstellung zum Ausdruck, daß man die Südspitze Afrikas nicht umfahren könne.

1374: Tod des Ibn Battuta, des bedeutendsten arabischen Reisenden des Mittelalters. Man nannte ihn den »Marco Polo der Araber«. In seinen Werken schildert er seine ausgedehnten Reisen durch die moslemische Welt, China und Rußland – auf denen er rund 120 000 Kilometer zurücklegte (und das zu einer Zeit, als es bestimmt noch keinen »Miles-and-more«-Bonus gab).

Stimmen der Geographie: Aus: *Reisen in Asien und Afrika* (1354) von Ibn Battuta (geb. 1304). Darin schildert er seine Erlebnisse während seiner Reise nach Mali und seinen Aufenthalt bei moslemischen Schwarzen in der Gegend des Niger-Flusses.

Eine weitere schöne Eigenschaft ist ihre Gewohnheit, freitags saubere, weiße Kleidung zu tragen. Auch wenn ein Mann nichts als ein altes Hemd zum Anziehen hat, so wäscht er es und trägt es zum Gottesdienst. Eine anderer Brauch ist der Eifer, mit dem sie den Koran auswendig lernen. Sie legen ihre Kinder in Ketten, wenn sie den Koran nicht gut gelernt haben, und man läßt sie erst wieder frei, wenn sie die Suren auswendig aufsagen können. An dem Feiertag besuchte ich den *Kwadi* in seinem Haus. Seine Kinder waren angekettet, und ich fragte ihn: »Wollen Sie sie nicht losbinden?« Er antwortete: »Das werde ich erst tun, wenn sie den Koran auswendig beherrschen.«

Zu ihren verwerflichen Bräuchen zählt das folgende: Die Dienerinnen, Sklavenmädchen und junge Mädchen, gehen vor allen nackt, ohne einen Fetzen Kleidung am Leib. Frauen gehen in Gegenwart des Sultans nackt, ohne sich zu bedecken, und seine Töchter gehen ebenfalls nackt. Dann gibt es noch den Brauch, sich Staub und Asche aufs Haupt zu werfen, als Zeichen der Achtung, und die grotesken Feiern, die wir beschrieben haben, bei denen die Dichter ihre Verse vortragen. Ein weitere tadelnswerte Sitte ist es, daß viele von ihnen Aas, Hund und Esel essen. [...]

[...] Wir hielten nahe dem Flußbett in einem großen Dorf. Der Dorfvorsteher war ein Neger, ein Pilger und Mann von feinem Wesen namens Farba Magha. Er gehörte zu den Negern, die die Wallfahrt in Gesellschaft des Sultans Mansa Musa unternahmen. Farba Magha erzählte mir, Mansa Musa sei in Begleitung eines *Kwadi,* eines weißen Mannes gewesen, als er in diese Gegend gekommen sei. Der *Kwadi* habe versucht, mit viertausend Goldstücken zu fliehen. Als der Sultan davon erfuhr, wurde er sehr zornig und verbannte ihn ins Land der gottlosen Kannibalen. Dort lebte er vier Jahre lang, danach schickte ihn der Sultan in sein Land zurück. Die Heiden haben ihn deshalb nicht verspeist, weil er eine weiße Haut hatte, denn sie sagen, so jemand sei unverdaulich, weil er nicht »reif« sei, wohingegen ein schwarzer Mann ihrer Meinung dies sei.

Meilensteine der Geographie I *(Fortsetzung)*

1375: Abraham Cresques beendet seine Arbeit am *Katalanischen Atlas.* Der Atlas wurde als Geschenk für den König Frankreichs in Auftrag gegeben und erregte großes Aufsehen. Er enthält spannende Geschichten über die Reichtümer Malis in Westafrika, wo das Gold »gleich Möhren wuchs«, das »in Gestalt von Goldklumpen von Ameisen« an die Oberfläche geholt und von »nackten Männern, die in Erdlöchern lebten« geschürft wurde.

15. Jahrhundert: Zur Zeit der Renaissance wird Ptolemäus' Werk *Geographia* in Europa wieder aufgegriffen.

1405: Unter Admiral Cheng Ho, dem »Drei-Juwelen-Eunuchen«, der später wegen seiner weiten Reisen als der chinesische Christoph Kolumbus berühmt wurde, befahren die Chinesen erstmals den Indischen Ozean.

1410: Der französische Geistliche Pierre d'Ailly verfaßt sein Werk *Imago Mundi*. Darin wird die Erde stark verkleinert dargestellt. Kolumbus liest es und stimmt mit d'Aillys Ansichten überein, insbesondere mit folgender Stelle: »Die Landmasse im Osten ist viel größer als Ptolemäus schreibt [...]; die Landfläche der bewohnbaren Erde auf der Seite des Ostens nimmt nämlich mehr als die Hälfte des Umfangs der Erdkugel ein. Laut den Philosophen und Plinius ist das Meer, das sich zwischen dem äußersten Rand Spaniens (das heißt Marokko) und dem Ostrand von Indien erstreckt, nicht sehr breit. Damit ist bewiesen, daß man das Meer bei gutem Wind in einigen Tagen befahren kann, und daraus wiederum folgt, daß das Meer nicht so groß ist, daß es drei Viertel der Erdkugel bedeckt, wie manche glauben.«

1415: Die Portugiesen erobern Ceuta an der nordafrikanischen Küste (Marokko). Es ist der Beginn des Reiches der Portugiesen in Afrika. Einige Jahre später, **1444**, kehren portugiesische Schiffe erstmals mit afrikanischen Sklaven nach Europa zurück.

1453: Konstantinopel, die Hauptstadt des östlichen Christentums, wird von den Türken erobert. Sie wandeln die Sophienkirche (Hagia Sophia) in eine Moschee um. Damit durchtrennen sie die Verbindung zwischen Osten und Westen, Europa und Asien, die quer durch die Stadt verläuft. Doch ein Zustrom griechischer Gelehrter nach Italien hilft, die Geburt der Renaissance zu beschleunigen.

1457: Der venezianische Mönch Fra Mauro entwirft eine Weltkarte. Bedeutenderweise widerspricht sie der Vorstellung des Ptolemäus, daß Afrika mit einem großen Südland verbunden ist. Die Karte eröffnet die Möglichkeit, eine Seereise um Afrika herum zu unternehmen.

1487: Bartholomëu Diaz umsegelt die Südspitze Afrikas.

1492: Kolumbus landet in der »Neuen Welt«. Er wird allerdings immer glauben, daß er den asiatischen Kontinent erreicht hat. Seine Reise in die Karibik markiert den Beginn des Zeitalters der Entdeckung, Kolonisierung und Ausbeutung Nord-, Mittel- und Südamerikas durch die europäischen Mächte.

1494: Im Vertrag von Tordesillas wird die Neue Welt zwischen Portugal und Spanien aufgeteilt.

1497: Der italienische Seefahrer Giovanni Caboto (John Cabot) erreicht Neufundland, unter englischer Flagge segelnd, und nimmt das Land für England in Besitz.

1497-1498: Vasco da Gama ist der erste Europäer, der nach Indien und wieder zurück segelt.

1498: Kolumbus gelangt auf der vierten Reise bis nach Südamerika. Er erkennt zwar, daß er einen riesigen Kontinent gefunden hat, glaubt aber immer noch, daß dieser mit Asien verbunden sei.

1499: Der italienische Seefahrer Amerigo Vespucci erreicht Amerika. In späteren Briefen, die ein großes Lesepublikum in Europa finden, schreibt er sich das Verdienst zu, eine *Mundus Novus*, eine Neue Welt, entdeckt zu haben.

1500: Pedro Cabral entdeckt Brasilien.

1505: Die Portugiesen gründen in Ostafrika Handelszentren.

1507: Martin Waldseemüller tauft auf seiner Weltkarte die Neue Welt nach dem Vornamen des Amerigo Vespucci, nicht nach Kolumbus. Und obwohl der Kartograph den Namen auf einer anderen Karte ändert, ist der Name »Amerika« bis heute geblieben.

Stimmen der Geographie: In einem Brief an Piero di Medici schreibt Amerigo Vespucci:

> In den letzten Tagen habe ich Eurer Hoheit einen vollständigen Bericht über meine Rückkehr gegeben. Wenn ich mich recht entsinne, schilderte ich Euch darin all jene Teile der Neuen Welt, die ich mit den Schiffen Seiner Hoheit des Königs von Portugal besucht habe. Bei sorgfältiger Betrachtung scheint es sich tatsächlich um neu-

entdeckte Länder zu handeln, so daß wir sie nicht ohne Grund Neue Welt genannt haben. Keiner der Alten hatte Kenntnis davon, und das, was wir in letzter Zeit bestätigt haben, übersteigt alle ihre Vorstellungen. Sie glaubten, daß es südlich der Äquinoktialgegend nichts gebe außer einer ungeheuren See und einigen kargen und unwirtlichen Inseln. Das Meer nannten sie Atlantik. Auch wenn sie manchmal eingestanden, daß es in jener Gegend Land geben könnte, behaupteten sie doch, es müsse öde und unbewohnbar sein.

Die gegenwärtige Fahrt hat diese Auffassungen widerlegt und allen deutlich gezeigt, daß sie sehr weit von der Wahrheit entfernt sind.

Der 1454 geborene Amerigo Vespucci ist eine etwas rätselhafte Figur der Geschichte. Sein Name wurde zwar mit den riesigen neuentdeckten Ländern in Verbindung gebracht, später geriet Vespucci jedoch wegen seines mutmaßlichen Betrugs an Kolumbus in Verruf. Vespucci entstammte einer verarmten florentinischen Familie und stand in den Diensten der mächtigen und reichen Medici. Die Bankiersfamilie entsandte ihn nach Spanien, wo er als Schiffsausrüster tätig war. Angeregt durch die Nachrichten des Kolumbus, schloß er sich 1499 einer aus zwei Schiffen bestehenden Expedition an und segelte nach Südamerika. 1501 fuhr er unter portugiesischer Flagge und unternahm eine weitere Reise. Anschließend stellte er fest, daß die entdeckten Länder nicht zu Asien, sondern zu einem bisher unbekannten Erdteil gehören. Vespuccis Reisen waren zu seinen Lebzeiten weitaus berühmter als die von Kolumbus und veranlaßten die Kartographen, die neuentdeckten Länder nach ihm zu benennen.

2

IST EUROPA NUR EIN TEIL ASIENS?

Die Geographen zeichnen Afrika in Atlanten,
in den leeren Flecken sieht man nichts als Wildnis.
Die unbewohnten Täler füllen sie mit Elephanten,
denn von den Städten haben sie kein Bildnis.

Jonathan Swift, *On Poetry, a Rhapsody*

Wie alt ist die Erde, und wie ist sie entstanden?
Waren die Kontinente einst wirklich miteinander verbunden?
Die wichtigsten Krustenplatten und wohin sie sich bewegen
Ist die Kruste der Erde »gut durch«?
Wo befinden sich die höchsten Berge?
Erdbeben: Was verursacht die Störung?
Die größten Erdbebenkatastrophen der Geschichte
Was ist ein Kontinent?
Welcher Kontinent ist der größte?
Warum nennt man den Orient »Orient«?
Meilensteine der Geographie II: Das 16. Jahrhundert
Warum nennt man Afrika den »dunklen Kontinent«?
Namen: Mali, Malawi, Malaysia und die Malediven
Hat Gott über ganz Nordamerika »seine Gnade ausgebreitet«? Oder hielt er an der US-amerikanischen Grenze inne?
Imaginäre Orte: Wo lag El Dorado?
Ist Amerika ein Kontinent – oder sind es zwei?

Worin besteht der Unterschied zwischen einem Regenwald und einem Urwald?
Imaginäre Orte: Leben am Amazonas Amazonen?
Wem gehört die Antarktis?
Ist Europa nur ein Teil Asiens?
Das »Neue« Europa: eine allgemeinverständliche geopolitische Zusammenfassung
Und was ist mit Grönland und Zypern?
Warum ist Australien ein Kontinent? Ist es nicht nur eine Insel
Namen: Wer hat die Sandwich-Inseln gegessen?
Was ist die Internationale Datumsgrenze?
Was trennt die kontinentale Wasserscheide?
Meilensteine der Geographie III: 1600-1810

Zu den gravierendsten Schwierigkeiten, die viele Leute mit der Geographie haben, gehört, daß ihnen die Fachbegriffe unverständlich sind.

Halbinseln und Kaps. Tiden und Tsunamis. Rias und Fjorde. Ästuarien und Deltas. Was diese Wörter bedeuten, haben wir angeblich in der Schule gelernt. Aber irgendwann haben wir dann »Tundra« mit »Savanne« verwechselt.

Im folgenden möchte ich daher einige der verwirrenderen Fachausdrücke der Geographie vorstellen, wie auch einen Überblick zu den charakteristischen Merkmalen der Erde und deren Entstehung geben. Ich fange mit dem fundamentalsten Wissen überhaupt an.

Wie alt ist die Erde, und wie ist sie entstanden?

Aristoteles war bestimmt alles andere als dumm, aber auch er wußte einiges nicht. Zu seinen Irrtümern zählt die Vorstellung, daß die Welt schon immer existiert habe. Aber er muß sich deswegen nicht schämen; das gleiche haben auch andere bedeutende Leute gedacht.

Fast alle Kulturen haben einen Schöpfungsmythos hervorgebracht, mit dem sie die Erschaffung der Welt zu erklären versuchten. Es ist auch noch gar nicht so lange her, daß hierbei der Glaube eine größere Rolle spielte als das Wissen. Der vielleicht berüchtigste Versuch, die Bibelversion der Schöpfung mit den bekannten Tatsachen in Übereinstimmung zu bringen, ist der Kalender, den Erzbischof James Ussher im Jahr 1650 entwarf. Nach Usshers Chronologie der Welt fand die Schöpfung um 9 Uhr vormittags am 26. Oktober 4004 v. Chr. statt.

Selbstverständlich beherrschte die Religion über lange Zeit hinweg das Denken der Menschen. Die Wissenschaft betrat den Schauplatz der Geschichte erst allmählich, gewann dann aber rasch an Bedeutung. So stellte 1779 der französische Naturforscher Georges Leclerc, der Comte de Buffon, die erstaunlich scharfsinnige Vermutung an, daß die Erde am Anfang heiß gewesen sei und sich dann langsam abgekühlt habe. Seiner Auffassung nach bestand die Erde primär aus Eisen. Deshalb erhitzte er Eisenkugeln und maß die Geschwindigkeit, mit der sie abkühlten, so daß er am Ende das Alter der Erde auf 75 000 Jahre festlegte. Lachen Sie nicht! Comte de Buffon war kein Dummkopf. Zwar lag er mit seinen Berechnungen weit daneben, aber zumindest bediente er sich wissenschaftlicher Methoden. Ihm fehlten nur die richtigen Grundlageninformationen. Noch lange nach ihm nahmen andere Forscher ähnliche Experimente mit anderen Materialien vor.

Mit der Entdeckung der radioaktiven Strahlung zu Beginn dieses Jahrhunderts erreichten die Naturwissenschaften ein neues Niveau. Da man bis dahin die große Hitze, die Radioaktivität erzeugt, noch nicht kannte, konnte das Abkühlen von Metallen nicht mehr wie zuvor durch einfaches Ablesen am Thermometer gemessen werden. Radioaktivität erzeugt Temperaturen, die jede Meßskala überschreiten.

Mit der im Laufe der Zeit entwickelten Radiokarbonmethode bekamen die Wissenschaftler schließlich eine viel genauere Vorstellung vom Alter der Erde.

Das älteste Gestein, das man bislang zeitlich datiert hat, ist rund 4 Milliarden Jahre alt. Na ja, 3,96 Milliarden, wenn man ganz genau sein will.

Diesen uralten »Stein« – der offenbar keinerlei Moos angesetzt hat – fand man in Kanada, verborgen zwischen Gestein jüngeren Datums. In Wahrheit handelt es sich um ein Körnchen Zirkon (Zirkon ist ein braunes bis farbloses Mineral, das sich erhitzen, schneiden und schleifen läßt, so daß es einen diamantartigen Glanz bekommt). In Grönland hat man das Alter der Felsformationen auf 3,8 Milliarden Jahre bestimmt.* Natürlich muß die Erde älter sein; die wohl zutreffendste Schätzung ist 4,6 Milliarden Jahre. Als Zahl sieht das übrigens so aus: 4 600 000 000.

Aufgrund dieses Datums gehen Wissenschaftler heute davon aus, daß die Erde ungefähr zur selben Zeit wie die Sonne entstanden ist. Das kann man sich folgendermaßen vorstellen: Als die Sonne aus einer Wolke interstellaren Gases kondensierte, blieb ein kleiner Rest an Material übrig, der aus dem Hauptkörper herausgeschleudert wurde wie Kleidung in einer Waschmaschine. Durch die Anziehungskraft verbanden sich dann die Teilchen, und zwar in dem, was man »Planetesimale« nennt: Bruchstücke von Gestein und gefrorene Flüssigkeiten, die einen Durchmesser von einigen Metern bis zu einigen Kilometern besaßen. Beim Zusammenstoß dieser wirbelnden Teilchen verbanden sich einige von ihnen durch die sogenannte »Akkretion«. Vergleichbar mit Staubkörnern, die sich zu Staubbällen unter dem Bett zusammenballen, verbanden sich die Planetesimale und formten die Erde und andere Planeten. Während die so entstandenen Planeten infolge der Akkretion allmählich größer wurden, übten sie eine immer größere Anziehungskraft aus und »sammelten« die kleineren Planetesimale »ein«. Doch einige Planetesimale wirbelten unkontrolliert umher und prallten aufeinander, wobei eine Art galaktisches Chaos entstand – die »Kekskrümel«, die man heute Meteoriten nennt.

---

* Das Alter von Gestein wird bestimmt, indem man die Radioaktivität der darin enthaltenen Elemente mißt. Während des radioaktiven Zerfalls verwandelt sich ein Element in ein neues. An der Menge des radioaktiven Elements sowie der Menge des Elements, in das es zerfällt, können Wissenschaftler ablesen, wie lange dieser Zerfall schon wirkt, und so das Alter des Gesteins bestimmen. Das Alter von Zirkon läßt sich errechnen, indem man das Ausmaß mißt, in dem sich eine radiaoktive Form des Urans in sein endgültiges Zerfallsprodukt, Blei, verwandelt. Die bekannte Radiokarbonmethode läßt sich nur auf Gestein anwenden, das Fossilien und anderes einstmals lebendes Material enthält, das nicht älter als 60 000 Jahre ist. Bei älteren Objekten ist das am häufigsten verwendete Material Potassium-40.

Das Gestein, das die Apollo-Astronauten 1970 vom Mond mit zur Erde zurückbrachten, ist zwischen 3 und 4 Milliarden Jahre alt. Es ist jünger als die Erde und widerlegt die Vorstellung, daß die Erde und der Mond zur selben Zeit entstanden sind. Eine neue Theorie zur Entstehung des Mondes, der viele Wissenschaftler folgen, stammt von William Hartmann und Donald R. Davies, die Hartmann in seinem Buch *The History of the Earth* erläutert. Dieser auf den Spitznamen »Großer Spritzer« getauften Idee zufolge formte sich der Mond aus einem Zusammenstoß zwischen der 20 Millionen Jahre alten Erde und einem anderen großen Planetesimal, der die Erde streifte. Die aus dieser kosmischen Kollision entstandenen Trümmer wurden in eine Umlaufbahn um die Erde hinausgeschleudert, verbanden sich und bildeten schließlich den Mond, der aus ähnlichen Materialien wie die Erde besteht.

Waren die Kontinente einst wirklich miteinander verbunden?

Zu den verblüffendsten Theorien hinsichtlich unserer sogenannten »festen« Erde zählt das Phänomen, daß die Landmassen der Erde nicht untätig »herumsitzen«, sondern hin- und herschaukeln wie Spielzeugschiffchen in einem Waschzuber, gegen den kleinen Jungen mit Hämmern schlagen.

Diese Theorie ist unter dem Namen »globale Plattentektonik« bekannt und gilt heute als allgemein akzeptiert. Die Vorstellung, daß Teile der Erde in ständiger Bewegung sind und die Kontinente einst miteinander verbunden waren, kannte man zwar schon vor hundert Jahren. Doch offiziell vertrat sie erstmals Alfred Wegener 1915 in seinem Buch *Die Entstehung der Kontinente und Ozeane.* Der deutsche Meteorologe und Naturforscher interessierte sich für die Anziehung der Kontinente. Die atlantischen Küstenlinien von Südamerika und Afrika schienen nur darauf zu warten, zusammengesetzt zu werden. Und es sah so aus, als ob man sie, wie bei einem Puzzle, recht gut zu einer zusammenhängenden Form zusammenfügen könnte. Als Wegener erfuhr, daß man in Brasilien Fossilien entdeckt hatte, die den in Afrika gefundenen ähnelten, gab das seiner Theorie von der einstigen Verbindung der beiden Orte neue Nahrung. Auf Grundlage dieser und anderer physikalischer Indizien stellte er die These auf, daß die Kontinente in früheren Zeiten eine einzige Landmasse gebildet hatten, die sich später trennte. Diesem hypothetischen Urkontinent, der von einem allumfassenden Meer »Panthalassa« (»All-Meer«) umspült wurde, verlieh er den Namen »Pangäa« (»All-Land«).

Wie so viele andere neuen Ideen der Wissenschaft tat man auch Wegeners Theorie der Kontinentalverschiebung zu seiner Zeit größtenteils als falsch ab – zumal sie nicht die Kräfte erklären konnte, die solch enorme Landmassen fortbewegen.

Wegener glaubte, daß unter Umständen die Anziehungskraft der Gezeiten etwas mit dem Prozeß zu tun haben könnte. Der Visionär und Held der Wissenschaft starb 1930 auf Grönland bei dem Versuch, mitten im Eis eine Beobachtungsstation zu errichten. In den folgenden Jahrzehnten wies man seine theoretischen Vorstellungen als abseitige Ideen eines Wirrkopfes ab.

Doch irgendwo im wissenschaftlichen Himmel lacht Wegener zuletzt am besten. Zahlreiche Indizien, die seit den 60er Jahren gesammelt wurden, bezeugen, daß er tatsächlich auf dem richtigen Weg war. Der britische Geologe S. Keith Runcorn zählt zu den wichtigsten Vertretern der revidierten Anschauung, der zufolge die Kontinente miteinander verbunden sind. Seither hat sich Wegeners Theorie der Kontinentalverschiebung zu dem weiterentwickelt, was man heute unter der Bezeichnung »Plattentektonik« kennt. Die

Idee der Kontinentalverschiebung ist allerdings überholt. Heute weiß man, daß sich nicht nur die Kontinente bewegen. Die Erdkruste besteht aus beweglichen Abschnitten, den sogenannten »Platten«. Einige dieser Platten umfassen Kontinente oder große Teile davon; andere tragen den Meeresboden. Die Platten – den Begriff verwandte erstmals der kanadische Geophysiker J. T. Wilson im Jahr 1965 – bewegen sich auf dem supererhitzten, geschmolzenen Kern der Erde und werden von den Konvektionsströmen in dem geschmolzenen Material hin- und hergeschoben, die von der Hitze erzeugt werden. Die Untersuchung der Bewegungen dieser großen Platten bezeichnet man als »Tektonik« (nach dem griechischen Wort *tekton* = »bauen«). Man kann sich das wie einen brodelnden Brei vorstellen. Hat man ihn zum Kochen gebracht, steigen Blasen nach oben. Wenn man etwas, das schwimmt, in den Brei wirft, fängt es an, im Kochtopf herumzurucken. Das Erdinnere gleicht einem großen Kessel mit blubberndem Brei – nur ist der »Brei« hier das Magma, die verflüssigte Materie im Erdkern, die von den Vulkanen in die Luft geblasen wird. Oben auf dem Magma schwimmen die Stücke der Erdkruste, die man als Platten bezeichnet.

Die im Durchchschnitt 50 bis 80 Kilometer dicken Platten bewegen sich mit einer Geschwindigkeit von einigen Zentimetern pro Jahr. Sie sind bis zu einigen tausend Kilometern breit – die nordamerikanische Platte verläuft 9 500 Kilometer von der pazifischen Küste bis zum Mittelatlantik – oder messen lediglich ein paar hundert Kilometer im Durchmesser. Man neigt dazu, Felsgestein mit der Vorstellung von Festigkeit zu verbinden, da man sich nur schwer vorstellen kann, daß solch mächtige Gesteinsbrocken auf der Oberfläche unseres Planeten umherschwimmen. Ausschlaggebend für ihre Bewegung ist die Beweglichkeit des oberen, teilweise geschmolzenen Teils des Erdmantels – die Schicht unterhalb der Erdkruste. Wenn die Platten auf diesen elastischen, sich bewegenden Schollen »schwimmen«, spielen sie eine Art planetares Eishockeyspiel: Sie rangeln miteinander, stoßen sich zur Seite, drücken sich gegenseitig herunter oder prallen mit gelegentlich dramatischen und manchmal verheerenden Auswirkungen frontal zusammen. Ein Ende dieses Prozesses ist noch nicht in Sicht. In rund 50 Millionen Jahren – gemessen an den Zeitvorstellungen der Geologie ist das ein Augenzwinkern – wird die Welt, wie wir sie heute kennen, ein völlig anderes Antlitz haben. Beispielsweise dürfte ein ordentliches Stück von Ostafrika abbrechen. Wo das geschehen wird, kann man bereits erkennen, wenn man im Ostafrikanischen Grabensystem steht, das von Syrien bis nach Moçambique verläuft. Und die Halbinsel Baja California (Niederkalifornien) wird sich dann vom mexikanischen Festland gelöst haben.

Die wichtigsten Krustenplatten und wohin sie sich bewegen.

Afrikanische Platte: steuert nach Südwesten, fort von Europa.
Arabische Platte: zieht nach Norden, Richtung Eurasien.
Eurasische Platte: zieht Richtung Südosten.
Indisch-australische Platte: steuert nach Norden.
Pazifische Platte: zieht in der Regel nach Südwest.
Nordamerikanische Platte: rutscht nach Westen, in Richtung Pazifik und schiebt sich langsam nach Süden.
Südamerikanische Platte: steuert Richtung Westen.

Kehren wir zu Wegeners Pangäa bzw. Urkontinent zurück. Man geht davon aus, daß alle Landmassen der Erde vor 220 Millionen Jahren in einer großen Masse konzentriert waren. Als sich die Platten voneinander lösten, spaltete sich Pangäa in zwei riesige kontinentale Landmassen. Laurasia, auf der Nordhalbkugel, bestand aus dem heutigen Nordamerika, Europa, Grönland und Asien. In der südlichen Hemisphäre lag der zweite Urkontinent, Gondwanaland, bestehend aus dem zukünftigen Afrika, Südamerika, Antarktika und Australien. Andere Wissenschaftler verweisen darauf, daß der Vorgang möglicherweise vor 300 Millionen Jahren einsetzte, als die beiden kleineren Landmassen zusammenstießen und Pangäa bildeten, das sich später dann trennte. Wie dem auch sei: Vor 100 Millionen Jahren nahmen die derzeitigen Kontinente ihre Form an. Europa brach von Nordamerika ab und verband sich mit Asien, Südamerika brach von Afrika ab. Vor 65 Millionen Jahren trennte sich dann Indien von Afrika und steuerte auf Kollisionskurs mit Asien. Australien, das von Antarktika abgetrennt wurde, rückte an seine heutige Position.

Ist die Kruste der Erde »gut durch«?

Mit einem Wort: nein. Der Braten muß noch im Ofen bleiben, und er wird auch nie »gar« werden.

Die Erde, die sich ständig neu gruppiert und »recycelt«, befindet sich in einem steten Wandlungsprozeß. Zumeist sind diese Veränderungen nicht zu erkennen. In jüngerer Zeit sind von Hawaii und den Philippinen ungewöhnliche Aufnahmen von der sich ändernden Erde übermittelt worden. Die vulkanischen Aktivitäten haben dort ein dramatisches und zerstörerisches Ausmaß angenommen. Zwar ist die geschmolzene Lava die Hänge herabgeflossen und hat viele der teuren Häuser zerstört, doch sie ist auch ins Meer geströmt und schnell erkaltet. Dadurch hat sich die Küstenlinie verbreitert, und es sind neue Strände entstanden, die eines Tages auf dem Immobilienmarkt einiges wert sein dürften. Der Trick besteht darin, so lange abzuwarten, bis man die Grundstücke mit Gewinn wieder verkaufen kann …

Andere Veränderungsprozesse sind weniger deutlich zu erkennen als die plötzlich auftretenden Erdbeben und Vulkanausbrüche.

Beispielsweise sieht man in den Abendnachrichten keine Bilder des dauernden Vorgangs der Zerstörung und Schöpfung, der sich unter der Erdoberfläche abspielt. Am Ende wird der durch die Plattentektonik hervorgerufene Wandel noch tiefgreifendere Auswirkungen haben, da sich die Kontinente immer noch bewegen und ihre gemächliche Reise über die Erdhülle fortsetzen. Die sich bewegenden Platten formen auf unterschiedlichem Wege weiter die Erde, dies vollzieht sich an den Punkten, an denen die Platten zusammenstoßen, den Plattengrenzen. Es gibt drei Arten von Grenzen. An einer neutralen bzw. transformierenden Grenze reiben sich die Platten aneinander, während sie sich aneinander vorbeibewegen. Die Einwohner Kaliforniens kennen dieses Geschehen sehr genau. Es löst nämlich die Erdbeben aus, die sie fühlen und fürchten, wenn die Platte unter dem Pazifischen Ozean Kalifornien nach Norden zieht.

Den zweiten Grenztyp nennt man divergent – weil es sich um Regionen handelt, an denen die Platten auseinanderstreben. So etwas passiert besonders häufig unter dem Meer, wenn die Platten, die den Meeresboden tragen, in entgegengesetzte Richtungen steuern. Dabei quillt das Magma, das geschmolzene Material unterhalb der Erdkruste, nach oben, zwängt sich zwischen die beiden Platten und wirft mächtige Bergketten auf dem Meeresboden auf. Die längste Bergkette auf Erden ist der Mittelatlantische Rükken. Er markiert die Plattengrenze zwischen der nordamerikanischen und der eurasischen Platte, die sich immer weiter voneinander entfernen. Mitunter dringt diese Eruption bis an die Meeresoberfläche. 1963 vollzog sich in der Nähe von Island eine solch riesige Bodenerhebung, daß eine neue Insel, Surtsey, entstand und sich 300 Milliarden Liter geschmolzener Lava aus dem Meer erhoben. Aber auch unter den Landmassen gibt es divergente Grenzen; das beste Beispiel hierfür ist das Ostafrikanische Grabensystem. Dort reißt es den Kontinent buchstäblich auseinander, wenn sich die Platten trennen. Aber keine Angst. Das wird eine Weile dauern, und bei der derzeitigen Geschwindigkeit werden es unsere Nachkommen nicht mehr miterleben.

Schließlich gibt es die konvergenten Grenzen: Sie kennzeichnen die Platten, die frontal zusammenstoßen. Normalerweise wird an diesen Grenzen eine Platte von der anderen durch einen Vorgang namens »Subduktion« nach unten gedrückt. Dabei schmilzt das Material der Platte, die nach unten gedrückt wird, in der ungeheuren Hitze des Erdmantels – das ist der Hauptweg, wie die Materialien der Erde wiederaufbereitet werden. Wenn es sich bei den Platten, die konvergieren, um Meeresboden handelt, entsteht infolge der Subduktion unter anderem ein tiefer ozeanischer Graben. Ein Beispiel ist der Marianengraben im Pazifischen Ozean, südlich von Japan, der mit mehr als 11 000 Metern Tiefe der tiefste Punkt des Weltmeers ist. Wenn eine der konvergenten Platten Land trägt, kann daraus eine Einengung oder »Faltung« entstehen, die eine lange Bergkette mit einem nahegelegenen Meeresgraben bildet. Das beste Beispiel für diesen Vorgang liefern die Anden in Südamerika. Wenn beide kollidierenden Platten Land tragen, ist die Folge noch spektakulärer, weil die beiden kontinentalen Platten hierbei »zusammengeschweißt« werden. Der Ural, das über 2 000 Kilometer lange Mittelgebirge in Rußland, markiert den Punkt, an dem Europa und Asien zusammenstießen und sich verbanden. Doch der ungewöhnlichste Zusammenprall geschah dort, wo der indische Subkontinent einst den Rest Asiens rammte und sich mit ihm verband.

Wo befinden sich die höchsten Berge?

Der Zusammenstoß von Indien und Asien schuf das höchste Gebirge der Welt. In ihm liegt der Mount Everest, der höchste Berg der Erde. Daß hier die Plattentektonik am Werke war, läßt sich daran erkennen, daß dieser Berg immer noch mit einer recht ordentlichen Geschwindigkeit von einem Zentimeter pro Jahr wächst – nach geologischen Maßstäben geradezu ein Wachstumsschub. Auch wenn seine genaue Höhe umstritten ist, ist er mit seinen 8 872 Metern der höchste Berg im mächtigsten Gebirge der Erde, dem Himalaja (Sanskrit für »Schneewohnung«). Der Himalaja besteht aus drei parallelen Bergketten und verläuft knapp 2 500 Kilometer vom nordwestlichen Pakistan über Kaschmir, Nordindien, Tibet, Nepal, Sikkim und Bhutan bis an die Ostgrenze Chinas. Im Himalaja entspringen die drei großen Flüsse Indiens, der Ganges, der Brahmaputra und der Indus. Ironischerweise wurde der Mount Everest nach einem britischen Kartographen benannt, der vielleicht nie den Berg zu Gesicht bekommen hat. Zwischen 1830 und 1843 war George Everest Leiter eines britischen Vermessungsteams, das ganz Indien kartographisch vermessen sollte. Die Arbeit hatte man im 18. Jahrhundert begonnen: Sie dauerte bis weit ins 19. Jahrhundert und bildete die Vorlage für den ersten Spionageroman – Rudyard Kiplings *Kim.* Die Vermessung Indiens stellt eine herausragende Leistung dar, die angesichts der ungeheuren körperlichen Strapazen und Schwierigkeiten, mit denen sich die Landvermesser konfrontiert sahen, ein außergewöhnlich hohes Maß an Mut und Selbstaufopferung erforderte. Als man mit der Vermessung des Himalajas begann, durften Engländer und andere Ausländer auf Befehl des chinesischen Kaisers nicht weiter als bis zur tibetanischen Grenze vordringen. Daher rekrutierten die Briten einheimische Männer, die man in Landvermessung ausbildete und mit Meßbändern, getarnt als

Gebetsmühlen, ausrüstete. Diese Einheimischen, Lehrer und Männer mit einer guten Ausbildung, hießen Pandits.

Zumeist vermieden es die Briten, den von ihnen vermessenen Gipfeln europäische Namen zu verleihen. Statt dessen bezeichneten sie die Berge entweder mit Nummern oder ihren lokalen Namen. Für den Gipfel XV, wie die Vermesser den Mount Everest zunächst nannten, wurde eine Ausnahme gemacht, als man seine ganze Höhe erkannte und ihn zu Ehren George Everests »Everest« taufte. Die Tibeter, die unter den mächtigen Höhen lebten, hatten den großen Gipfel mit dem viel poetischeren Namen »Chomolinga« (»Heilige Mutter der Wasser«) geehrt.

Die Erstbesteigung des Mount Everest fand erst 1953 statt, als Sir Edmund Hillary aus Neuseeland und der nepalische Sherpa-Führer Tenzing Norgay am 28. Mai den Gipfel erreichten.

Der Mount Everest wird von der Volksrepublik China beansprucht, die Tibet (»Dach der Welt«) verwaltet und offiziell in die selbstverwaltete Region Xizang umbenannt hat.

Neben dem Mount Everest finden sich noch acht weitere der zehn höchsten Gipfel der Erde im Himalaja (s. Tab. 1). Der zweithöchste Berg, der K2 oder Chogosi (ehemals Mount Godwin Austen) ist 8 616,6 Meter hoch und liegt im nahegelegenen Karakorum-Gebirge im Nordosten Pakistans. Insgesamt finden sich im Himalaja und im Karakorum nahezu sämtliche der 50 höchsten Gipfel sowie ein großer Prozentsatz der 100 höchsten Berge.

Verglichen mit ihnen sind die meisten Berge der westlichen Hemisphäre ziemlich unbedeutend. Der höchste Berg ist hier der Cerro Aconcagua (7 021 m) in den Anden im Grenzgebiet von Argentinien und Chile. Von den Bergen der Vereinigten Staaten zählt keiner zu den 100 größten Erhebungen der Welt. Hier ist der höchste Berg der Mount McKinley (6 194), den man auch unter seinem indianischen

Name	Höhe (in m)	Gebirge
Everest	8872	Himalaja
K2	8616,6	Karakorum
Kangchenjunga	8579	Himalaja
Lhotse	8511	Himalaja
Makalu	8481	Himalaja
Dhaulagiri I	8167	Himalaja
Manaslu	8156	Himalaja
Cho Oya	8153	Himalaja
Nanga Parbat	8125	Himalaja
Annapurna I	8091	Himalaja

Tab. 1: Die höchsten Berge. Quelle: 1992 Information Please Almanac

Namen Denali kennt (das Wort der Athabasca-Indianer für »der Große«). Die 16 höchsten Gipfel der USA befinden sich alle in Alaska. Der höchste Berg in den südlicheren 48 Staaten, Mount Whitney in Kalifornien, ist mit 4 418 Metern halb so hoch wie der Mount Everest. In Europa ist der höchste Punkt der Mont Blanc (4 807 Meter) nahe der italienisch-schweizerischen Grenze in den französischen Alpen. Wie der Himalaja entstanden auch die Alpen nach einem »Frontalzusammenstoß« der Kontinente. In diesem Fall war es die afrikanische Platte, die auf die europäische Platte traf.

Zu den ersten, die sich für die Theorie aussprachen, daß die Berge aus dem Meeresboden entstanden, gehört Leonardo da Vinci (1452-1519). Da Vinci, ein Naturforscher, der die Kunst als Versuch deutete, die Natur zu verstehen, überlegte auf seinen Wanderungen durch Italiens Berge, wie die Alpen entstanden sein könnten. Als er versteinerte Meeresmuscheln fand, fragte er sich natürlich, wie sie auf die Gipfel von Bergen gelangt waren. Die mittelalterliche Volksmeinung hätte diese Fossilien der biblischen Sintflut zugeschrieben, doch Leonardo wies bei seinen Beobachtungen den etwas mühseligen Glauben an die Heiligkeit der Bibel zurück. In seinen Notizbüchern schrieb er, daß die Erdoberfläche einst mit Wasser bedeckt gewesen sei und sich die Berge vom Boden der Ozeane emporgehoben hätten. Im Laufe der Jahre hätten Regenfälle Teile der Berge fortgeschwemmt und schroffe Felsspitzen hinterlassen. Seine vor rund 500 Jahren niedergeschriebenen Gedanken zur Entstehung und Erosion von Gebirgen kommen der heutigen Erklärung dieser Vorgänge sehr nahe.

Dies sind die Berge, die man sehen kann. Es gibt aber auch noch höhere Berge, die wir jedoch nicht in ihrem ganzen Ausmaß sehen können, so daß wir sie gern als unbedeutend abtun. Der Vulkan Mauna Kea auf Hawaii ist 11 408 Meter hoch, höher als der Mount Everest. Aber nur ein kleiner Teil – 4 170 Meter – ragt aus dem Meer.

Stimmen der Geographie: »Weil er da ist.«

> George Leigh Mallory hat dreimal versucht, den Mount Everest zu besteigen. Während einer Lesereise nach seinem zweiten Versuch wurde er wiederholt gefragt: »Warum wollen Sie den Mount Everest besteigen?«
>
> Die berühmte Antwort ist zu einer Art Rechtfertigung geworden, mit Wagemut außergewöhnliche Leistungen zu vollbringen. 1924 kam Mallory beim dritten Versuch der Besteigung ums Leben.

Erdbeben: Was verursacht die Störung?

Damit ein Erdbeben in die Schlagzeilen kommt, muß es die Erde schon ganz gehörig erschüttern. Als im Oktober 1989 während der Endrunde der US-Baseballmeisterschaft live zu sehen war, wie in der Gegend von San Francisco und Oakland die Erde bebte, machte das große Schlagzeilen. Nach Angaben des Landvermessungsamtes der Vereinigten Staaten bringen jährlich mehrere Millionen Beben Teetassen auf der ganzen Welt zum Klirren. Die meisten Erschütterungen sind jedoch so unbedeutend und geschehen in solch abgelegenen Gegenden, daß sie auch von hochempfindlichen seismischen Geräten nicht aufgezeichnet werden. (»Seismisch« leitet sich vom griechischen Wort für Erdbeben, *seismos*, ab und bedeutet »verursacht von oder verbunden mit einem Erdbeben«).

Erdbeben sind eine weitere Folge der Plattenbewegungen. Wenn sich die Platten verschieben, wird das Gestein von den Bewegungen entweder komprimiert oder gestreckt. Dabei speichert es Energie, und es entsteht ein ungeheurer Druck. Wie bei einer Feder, die zu weit gespannt wird oder lange genug niedergedrückt ist, muß sich die Spannung schließlich entladen. Das Gestein wird auseinandergerissen, so daß die enorme, im Inneren gespeicherte Energie als Erdbeben freigesetzt wird. Erdbeben entstehen an allen drei Arten von Plattengrenzen. Bei divergenten Platten sind die Unterwasserbeben vergleichsweise leicht. Aber kollidierende Platten können ungeheure Beben auslösen. 1976 wurde China von einem riesigen Erdbeben erschüttert, dessen wahrscheinlichste Ursache das Aufsteigen der australischen Platte war. Die Liste größerer Erdbeben (s. Seite 97 ff.) zeigt, daß China während der überlieferten Geschichte immer wieder anfällig für solche Katastrophen war. Die ersten Versuche, Erdbeben zu studieren, unternahmen dann auch Chinesen. Das erste überlieferte Erdbeben ereignete sich dort 1831 vor Christi. Nach einem Beben im Jahr 1177 vor Christi begannen die Chinesen, die Erdstöße regelmäßig aufzuzeichnen. Im Jahr 132 entwickelte der brillante chinesische Forscher und Astronom Zhang Heng den ersten Seismographen: Immer wenn ein Stoß die Erde erschütterte, fiel eine kleine Kugel aus dem Maul eines bronzenen Drachen in die Mäuler einer Reihe von bronzenen Fröschen darunter. Dies ergab einen ersten Hinweis auf den Ursprung des Erdbebens.

Statt direkt und frontal zusammenzustoßen, gleiten einige Platten in einer Längsbewegung knapp aneinander vorbei. Das Gebiet zwischen diesen beiden »Schiffen«, die im Dunkel aneinander vorbeifahren, sind die Verwerfungsgürtel. In den Vereinigten Staaten ist die bekannteste dieser Zonen die St.-Andreas-Spalte an der Pazifikküste. Hier steuert die pazifische Platte nach Norden, reibt sich an der atlantischen Platte und reißt dabei Teile der kalifornischen Küste mit. Anders als allgemein angenommen wird, droht Kalifornien allerdings nicht in den Pazifik zu gleiten. Statt dessen wird der Bundesstaat nach Norden gezerrt. Laut Computerberechnungen, die den Standort der Platten nach 50 Millionen Jahren unter Berücksichtigung der derzeitigen Bewegungsgeschwindigkeit bestimmen, würde Los Angeles in die Nachbarschaft von Anchorage, Alaska, rücken. Auch in einem etwas kürzeren Zeitraum kann das durchaus interessante Folgen haben. In seinem Buch *Planet Erde* schreibt Jonathan Weiner: »In 15 Millionen Jahren wird Los Angeles, wenn es dann noch existiert, ein Vorort von San Francisco sein.«

Für die unmittelbare Zukunft ist das natürlich kein amüsanter Ausblick. Das Erdbeben, das San Francisco und Oakland im Oktober 1989 heimsuchte, hatte auf der Richter-Skala einen Wert von 7,1. Damit gilt es als größeres Erdbeben, das schwere Verwüstungen anrichten kann. Die meisten Seismologen glauben, daß Kalifornien ein großes Erdbeben bevorsteht, vielleicht im Bereich 8 oder 9; höher reicht die Richter-Skala nicht. Diese Skala (s. Tab. 2), die in den 40er Jahren des 20. Jahrhunderts von den Seismologen Charles Richter und Beno Gutenberg entwickelt wurde, mißt die Menge an Energie, die bei einem Erdbeben freigesetzt wird, und das Ausmaß der möglichen Schäden.

Richter-Skala	Wirkung	Durchschnittliche Zahl pro Jahr
Unter 2	Nicht wahrnehmbar	600 000
2,0-2,9	In der Regel nicht zu spüren	300 000
3,0-3,9	Wird von Personen in der Nähe gespürt	49 000
4,0-4,9	Leichtes Beben; geringe Schäden	6 000
5,0-5,9	Mittleres Beben. Gleiche Energiefreisetzung wie bei einer Atombombe	1 000
6,0-6,9	Größeres Beben; kann in bewohnten Regionen Zerstörungen auslösen	120
7,0-7,9	Schweres Erdbeben; richtet große Schäden an; wird weltweit registriert	14
8,0-8,9	Starkes Erdbeben; führt zur völligen Zerstörung nahegelegener Ortschaften; die freigesetzte Energie ist 1 000mal höher als die der ersten Atombombe.	eines alle 5-10 Jahre
9,0 oder mehr	Sehr heftiges Erdbeben	eines oder zwei pro Jahrhundert

Tab. 2: Richter-Skala bei Erdbeben

Die größten Erdbebenkatastrophen der Geschichte

365 – Östliches Mittelmeer: Dieses Erdbeben – das ein Gebiet von etwa 2,5 Million Quadratkilometern traf und Italien, Griechenland und Afrika umfaßte – machte zahlreiche Küstenstädte dem Erdboden gleich. Die riesige Meereswoge, die es auslöste, überflutete die ägyptische Stadt Alexandria. 5 000 Bewohner starben.

1556, 24. Januar – Provinz Shaanxi (Shensi), China: Bei diesem verheerendsten Erdbeben in der Geschichte kamen schätzungsweise 830 000 Menschen ums Leben.

1692, 7. Juni – Port Royal, Jamaica: Das Zentrum der britischen kolonialen Aktivität und Heimathafen spanischer Piraten wurde von drei Beben getroffen, die drei Viertel der Stadt zerstörten und Tausende Todesopfer forderten. (**1907** wird die Stadt abermals erschüttert und durch ein Feuer nach dem Beben stark zerstört.)

1755 November – Portugal: Eines der schwersten aufgezeichneten Erdbeben überhaupt macht Lissabon, eine dicht bevölkerte Hafenstadt mit über 200 000 Einwohnern, dem Erdboden gleich. Die Gebäude schwanken und stürzen ein; die Stadt wird von Erschütterungen getroffen, die man noch in Frankreich, Nordafrika und sogar in den Vereinigten Staaten spürt. Eine riesige Meereswelle gelangt bis in die Karibik. Bei mehreren Beben, die Lissabon treffen, heben sich einige Küstenabschnitte um bis zu sieben Metern. 10 000 bis 20 000 Menschen kommen ums Leben (anderen Schätzungen zufolge liegt die Zahl bei 60 000).

1811, 16. Dezember – New Madrid, US-Bundesstaat Mississippi: Dieses Erdbeben wird zwar als das größte Beben bezeichnet, das je die kontinentalen Vereinigten Staaten erschütterte. Es starben jedoch nur wenige Menschen, da die Gegend schwach besiedelt war. Die Wirkungen waren allerdings erheblich. Der Boden hob und senkte sich, und die Erde öffnete sich zu tiefen Spalten; auf dem Mississippi, dessen Lauf sich zwei Wochen nach den Nachbeben änderte, entstanden riesige Wellen.

1897, 12. Juni – Assam, Indien: Die Himalaja-Region wird von einer Erschütterung getroffen, die so groß ist wie die des Erdbebens von New Madrid – mit dramatischen Folgen. Das Assamgebirge hebt sich um rund sieben Meter.

1908, 28. Dezember – Messina, Italien: Schätzungsweise 85 Menschen kommen bei einem mächtigen Erdbeben ums Leben.

1915, 13. Januar – Avezzano, Italien: Dieses Erdbeben fordert 29 980 Menschenleben.

1920, 16. Dezember – Provinz Gansi (Kanu), China: Ein weiteres Erdbeben in China; 200 000 Menschen fallen ihm zum Opfer.

1923, 1. September – Japan: Drei Erschütterungen mit dem Wert 8,3 auf der Richter-Skala durchziehen die Kwanto-Ebene auf Honshu, der Hauptinsel Japans. Riesige Erdspalten tun sich auf, Erdrutsche verändern die Landschaft. Feuer brechen aus,

Kochtöpfe stürzen um und setzen die Holzhäuser in Brand, die Städte Yokohama und Tokio verwandeln sich in ein einziges Flammenmeer. Yokohama wird größtenteils zerstört; Tokio wird fast ebenso stark durch das Erdbeben und den Brand zerstört; eine Million Menschen werden obdachlos, 140 000 sterben. Das ist ungefähr die gleiche Zahl an Opfern wie nach den Feuerbombardierungen Tokios im Zweiten Weltkrieg und nach den Atombombenangriffen auf Hiroshima und Nagasaki.

1935, 31. Mai – Indien: Bei einem Erdbeben in Quetta (im heutigen Pakistan) werden 50 000 Menschen getötet.

1939, 24. Januar – Chile: 30 000 Menschen kommen uns Leben, als ein Erdbeben 130 000 Quadratkilometer Land zerstört.

1950, 15. August – Assam, Indien: 20 000 bis 30 000 Menschen sterben in Assam bei einem der schwersten Erdbeben der Neuzeit. Es wird auf der Richter-Skala mit dem Wert 8,7 registriert, seine Energiemenge wird mit der von 100 000 Atombomben der Größe von Hiroshima-Bomben verglichen. Ohrenbetäubender Lärm und krachende Explosionen, die von zusammenstürzenden unterirdischen Felsstrukturen hervorgerufen werden, begleiten das Beben.

1960, 22. Mai – Chile: Die Stadt Valdivia wird völlig zerstört, als Concepción zum sechstenmal unter einem Erdbeben zu leiden hat. Das Beben wird von riesigen Meeswogen begleitet, bisher untätige Vulkane brechen wieder aus: 5 700 Menschen kommen ums Leben, 50 000 Häuser werden zerstört. Weil Chile entlang der Anden auf dem südamerikanischen Kontinent liegt, zählt es zu den in der Geschichte am schwersten betroffenen Ländern, in denen Erdbeben verheerende Schäden angerichtet haben.

1964, 27. März – Alaska: Das stärkste Erdbeben, das Nordamerika jemals heimsuchte, ereignet sich 130 Kilometer östlich von Anchorage. Ihm folgen seismische Wellen von 35 Metern Höhe, die eine Strecke von 13 950 Kilometer mit einer Geschwindigkeit von 725 Stundenkilometern zurücklegten. Angesichts der Stärke des Erdbebens ist es erstaunlich, daß es lediglich 117 Todesopfer forderte. Ein vergleichbares Beben hätte in einem dichter bevölkerten Gebiet katastrophale Folgen gehabt. Es wird ursprünglich mit dem Wert 8,5 registriert, später aber auf 9,2 hochgestuft.

1970, 31. Mai – Peru: 50 000 Menschen kommen bei einem Erdbeben ums Leben.

1972, 22. Dezember – Managua, Nicaragua: Ein Erdbeben mit dem Wert 6,2 auf der Richter-Skala richtet in der Hauptstadt des mittelamerikanischen Staates schwere Schäden an.

1976, 4. Februar – Guatemala: 15 größere Erdbeben erschüttern Orte auf der ganze Erde. Darunter ist auch dieses verheerende Beben, das 23 000 Menschenleben fordert.

1976, 28. Juli – Tangshan, China: Ein weiteres der verheerenden Erdbeben von 1976 traf diese Stadt im Nordosten Chinas ohne Vorwarnung. Ein Jahr zuvor haben die Chinesen ein drohendes Beben vorhersagen und Liaoning evakuieren können. Doch hinsichtlich dieses Bebens werden keine ähnlichen Vorhersagen gemacht. Die auf Geheimhaltung bedachte chinesische Regierung läßt nach der Katastrophe kaum ausländische Hilfe zu, doch spätere Studien schätzen, daß über 600 000 Menschen, die Hälfte der Einwohner von Tangshan, ums Leben kamen.

1976, 17. August – Mindanao, Philippinen: Ein Erdbeben und die folgende Meereswelle töten 8 000 Menschen.

1977, 4. März – Bukarest: 1 500 Menschen sterben, als die Stadt von einem Beben getroffen und stark zerstört wird.

1978, 16. September – Tabus, Iran: 25 000 Personen kommen bei einem Erdbeben ums Leben.

1985, 19. - 20. September – Mexiko-Stadt: Das erste dieser größeren Erdbeben hat einen Wert von 8,1 auf der Richter-Skala und erschüttert die dicht bevölkerte Hauptstadt Mexikos. Ein Tag darauf erschüttert das zweite Beben mit dem Wert 7,6 die Erde, während sich die Einwohner der stark zerstörten Stadt inmitten der Rettungs- und Aufräumarbeiten befinden. Die Gebäude, die das erste Beben bereits beschädigt hat, stürzen in sich zusammen. Zwar hat die Stadt mehr als 12 Millionen Einwohner, doch ist die Zahl der Todesopfer mit 10 000 vergleichsweise gering.

1988, 7. Dezember – Armenien: Bei einem Beben, das mit 6,9 auf der Richter-Skala gemessen wird, kommen fast 25 000 Menschen ums Leben; 400 000 Menschen werden obdachlos. Das Erdbeben hat bedeutende geopolitische Folgen, da der sowjetische Führer, Michail Gorbatschow, der zu der Zeit des Erdbebens die Vereinigten Staaten bereist, in die betroffene Region zurückeilt und zum erstenmal in der Geschichte der Sowjetunion internationale Hilfe willkommen heißt.

1989, 17. Oktober – Gebiet der Bucht von San Francisco: Dieses größere Erdbeben, das den dichtbesiedelten Ballungsraum während der Endspiele der Baseballmeisterschaft in den USA erschüttert und mit 7,1 auf der Richter-Skala registriert wird, fordert vergleichsweise wenige Todesopfer (67), richtet aber Sachschäden in Milliardenhöhe an.

1990, 21. Juni – nordwestlicher Iran: Ein Erdbeben mit einem Wert von 7,7 auf der Richter-Skala zerstört Dörfer und Städte in der Gegend um das Kaspische Meer; 50 000 Menschen sterben, 400 000 werden obdachlos.

1991, 29. April – Georgien: Mitten während der politischen Unruhen, die die ehemalige Sowjetunion erschüttern, rollt ein Erdbeben durch die Gebirgsregion Georgiens – nur Wochen nachdem die ehemalige Republik ihre Unabhängigkeit erklärt hat. Die Fernmeldeeinrichtungen werden zerstört, Gebäude stürzen in sich zusammen. Etwa 100 Menschen kommen ums Leben.

1993, 30. September – Indien: Ein Beben bei Maharashtra, das einen Wert von 6,3 auf der Richter-Skala erreicht, fordert zwischen 8 000 und 10 000 Menschenleben.

1995, Januar – Japan: Den größten Einzelschaden seit Menschengedenken verursacht ein Beben in der japanischen Stadt Kobe. Die Schätzungen der Versicherungen belaufen sich auf eine Summe zwischen 82 und 100 Milliarden US-Dollar.

1998, 17. Juli – Neuguinea: Vor der Nordküste Neuguineas ereignet sich ein Erdbeben der Stärke 7,0. Dieses Beben löst einen Tsunami aus, der auf die Nordküste der Insel trifft und bis zu zwei Kilometern landeinwärts Schäden anrichtet. In den Fluten kommen etwa 2 000 Menschen um.

1999, 25. Januar – Kolumbien: Ein Erdbeben der Stärke 6,0 erschüttert den Westen Kolumbiens. Dabei kommen mindestens 1 000 Personen ums Leben, bis zu 200 000 werden obdachlos.

1999, 17. August - Türkei: Das Erdbeben der Stärke 7,4 auf der Richter-Skala hat sein Epizentrum rund 100 Kilometer östlich von Istanbul an der Nordanatolischen Störung. Das schwere Beben kostet vermutlich 21 000 Menschenleben, es gibt unzählige Verletzte. Ein Grund für diese erschreckend hohen Zahlen liegt in der minderwertigen Qualität der Häuser: Viele Gebäude stürzten ein, weil sie schlecht konstruiert oder aus billigem Material gebaut worden waren. In den drei Wochen nach dem großen Beben wird die Westtürkei von mehr als 1 000 Nachbeben erschüttert.

Stimmen der Geographie: Ein Augenzeugenbericht der Fahrt über den Pazifischen Ozean und über dessen Benennung. Aus: *Die erste Reise um die Erde* von Antonio Pigafetta.

Am Mittwoch, dem 28. November, nahmen wir von der Meerenge Abschied und kamen in ein Meer, in dem wir drei Monate und 20 Tage segelten, ohne die geringste Nahrung zu genießen. Der Zwieback, den wir aßen, war kein Zwieback mehr, sondern nur noch Staub, der mit Würmern und dem Unrat von Ratten vermischt war und unerträglich stank. Auch das Wasser, das wir zu trinken gezwungen waren, war faulig und übelriechend. Um nicht Hungers zu sterben, aßen wir das Leder, mit dem die große Rahe zum Schutz der Taue umwunden war. Diese Lederstücke, beständig dem Wasser, der Sonne und den Winden ausgesetzt, waren so hart, daß wir sie vier bis fünf Tage lang in Meerwasser tauchen mußten, um sie weicher zu machen. Dann brieten wir sie auf Kohlen und würgten sie, von Ekel geschüttelt, durch die Kehle. Oft blieb uns auch nichts anderes übrig, als Sägespäne zu essen, und selbst Ratten, so sehr sie der Mensch verabscheut, waren

> eine so gesuchte Speise geworden, daß für eine bis zu einem halben Dukaten bezahlt wurde [...]. Das war aber noch nicht alles. Ein noch größeres Unglück sollte uns treffen: eine Krankheit, durch die unseren Leuten das Zahnfleisch im Ober- und Unterkiefer derart anschwoll, daß es die Zähne bedeckte und der Erkrankte außerstande war, Nahrung zu sich zu nehmen. 19 Mann starben an diesem Übel [...]. In diesem Zeitraum von drei Monaten und 20 Tagen legten wir beinahe 4 000 Leghe zurück, auf einem Meer, das wir *Mare Pacifico* nannten, weil wir während der ganzen Fahrt keinen Sturm erlebten.

1519 stach der portugiesische Seefahrer Fernão de Magalhaes, (auch Magellan genannt, ca. 1480-1521), der in den Diensten Spaniens segelte, mit einem an Kolumbus erinnernden Plan in See: Er wollte die Molukken im heutigen Indonesien durch eine Fahrt nach Westen erreichen. Ihm schwebte vor, an der äußersten Südspitze Südamerikas eine Meeresstraße in die Südsee finden, die Vasco Núñez de Balboa (1474-1517) 1513 entdeckt hatte. Mit einer internationalen Mannschaft von 250 Männern und fünf knarrenden, mit Kanonen und Tauschwaren beladenen Schiffen segelte Magellan aus Spanien los und fuhr an der Küste Südamerikas entlang nach Süden. Bei Einbruch des Winters legte er an der argentinischen Küste einen Zwischenaufenthalt ein und mußte eine Verschwörung niederschlagen, wobei er den rebellierenden Kapitän eines der Schiffe tötete. Außerdem setzte Magellan einen der Meuterer und einen Priester aus, die an der Planung der Rebellion mitgewirkt hatten. Nachdem er nun ein Schiff verloren hatte, stach er wieder in See. Schließlich gelangte er in die nach ihm benannte Meeresstraße – sie ist fast 500 Kilometer lang und eines der tückischsten Gewässer der Erde –, bis er in einer Meerenge an eisbedeckten Bergen vorbeisegelte. Gerade als er in den Pazifik einfuhr, entdeckte Magellan, daß die Schiffsausrüster ihn betrogen hatten und ihm Proviant für ein ganzes Jahr fehlte. Eines der Schiffe wurde zurückgeschickt; es sollte Nachschub besorgen, segelte dann aber nach Spanien zurück. Magellan hielt mit drei Schiffen durch und gelangte schließlich in den Stillen Ozean (Pazifischen Ozean), den er auf diesen Namen taufte, weil er auf ihm so gutes Wetter vorgefunden hatte.

Im März 1521 lagen die oben beschriebenen Entbehrungen hinter ihm. Schließlich erreichte er Guam, wo die Mannschaft Frischwasser und Lebensmittel aufnahm. Einen Monat später landeten sie auf der Insel Cebu auf den Philippinen. Zusammen mit einem kleinen Stoßtrupp lockte der lokale Herrscher Magellan an Land. Am 27. April 1521 wurde dieser von Giftpfeilen getötet, als er die Eingeborenen abwehrte, während sich seine Männer in die Boote zurückzogen. Schließlich gaben die Spanier noch weitere Schiffe auf, bevor sie nach Spanien zurücksegelten. Am 8. September 1522 – fast drei Jahre nach der Abreise – kehrten 18 Seeleute, der Rest der ursprünglich 250 Mann starken Besatzung, unter dem Kommando von Sebastián del Cano nach Sevilla zurück. Damit war die Kugelform der Erde erwiesen, ihre wahre Größe bekannt. Und in ganz Europa wußte man nun, was es mit der Begegnung des Kolumbus mit der neuentdeckten Welt wirklich auf sich hatte.

Was ist ein Kontinent?

Angesichts der Verschiebungen und Zusammenstöße der Kontinente grenzt es fast an ein Wunder, daß man sie unterscheiden und mit verschiedenen Namen bezeichnen konnte. Durch das Auseinanderbrechen der Urkontinente entstanden auf der Erde sieben sogenannte Kontinente. Man definierte sie als große, zusammenhängende Landmassen, in die sich die Erdoberfläche unterteilt. Daraus ergaben sich aber auch große Freiheiten und einige naheliegende Fragen. Ist Europa ein Kontinent? Warum ist Indien es nicht? Können Inseln zu einem Kontinent gehören, wenn sie nicht mit dem Festland verbunden sind?

Von der Zeit der Antike bis in die jüngere Vergangenheit kannte man lediglich drei Kontinente: Europa, Asien und Afrika. Die nächsten beiden, Nord- und Südamerika, wurden erst durch Kolumbus' Reisen bekannt. Australien und die Antarktis, die seit der Zeit des Ptolemäus nur theoretisch, als Terra Australis Incognita, existierten, blieben von den Europäern über Jahrhunderte unentdeckt und unkartiert. Australien wurde erst im 19. Jahrhundert benannt und in den Karten eingezeichnet. Die Antarktis wurde 1820 entdeckt, als Nathaniel Palmer, Kapitän eines amerikanischen Walfängers, auf Inseln vor dem Festland stieß; 1821 erreichte der russische Admiral Fabian von Bellingshausen das kontinentale Festland der Antarktis.

Welcher Kontinent ist der größte?

An fast jedem Maßstab der Vernunft gemessen, ist Asien der bedeutendste Ort der heutigen Welt. Läßt man die Vorurteile und die Selbstgefälligkeit der Amerikaner und Europäer einmal beiseite, kann der Lauf der Geschichte durchaus von dem bestimmt werden, was in den nächsten Jahrzehnten in Asien geschieht. Die Aussichten sind nicht sehr vielversprechend. Asien sieht sich einem explosionsartigen Bevölkerungswachstum, Umweltkatastrophen, häufigen Naturkatastrophen und einer ungewissen Zukunft gegenüber.

Einschließlich des asiatischen Teils der ehemaligen Sowjetunion, umfaßt Asien 44,4 Millionen Quadratkilometer und bedeckt damit fast ein Drittel der Erdoberfläche. Asien bedeckt mehr Landmasse als die Kontinente Nordamerika,

Europa und Australien zusammen. Es ist nicht nur der Erdteil mit der größten Fläche, sondern stellt mit einer Gesamteinwohnerzahl von über 2,5 Milliarden Menschen auch rund die Hälfte der Gesamtbevölkerung der Erde. Mehr als eine Milliarde Menschen sind Chinesen. 78 asiatische Städte haben mehr als eine Million Einwohner.

In Indien leben derzeit fast 17 Prozent der Weltbevölkerung. Damit hat es fast ebensoviele Einwohner wie China. Irgendwann im nächsten Jahrhundert wird Indien die Stellung Chinas als das bevölkerungsreichste Land der Erde ablösen. Im Jahr 2010 wird Indiens Bevölkerung nach Schätzungen der Weltbank 1 631 800 000 Menschen betragen. Heute bezahlen mehr als 100 000 Menschen in Bombay »Miete«, um auf einem schmalen Stück Bürgersteig schlafen zu dürfen.

An zehnter Stelle der bevölkerungsreichsten Länder rangiert Bangladesh. Es ist zugleich eines der ärmsten. Das Durchschnittsalter der Bevölkerung beträgt lediglich sechzehn Jahre. Bangladesh gehörte früher zu Pakistan, von dem es durch einen 1 600 Kilometer langen Teil Nordindiens getrennt ist. 1971 gewann es seine Unabhängigkeit nach einem grausam geführten Bürgerkrieg. Bangladesh ist eines der am dichtesten bevölkerten Gebiete der Erde. Aufgrund einer höchsten Erhebung von nur 320 Metern über dem Meeresspiegel drohen dem Land oft Überschwemmungen, dort die gefährlichste und häufigste Naturkatastrophe. Im Süden von Bangladesh fließen drei große Flüsse mit Quellgebiet im Himalaja – Ganges, Brahmaputra und Megna – zusammen und bilden das größte Delta der Erde; ihr durch den Monsunregen angeschwollener Wasserstand ist alljährlich eine neue Gefahr. Die Entwaldung des Himalaja aufgrund der massiven Abholzung zur Gewinnung von Brennholz verschlimmert die Auswirkungen der Überschwemmungen. 1984 verloren eine Million Menschen nach einer schweren Flutkatastrophe ihr Zuhause. Die Überschwemmungen im Jahr 1988 betrafen drei Viertel des Landes. Zu diesen Sorgen kommen noch die regelmäßigen Zyklone hinzu, die sich im Golf von Bengalen bilden. Durch den Wirbelsturm im April 1991 starben 125 000 Menschen und knapp 9 Millionen verloren ihr Zuhause. Paradoxerweise ist Bangladesh aber zu einem Zufluchtsland für Menschen aus dem benachbarten Myanma, früher Birma, geworden, da aufgrund eines langanhaltenden Bürgerkrieges Zehntausende Menschen nach Bangladesh fliehen, was die dort ohnehin schon verzweifelte Lage noch verschlimmert.

Auf den Philippinen, einer Gruppe von etwa 7 100 Inseln ungefähr 800 Kilometer vor der Südostküste des asiatischen Festlandes, leben 30 Millionen Menschen (von insgesamt 60 Millionen) in größter Armut. Ungefähr 95 Prozent der Bevölkerung leben auf den 11 größten Inseln.

Diesen Bildern der Entbehrung läßt sich eine andere Seite Asiens entgegensetzen. Die Länder des »Pacific Rim« (Länder am »Pazifischen Rand«, d.h. Küste), angeführt von Japan, Südkorea, Taiwan und Indonesien, sind durch außerordentlich dynamische Wirtschaften gekennzeichnet. Ein noch größeres Extrem bilden die erdölproduzierenden Nationen des asiatischen Nahen Ostens, unter ihnen die Staaten der arabischen Halbinsel, Iran und Irak. Einige Länder des Nahen Ostens sind zwar aus historischen, religiösen und kulturellen Gründen enger mit Nordafrika oder den europäischen Mittelmeerstaaten verbunden, gehören aber doch zur Landmasse Asiens.

Warum nennt man den Orient »Orient«?

Seit jeher gilt der Orient als »unerforschlich« und »geheimnisvoll«. Auch ist rätselhaft, woher das Wort »Orient« – das zumeist die Länder Ostasiens bezeichnet – stammt. Und was hat das damit zu tun, daß man sich erst einmal »orientiert«, wenn man in einer unbekannten Gegend eintrifft oder sich verirrt hat und »orientierungslos« fühlt?

Beide Worte – der Ort »der Orient« und das Verb »sich orientieren« – stammen aus derselben Quelle: das lateinische Wort *oriri* bedeutet soviel wie »aufgehen«, das verwandte *oriens* soviel wie »aufgehend«. Da die Sonne im Osten aufgeht, bezeichnete man mit *oriens* in der Antike die Richtung der aufgehenden Sonne, also das Land und die Regionen östlich des Mittelmeers. Als Bezeichnung für die Länder im Osten ging Orient im 14. Jahrhundert aus dem Altfranzösischen in die englische und deutsche Sprache über.

Nach und nach nahm das Wort eine neue Bedeutung an, die sich darauf bezog, daß man nach Osten blickte. Kirchen wurde zum Beispiel nach Osten ausgerichtet, damit sie sich nach Jerusalem »orientierten«. Doch erst im 19. Jahrhundert wurde das Wort Orient in seiner allgemeineren Bedeutung benutzt. Es sollte die Richtung festlegen oder, um einen anderen Kompaßbegriff zu verwenden, »orten«. Wenn heute ein Autofahrer, der sich verfahren hat, mit seiner Straßenkarte hantiert und sagt, er müsse sich lediglich »orientieren«, sucht er natürlich nicht China. Ist seine Ehefrau vernünftig, antwortet sie ihm: »Schatz, laß uns an einer Tankstelle halten und nach dem Weg fragen.«

Meilensteine der Geographie II

Das 16. Jahrhundert

1512: Die portugiesischen Seefahrer de Abreu und Serrao erreichen die Molukken, die sogenannten »Gewürzinseln«.

1513: Nach einem fünfundzwanzigtägigen Zug durch die dichten Regenwälder Mittelamerikas erblickt der Spanier Vasco Núñez de Balboa (1475-1519) den Pazifischen Ozean und nennt ihn Mar del Sur (Südmeer). Später beschuldigen Gegenspieler Balboa des Hochverrats. Gemeinsam mit vier Gefolgsleuten wird er öffentlich geköpft, die sterblichen Überreste werden den Geiern vorgeworfen.

1518: Die Pocken, eine verbreitete, aber nicht zwangsläufig tödlich verlaufende Infektionskrankheit, werden von Europa auf die Insel Hispaniola (heute Haiti und Dominikanische Republik) verschleppt. In viel höherem Ausmaß als die Kanonen, Pferde oder die Militärtaktik der Spanier sind die Pocken für die Dezimierung eines Großteils der Einheimischen verantwortlich, die keine Immunabwehr gegen die Erkrankung besitzen.

1519: Hernán Cortés (1485-1547) wird für den zurückgekehrten aztekischen Gott Quetzalcoatl gehalten. Er dringt in Tenochtitlán (Mexiko-Stadt) ein und nimmt den Kaiser Montezuma II. gefangen. Damit beginnt die spanische Eroberung des Azteken-Reiches in Mexiko. Zwar wird Cortés zunächst zurückgedrängt und wieder vertrieben, 1521 kehrt er aber mit einer größeren Streitmacht zurück und beendet die Eroberung Mexikos. Danach erstreckt sich das Herrschaftsgebiet der Spanier bis ins südliche Kalifornien.

1519-1522: Magellan umsegelt die Erde.

1524-1528: Giovanni da Verrazzano sucht weiter nach einem Seeweg in den Orient und kartiert die Atlantikküste Nordamerikas. Er will eine einfachere, direktere Nordwestpassage als die Umschiffung Afrikas oder Südamerikas finden, wie sie Magellan gelungen war.

Um 1525: Der französische Arzt Jean Fernel berechnet erstmals die Länge eines Breitengrades. Er kommt dabei der heute akzeptierten Länge von 40 075 Kilometern am Äquator sehr nahe.

1532: Der Spanier Francisco Pizarro beginnt die Eroberung des Inka-Reiches in Peru, in dem die Pocken und der Bürgerkrieg bereits große Verheerungen angerichtet haben. Pizzaro nimmt den Inka-Herrscher Atahualpa gefangen, läßt ihn hinrichten und erobert Peru.

1533: Erster überlieferter Bericht von einer Triangulation, bei der ein System von Dreiecken benutzt wird, durch den niederländischen Kartographen Reiner Gemma Frisius. In seinem Werk *De Principis Astronomiae et Cosmographiae* weist Frisius zudem nach, daß sich der Längengrad bestimmen läßt, wenn man die Uhrzeit mit der Position der Sonne vergleicht.

1534: Der französische Seefahrer Jacques Cartier (1491-1557) unternimmt die erste von drei Reisen nach Amerika auf der Suche nach der Nordwestpassage, die den Atlantik mit dem Pazifik verbindet. Auf der zweiten Reise, die ein Jahr später stattfindet, segelt er den St. Lorenz-Strom hinauf, wobei er hofft, es handele sich um eine Passage nach China. Er gelangt bis zu der Stadt Hochelaga (heute der Ort Montreal) der Huron-Indianer.

Stimmen der Geographie: Jaques Cartier über die Huronen

> Der Volksstamm hat keinen nennenswerten Glauben an Gott; seine Mitglieder glauben an einen Gott, den sie »Cudouagny« nennen und von dem sie behaupten, er pflege Umgang mit ihnen und verrate ihnen, wie das Wetter werden wird. Auch sagen sie, er werfe ihnen Staub in die Augen, wenn er ihnen zürne. Ferner glauben sie, daß sie zu den Sternen gehen und wie die Sterne zum Horizont hinabsteigen, wenn sie sterben. Und dann begeben sie sich zu einer schönen grünen Wiese voller schöner Bäume, Blumen und üppiger Früchte. Nachdem sie uns diese Dinge erklärt hatten, zeigten wir ihnen, daß sie sich im Irrtum befänden und teilten ihnen mit, daß ihr Cudouagny ein böser Geist sei, der sie betrüge, und daß es nur einen Gott im Himmel gebe. Der uns alles gebe, was wir brauchten, und der Schöpfer aller Dinge sei, und daß wir an Ihn allein glauben sollten. Auch daß man die Taufe empfangen oder aber in der Hölle zugrundegehen müsse ...

Verglichen mit den Spaniern, wirkt der Umgang Cartiers und der nachfolgenden französischen Seefahrer mit den Indianern geradezu aufgeklärt, doch seine Ansichten charakterisierten auch das Gefühl kultureller und moralischer Überlegenheit, das alle Europäer in ihrem Verhalten gegenüber den Indianern zeigten. Eben diese »Überlegenheit« erleichterte es den nachfolgenden Eroberungswellen der

Europäer, die Indianer vom Land ihrer Vorfahren zu vertreiben, die meisten von ihnen zu ermorden und die Lebensweise der Indianer zu zerstören.

Meilensteine der Geographie II (*Fortsetzung*)

1538: Der niederländische Geograph Gerhardus Mercator (eigtl. Gerhard Kremer, 1512-1594), ein Schüler des Frisius, zeichnet die erste Weltkarte. Auf dieser Karte werden erstmals die Namen Nord- und Südamerika verwandt. **1544**, während der Gegenreformation, wurde Mercator der Ketzerei angeklagt, doch einflußreiche Freunde sorgten dafür, daß er während der Inquisition vom Tode verschont blieb. **1569** veröffentlichte er eine Weltkarte mit einer neuen Projektion der runden Erde auf eine flache Karte. Die sog. Mercatorprojektion, die gerade, parallele Breitengrade zeigt, sollte den Seefahrern helfen, entlang einer feststehenden Route zu segeln. Sie entwickelte sich zur weithin akzeptierten Lösung des Problems der räumlichen Abbildung. Einige Entfernungen und Landmassen nahe den Polen werden allerdings hinsichtlich ihrer Größe stark verzerrt abgebildet.

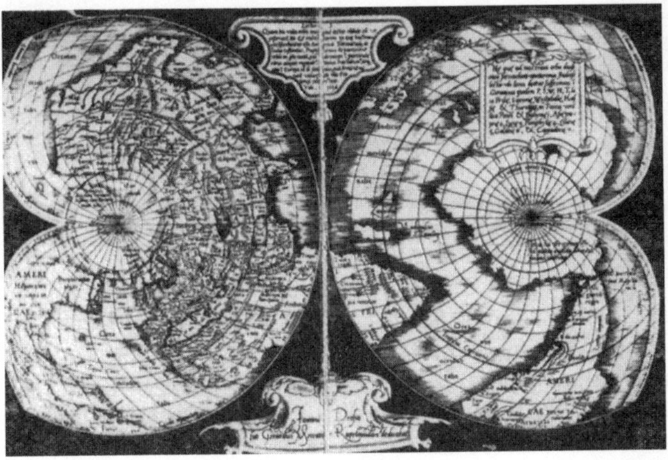

Abb. 8: Mercators Karte von 1538; sie benennt erstmals Nord- und Südamerika. Die erste Weltkarte. Mit freundlicher Genehmigung des *Department of Library Services, American Museum of Natural History*.

1543: Der polnische Astronom Nikolaus Kopernikus (eigtl. Nikolais Koppernigk, 1473-1543) veröffentlicht sein Hauptwerk *Sechs Bücher über die Kreisbewegungen der Weltkörper.* Darin vertritt er die Auffassung von einem um die Sonne zentrierten Planetensystem, in dem sich die Erde täglich um die eigene Achse dreht. Das Buch wurde zwar viel früher geschrieben, doch hielt es Kopernikus aus Furcht vor Repressalien seitens der römisch-katholischen Kirche zunächst zurück.

1566: Philipp II. gibt die erste detaillierte Karte Spaniens in Auftrag.

1570: Das Werk *Theatrum Orbis Terrarum* (»Welttheater«) von Abraham Ortelius (1527-1598) ist die erste erweiterte Sammlung von Weltkarten seit Ptolemäus' *Geographia.* In der Einleitung benutzt ein Freund Ortelius', Gerhardus Mercator, zur Beschreibung einer Sammlung von Landkarten erstmals das Wort »Atlas«, so benannt nach dem mythischen Helden der Antike, der die Erde auf den Schultern trägt.

1577-1580: Der englische Seefahrer, Sklavenhändler und Freibeuter Sir Francis Drake (um 1540-1596) umsegelt als erster Engländer die Erde. Drakes wagemutige Reise um die Erde – seine Feinde verliehen ihm den Spitznamen »Dragon« (»Drachen«) – gehen in erster Linie auf Kosten der Spanier und Portugiesen, deren Häfen er verwüstet und deren Schiffe er plündert. Nachdem Drake mit 160 000 Pfund Sterling und einem Gewinn von 4 700 Prozent für die Investoren nach England zurückgekehrt ist, schlägt ihn Königin Elizabeth I. ungeachtet aller Proteste der Spanier an Bord seines Schiffes zum Ritter. Die Bordbücher dieser Reise werden als Staatsgeheimnis behandelt, sämtliche Details verschwiegen. Wegen des neu entstandenen internationalen Wettbewerbs gelten derartige Informationen als kostbare Handelsgeheimnisse.

1583: Der italienische Jesuit und Missionar Matteo Ricci (1552-1610) trifft in China ein. Um die Gunst des Kaisers zu gewinnen, führt er Uhren aus Europa vor und zeichnet Weltkarten. Klugerweise stellt er China in den Mittelpunkt.

1584: Der englische Seefahrer und Höfling Sir Walter Raleigh (1552-1618) stellt eine Expedition zusammen und gründet auf

Roanoke Island, North Carolina, in Nordamerika eine Kolonie. Die marschige, lebensfeindliche und von Krankheiten geplagte Gegend erweist sich als schlechte Wahl, so daß die Siedler im folgenden Jahr mit Francis Drake zurückkehren. Raleigh rüstet eine weitere Kolonie auf Roanoke aus, die aber von einem eilfertigen Kapitän verlassen wird, weil dieser größeres Interesse an der Verfolgung spanischer Schatzschiffe als an der Gründung einer lebensfähigen Kolonie hat. Darüber hinaus werden Versorgungsschiffe abgezogen, um die Schiffe der Spanier angreifen zu können. Als die Ersatzschiffe, die durch die Seeschlacht mit der spanischen Armada aufgehalten wurden, 1590 eintreffen, ist die Kolonie verschwunden. Man nennt sie daher »verlorene Kolonie«. Es werden zwar keine Überreste der Siedler gefunden, doch einigen Vermutungen zufolge, zogen sie nach Norden und vermischten sich mit den freundlichen Indianern.

1588: König Philipp II. entsendet die spanische Armada, eine Flotte von 130 stark bewaffneten Schiffen mit 27 000 Soldaten. Sie soll den Ärmelkanal sichern – als Auftakt zur Invasion Englands. Unter dem Kommando der berüchtigten Freibeuter Drake und Hawkins vertreibt die weitaus kleinere englische Kriegsflotte die spanischen Schiffe; viele von ihnen gehen in einem Sturm während ihrer Flucht zurück nach Spanien unter. Die Schlacht markiert den Beginn des Niedergangs Spaniens und des Aufstiegs Englands zur vorherrschenden Macht auf den Meeren.

1589: Der englische Geograph Richard Hakluyt (1552-1616) veröffentlicht den ersten Band seines Hauptwerkes *Die wichtigsten Fahrten, Reisen und Entdeckungen der englischen Nation.* Hakluyt, ein Pfarrer und Lehrer, vertieft sich in die Heldentaten und Abenteuer der großen englischen Seefahrer wie Hawkins, Drake, Raleigh und Frobisher. Das Buch ist ein patriotischer Ruf an die Engländer, die neuentdeckten Länder zu kolonisieren. Hakluyt ist aber auch als Kaufmann und Immobilienhändler tätig, der die reichen und fruchtbaren Länder enthusiastisch beschreibt und England auf den Weg zum Britischen Empire führt.

Warum nennt man Afrika den »dunklen Kontinent«?

Nur wenige Orte auf der Erde haben größeren Anlaß zu Mythenbildungen und Mißverständnissen gegeben als Afrika. Die Geschichte des modernen Afrikas, seine Entwicklung und sein Platz in der heutigen Welt lassen sich auf seine Kolonisierung und Ausbeutung durch die wichtigsten Mächte Europas zurückführen. Begonnen wurde diese Epoche von den Portugiesen im ersten Jahrzehnt des 15. Jahrhunderts. Afrika erschien nur den Europäern als »dunkel«, deren Kenntnis des Afrikas südlich der Sahara auf mittelalterliche Mythen über Fabeltiere und seltsame Menschen und auf Legenden über Länder mit reichen Goldvorkommen beschränkt blieb. Bis die Portugiesen ihre zögerlichen Entdeckungen an der – atlantischen – Westküste Afrikas begannen, waren die südlich der Sahara lebenden Afrikaner durch das riesige Wüstengebiet im Norden und den Ozean im Westen geschützt. Keine schiffbaren Flüsse erlaubten das Vordringen ins Landesinnere. Afrika hat hochstehende Kulturen entwickelt, insbesondere die Reiche von Mali, Songhai und Kusch. Seit Jahrhunderten gab es weitreichende Kontakte mit arabischen und chinesischen Seeleuten und Händlern an Afrikas Ostküste am Indischen Ozean. Der Hauptgrund dafür bestand darin, daß der Islam in vielen Teilen Afrikas bereits fest etabliert war, bevor die christlichen Missionare im 19. Jahrhundert ihre Arbeit begannen.

Den Arabern erschien Afrika nicht so dunkel und geheimnisvoll. Im ersten Jahrzehnt des 13. Jahrhunderts wurde das Reich der Mali mit seiner Hauptstadt Timbuktu als Mittelpunkt gegründet und erlebte in den folgenden 200 Jahren eine Blüte als islamisches Religions- und Handelszentrum. Leider war es auch das Zentrum des Sklavenhandels. Dieser existierte in Afrika schon lange vor der Ankunft der ersten Europäer, mit der die massenhafte Verschleppung von Schwarzafrikanern in die Karibik sowie nach Nord- und Südamerika einsetzte.

Afrika ist eine riesige Landmasse, die sich über den Äquator ausdehnt und sich von Nord nach Süd über 8 000 Kilometer und 7 400 Kilometer von Ost nach West erstreckt. Mit einer Größe von rund 29 Millionen Quadratkilometern – ungefähr 20 Prozent der Landmasse der Erde – ist es der zweitgrößte Kontinent und der einzige, der in allen vier Hemisphären, der nördlichen, südlichen, östlichen und westlichen, Land hat. Der einzige Ort, an dem Afrika auf eine andere Landmasse trifft, ist die schmale Verbindung mit Asien am Golf von Suez in Ägypten. Zwar wird in Afrika vielerorts Englisch gesprochen, und Suaheli ist die wichtigste Sprache der Einheimischen, doch gibt es mehr als 1 000 eigenständige Sprachen. 50 von ihnen gelten als größere Sprachen, die von über einer Million Menschen gesprochen werden.

Heute verbinden sich in Afrika Dürreperioden, Bodenerosion, Entwaldung und eine starke Bevölkerungsexplosion in einer Weise, daß es in schneller Abfolge immer wieder zu Ernährungskrisen kommt. Das Aids-Problem in Afrika übertrifft das der anderen Länder bei weitem. Einigen Schätzungen zufolge wird irgendwann ein Viertel der afrikanischen Bevölkerung mit dem Aidsvirus infiziert sein. Die verzweifelte Situation verschlimmert sich noch durch die Instabilität der Regierungen, die Unsummen für militärisches Gerät ausgeben. Bürgerkriege wie auch die letzten Überbleibsel des Ost-West-Konflikts vergrößern Afrikas Sorgen. 1986, am Ende der extremen Dürreperiode in Afrika, die weltweite Aufmerksamkeit erregte und zu karitativen Initiativen wie »We Are the World« führte, litten zehn der dreizehn am schlimmsten betroffenen Länder unter irgendeiner Form von Krieg, bürgerkriegsähnlichen Unruhen oder einem großen Zustrom von Flüchtlingen, die diesen Verhältnissen entkommen wollten.

In den 40 afrikanischen Ländern südlich der Sahara leben schätzungsweise 300 Millionen Menschen; weitere 300 Millionen leben in den nordafrikanischen Ländern. Man rechnet damit, daß Afrika im Jahr 2025 eine höhere Einwohnerzahl haben wird als Europa und Nord- sowie Südamerika zusammengenommen – es sei denn, es käme zu einem drastischen Rückgang der Bevölkerung (was, so makaber es klingt, aufgrund der dramatischen Aids-Problematik geschehen könnte). Die Einwohnerzahl des ostafrikanischen Landes Kenia wächst mit einer Rate von 4 Prozent pro Jahr, der höchsten Steigerungsrate der Erde. Es wird davon ausgegangen, daß im Jahr 2020 die Bevölkerungszahl 46 Millionen betragen wird. (Verglichen damit ist die Wachstumsrate in den Vereinigten Staaten sehr niedrig, sie beträgt weniger als ein Prozent pro Jahr). Man erwartet, daß 2100 Nigeria die Nation mit der dritthöchsten Bevölkerungszahl nach Indien und China sein wird. Andere afrikanische Staaten mit rasch wachsenden Einwohnerzahlen sind Äthiopien, Zaire, Tansania und Ägypten.

Zu den größten Problemen Afrikas gehört die Wasserversorgung. Aufgrund der Dürreperioden und der Desertifikation, also der Ausbreitung der Wüstenrandgebiete, wird auf absehbare Zeit die Ernährung des Kontinents größte Schwierigkeiten bereiten. Eine Lösung ist die Entsalzung von Meerwasser, was jedoch kostspielig ist. Afrikas erste Entsalzungsanlage nahm 1969 in Nouakchott, der Hauptstadt Mauretaniens im nordwestlichen Afrika, ihren Betrieb auf. Die Bevölkerung ist hier explosionsartig von 12 000 im Jahr 1964 auf derzeit mehr als 600 000 Menschen angestiegen. Infolge der Dürre ist der Grundwasserspiegel in Mauretanien so weit gesunken, daß nurmehr die tiefsten Brunnen Wasser spenden. Das Vieh ist zum großen Teil verhungert.

In den anderen Ländern Nordafrikas ist die Lage nur geringfügig besser. In Ägypten, der Wiege einer der bedeutendsten Zivilisationen der menschlichen Geschichte, konnte man aufgrund des Friedensvertrages mit Israel die hohen Militärausgaben reduzieren, doch droht eine schwer zu kontrollierende Bevölkerungsexplosion. Ägypten liegt in dem schmalen Streifen nutzbaren Landes entlang des Nils und steht vor großen Schwierigkeiten: 95 Prozent der 53 Millionen Einwohner leben im Umkreis von einigen Kilometern des Nils oder einer seiner Delta-Nebenflüsse. Wenn der Assuan-Staudamm bräche, würden alle Ägypter binnen drei Tagen ertrinken. Diese Bedrohung rückte gefährlich nahe, als Israel Berichten zufolge den Staudamm bombardieren wollte, was jedoch durch Verhandlungen zwischen den beiden Ländern verhindert werden konnte.

Aber eine solche Furcht ist fehl am Platz, wenn man die weitaus größere Gefahr durch anhaltende Dürreperioden bedenkt. Anfang 1992 erklärte die Ernährungs- und Landwirtschaftsorganisation der Vereinten Nationen in Kenia, daß Afrika vor der schlimmsten Dürre des 20. Jahrhunderts stehe. Das Ausbleiben der jahreszeitlichen Regenfälle in einem Gebiet vom Kap der Guten Hoffnung an der Südspitze Südafrikas bis hinauf nach Kairo hat der Landwirtschaft und der Industrie großen Schaden zugefügt. Zwar erlebten viele andere Regionen Afrikas in den letzten Jahren Dürreperioden, doch hat das jüngste Ausbleiben der Niederschläge besonders jene Gebiete betroffen, zum Beispiel Kenia, Simbabwe und Südafrika, die sich in den letzten Jahren selbst ernähren und Getreide exportieren konnten.

Namen:
Malawi, Mali, Malaysia und die Malediven

Betrachten wir dieses gar nicht ungewöhnliche Problem einmal etwas näher. Es kommt recht oft vor, daß sich die Namen verschiedener Länder ähneln, so daß man sie miteinander verwechselt. Hier sind einige Beispiele:

Malawi: Vielleicht wäre es besser, wenn man den alten Namen, Njassaland, beibehalten hätte. Der Name ist ein Relikt der britischen Kolonialherrschaft. 1964 wurde die Republik in Ostzentralafrika mit einer Fläche von 118 484 Quadratkilometern unabhängig. Zu den Nachbarn gehören im Osten Moçambique und im Süden Simbabwe (früher Rhodesien). Der drittgrößte See Afrikas, der Malawisee (früher Njassasee), bedeckt 20 Prozent des Landes. Malawi ist zwar frei von Bürgerkriegen, wie es sie in anderen afrikanischen Länder gibt, doch leidet das ohnehin bereits verarmte Land unter dem großen Zustrom von Bürgerkriegsflüchtlingen aus dem benachbarten Moçambique.

Mali: Schon lange bevor ein Europäer an der Westküste Afrikas landete, wurde Mali bereits in zahlreichen Mythen als Land des Goldes gefeiert. In dem 1375 in Europa erschienenen *Katalanischen Atlas* wird es als Reich beschrieben, in dem Gold »gleich Möhren wuchs«. Es gab tatsächlich Gold in Mali. Das kleine Binnenland im Nordwesten Afrikas am Rand der Sahara war einst das Zentrum eines bedeutenden Großreiches, dessen Mittelpunkt ein 800 Jahre altes Handelszentrum war: Timbuktu. Die um 1100 gegründete Stadt entwickelte sich aufgrund ihrer Nähe zur Sahara wie auch zum Niger zum Zentrum des Transsahara-Handels. Die Basis der Geschäftstransaktionen war der Tausch von Gold gegen das Salz, das die Kamelkaravanen durch die Sahara transportierten. Gegen Ende des 13. Jahrhundert war Timbuktu die geschäftige Hauptstadt des Großreiches Mali, Sitz einer bedeutenden Moschee und islamisches Kultur- und Wissenschaftszentrum. Handel und Bildung erlebten eine gleichzeitige Blüte, wie dies bald darauf in einigen europäischen Städten der Fall sein sollte. Aber auch der Sklavenhandel florierte und entwickelte sich zu einem besonders einträglichen Wirtschaftszweig. 1468 eroberten die Songhai Timbuktu. Daraus entstand ein afrikanisch-islamisches Reich, das seinen Höhepunkt im 15. Jahrhundert erlangte.

In der Mitte des 17. Jahrhunderts war der Glanz Malis verblaßt. Dicht aufeinanderfolgende Invasionen hatten das Reich zerstört. 1896 übernahmen die Franzosen die Herrschaft. Bis 1960 blieb Mali unter dem Namen *Soudan* Kolonie, bis es sich mit dem Senegal zur Mali-Föderation vereinigte, die 1960 zur unabhängigen Republik wurde. Wie in vielen anderen Staaten Nordwestafrikas herrscht auch in Mali infolge wiederkehrender Dürreperioden akute Lebensmittelknappheit. Besonders pessimistischen Schätzungen zufolge wird Mali irgendwann unbewohnbar sein, da sich die Sahara weiter langsam nach Süden ausbreitet.

Malaysia: Wenden wir den Blick nach Asien. Malaysia besteht aus zwei Landesteilen und ist eine Gemeinschaft unabhängiger Staaten. Der eine Teil (= Westmalaysia) liegt in der Südspitze der Halbinsel Malakka – direkt unterhalb Thailands –, die ins Chinesische Meer hineinragt; der andere Teil, Ostmalaysia, befindet sich rund 650 Kilometer entfernt auf Borneo, der drittgrößten Insel der Erde. Malaysia besitzt reiche Vorkommen an Erdöl, Kautschuk und Zinn; es produziert ganz unterschiedliche landwirtschaftliche Erzeugnisse und hat mit den höchsten Lebensstandard in ganz Asien.

In der Vergangenheit haben die Naturressourcen Malaysia zu einer beliebten Beute gemacht – eine Ausbeutung, an der sich Portugiesen, Holländer und Briten beteiligt haben. Während des Zweiten Weltkriegs hielten es die Japaner lange Zeit besetzt, in der Nachkriegszeit erklärten es die Briten zum Schutzgebiet. Nach Erlangung der Unabhängigkeit von Großbritannien vereinigte sich Malaysia zunächst mit den nahegelegenen Inseln von Singapur. Ein Bürgerkrieg, der 1965 zur Unabhängigkeit Singapurs führte, spaltete die Länder. Die Bevölkerung unterteilt sich in die vorherrschenden Malaien und eine große chinesische Minderheit. Ethnische

Spannungen zwischen beiden Bevölkerungsgruppen haben sporadisch zu gewalttätigen Auseinandersetzungen geführt. Ein großer Teil Borneos, jedoch nicht das gesamte Gebiet, ist malaiisches Territorium. Teile Borneos schlossen sich Singapur an, als dieses Land Unabhängigkeit erlangte. Ein kleines Stück der Insel (5 700 Quadratkilometer) wurde zum islamischen Sultanat Brunei. Und ein anderes Stück der Insel gehört zu Indonesien.

Malediven: Die Republik der Malediven besteht aus einer Gruppe von 19 Korallenatollen im Indischen Ozean und liegt rund 650 Kilometer südwestlich von Sri Lanka (früher Ceylon). Für die Bewohner der fast 1 200 Inseln und Eilande ist die globale Erwärmung nicht nur eine interessante Theorie oder ein spannendes Gesprächsthema. Da nämlich keine der Inseln mehr als 2 Meter über dem Meeresspiegel liegt, hätte bereits ein geringfügiges Schmelzen der polaren Eiskappen und ein daraus resultierender Anstieg des Meeresspiegels katastrophale Folgen. Es gibt Anhaltspunkte, daß der Meeresspiegel im vorigen Jahrhundert zwischen 10 und 15 Zentimetern angestiegen ist. Aufgrund einer als gültig akzeptierten Vorhersage rechnet man bis zum Jahr 2030 mit einem weiteren Anstieg um 20 Zentimeter. Vier winzige Inseln der Malediven sind bereits wegen Überschwemmung evakuiert worden.

Stimmen der Geographie: Aus: *Die Entdeckung und Eroberung von Mexiko* von Bernal Díaz del Castillo (1532)

> Auf allen Türmen und Opfertempeln sah man Zuschauer, Kopf an Kopf, auf dem See Kahn an Kahn mit geputzten, neugierigen Leuten. Wir aber, vor denen sich all dies begab, verstummten und zweifelten, ob es Wirklichkeit sei oder ein Trugbild. Bald zeigten sich dem Blick große Städte auf dem Lande, bald noch größere im See.

Von Fahrzeugen umschwärmt, mußten wir von Strecke zu Strecke unter einer Brücke hindurch, und vor uns lag das gewaltige Mexiko in all seiner Pracht.

So zogen wir denn zwischen Tausenden hin, ein kleiner Trupp von vierhundertundfünfzig Mann, wußten aber gar wohl noch, wie die Bewohner von Huexotzingo, Tlascalla und Tlalmanalco uns von diesem Zug abgemahnt hatten [...]

Zwischen einigen kleinen Türmen trafen wir mit Montezuma zusammen. Er erhob sich, die vornehmsten Kaziken traten herzu, stützten ihn unter den Armen und geleiteten ihn unter einen köstlich schimmernden Thronhimmel. Große grüne Federn, Gold- und Silberzierath und die schönsten Steine bedeckten ihn und hingen von einer Art Einfassung herab, so bunt und lustig, daß man nicht genug Augen hatte, alles zu betrachten.

Die Kleidung des Monarchen war überaus reich. Er trug eine Art Halbstiefel, dicht mit Juwelen besetzt und mit goldenen Sohlen [...].

Der Kaiser von Mexiko mag um die Zeit, als wir nach seinem Land kamen, etwa vierzig Jahre alt gewesen sein. Er war groß und schlank gewachsen, hatte magere, aber richtig und gut gebaute Glieder, und nicht die gewöhnliche dunkle Hautfarbe der Indianer, sondern eine viel hellere. Seine Haare, welche er nur über den Ohren lang trug, hingen in vollen Locken darüber hin. Sein Bart war schwarz und hübsch, ob auch dünn, sein Gesicht oval und angenehm durch Ausdruck von Heiterkeit. Die Augen waren gut geformt, ernst und liebevoll, je nachdem es paßte. Er war sehr reinlich und badete jeden Abend. Seine Frauen, deren er sehr viele hatte, waren Töchter vornehmer Männer, auch hatte er neben ihnen zwei rechtmäßige Gemahlinnen von fürstlicher Abkunft, die er indes so heimlich besuchte, daß nur seine vertrautesten Diener es erfuhren. Ein Kleid, welches er einen

Tag getragen hatte, durfte ihm nicht früher als nach vier Tagen wieder gebracht werden. Nahe den Zimmern, die er bewohnte, fanden sich Säle, worin unausgesetzt eine Wache von 200 angesehenen Leuten zu seinem besonderen Dienst bereit stand [...].

Montezumas Tafel war reich besetzt mit einer Menge Gerichten. Man brachte sie ihm in Schüsseln von buntem und schwarzem Porzellan mit einem Fuß, um sie warm zu erhalten; man kochte wohl hundert für ihn und über tausend für die Leute, die ihn bedienten [...]. Als feinstes Gericht soll ihm mitunter Kinderfleisch gereicht worden sein. Ob dies wirklich geschah, weiß ich nicht; es gab der Speisen von Geflügel aller Art, Kaninchen, Hasen und anderen Tieren und Produkten [...] zu viele, als daß man einen Überblick hätte haben können. Gewiß ist nur, daß, sobald unser Feldherr diese Greuel des Menschenverzehrens rügte, Montezuma verbot, ihm je wieder ein solches Gericht zu bereiten.

Díaz wurde im selben Jahr geboren, in dem Kolumbus seine erste Reise antrat. Damit gehört er zur ersten Generation junger Spanier, die, angelockt von den Erzählungen über Gold und Reichtümer, in die Neue Welt aufbrachen. 1519 schloß er sich der Expedition des Hernán Cortés nach Mexiko an. Mit fünf Schiffen und 600 Mann Besatzung landete Cortés in Vera Cruz und verbrannte sogleich seine Schiffe, damit ihn die Seeleute nicht zur Umkehr auffordern konnten. Der aztekische Herrscher Montezuma versuchte, Geschenke auszusenden, um zu verhindern, daß die Spanier weiter vordrangen. Die Geschenke hatten jedoch die gegenteilige Wirkung. Widerstrebend nahm Montezuma, der Cortés für den zurückgekehrten Gott Quetzalcoatl hielt, den spanischen Söldnertrupp in Empfang. Durch sein Verhalten weihte der Herrscher sich und sein Volk dem Untergang, so daß Cortés es trotz heftigen Widerstands schließlich unterwerfen konnte.

Hat Gott über ganz Nordamerika »seine Gnade ausgebreitet«? Oder hielt er an der US-amerikanischen Grenze inne?

Mit einer Fläche von 23,5 Millionen Quadratkilometern ist Nordamerika der drittgrößte Kontinent der Erde. Es umfaßt die Vereinigten Staaten, Kanada und Mexiko und schließt Grönland und die karibischen Inseln ein. Dazu kommt – als eine Art Zugabe – der Bundesstaat Hawaii, obwohl die Inselgruppe geographisch zu den übrigen pazifischen Inseln Ozeaniens zählt. Nordamerika bedeckt rund 16 Prozent der Landmasse der Erde. Mit einer Gesamtbevölkerung von über 430 Millionen ist es der Kontinent mit der drittgrößten Bevölkerungszahl.

Wie die anderen großen Landmassen ist auch Nordamerika, das sich vom polaren Norden Kanadas und Alaskas bis hinab zu den Tropen Mexikos und der Karibik erstreckt, ein Gebiet mit außerordentlich großen Kontrasten. Nordamerika wurde vor mindestens 25 000 Jahren von dem mongolischen Volksstamm besiedelt, der von Asien über die Landbrücke zog, die später von der Beringstraße bedeckt wurde, und entwickelte sich allmählich zur Heimat von Millionen Menschen. Später bezeichnete Christoph Kolumbus sie fälschlich als Indianer – er glaubte, nach Indien gelangt zu sein. Sie hatten sich bereits auf dem ganzen Kontinent ausgebreitet, als im 15. und 16. Jahrhundert die ersten Europäer eintrafen. Ebendiese Ankunft – manche nennen sie »Invasion« – löste eine explosionsartige Entwicklung aus und ließ den Kontinent von einer überwiegend unkultivierten Wildnis zum mächtigsten landwirtschaftlichen und industriellen Gebiet der Erde werden.

Nur wenige US-Amerikaner kennen die zehn Provinzen Kanadas, des flächenmäßig zweitgrößten Landes der Erde. Ironischerweise leitet sich der Name Kanada von dem Wort *kanata* der Huron-Indianer ab, das soviel wie »kleines Dorf« bedeutet. Seit dem Krieg von 1812, als amerikanische Streitkräfte York (Toronto) angriffen und niederbrannten, unterhalten die beiden Länder friedliche, wenn auch gelegentlich schwierige Beziehungen. Die Kanadier kämpfen darum, angesichts der kulturellen und wirtschaftlichen Macht der Vereinigten Staaten ihre nationale Identität zu bewahren. Bis heute ist die gemeinsame Grenze der längste nicht bewachte Grenzstreifen der Erde. Die beiden Länder verbindet vor allem die gemeinsame englische Sprache und das englische Erbe – wobei eine bedeutende französische Minderheit um ihre Eigenständigkeit kämpft – sowie eine ähnliche politische Tradition. Sie bilden die größte Handelspartnerschaft der Erde. Dem Beispiel der Europäischen Wirtschaftsgemeinschaft folgend, sind fast alle wirtschaftlichen Beschränkungen zwischen den beiden Ländern gefallen. Das 1988 unterzeichnete Freihandelsabkommen (das manche in Kanada als »Gesetz zum Ausverkauf Kanadas« verspotten) soll voraussichtlich im Jahr 1999 die restlichen Einschränkungen aufheben.

Trotz seiner Größe ist Kanadas Einwohnerzahl mit 27 Millionen vergleichsweise niedrig. Acht von zehn Kanadiern leben in einer Entfernung von 150 Kilometern zur Grenze der USA.

Die Geschichte, die die Vereinigten Staaten mit ihrem südlichen Nachbarn, Mexiko, verbindet, verlief weniger ruhig. Bald werden auch Mexiko – und vielleicht die karibischen und übrigen mittelamerikanischen Nationen – dem nordamerikanischen Freihandelsabkommen beitreten. So wie im Fall Kanadas haben auch nur wenige Nordamerikaner mehr als eine vage Kenntnis der Geschichte Mexikos, wobei diese überwiegend von rassischen und kulturellen Einstellungen geprägt worden ist, die sich im Laufe der 200 Jahre währenden stürmischen, paternalistischen und häufig militaristischen Beziehungen herausgebildet haben. Darüber hinaus wurde das Bild Mexikos in den USA durch Hollywood-Versionen solcher Ereignisse wie der Schlacht von Alamo und dem Leben des »Gesetzlosen«, des Bauernführers Pancho Villa geprägt.

In jüngster Zeit haben archäologische Ausgrabungen sowie eine junge Generation von Forschern ein radikal neues Bild der präkolumbischen Vergangenheit Mexikos geliefert. US-amerikanische Lehrbücher beginnen oft mit einigen Informationen über Cortés und Montezuma und die grausigen Menschenopfer der Azteken – bei manchen Festen wurden zahlreiche Opfer verspeist –, doch über die lange Geschichte des amerikanischen Doppelkontinents vor Ankunft der ersten Europäer wird kaum etwas gesagt. Seit über 2 500 Jahren war Mexiko der Mittelpunkt einer Folge von indianischen Zivilisationen. Die Olmeken, Maya, Tolteken und Azteken – oder Mexika, wie sie sich manchmal nannten – entwickelten die Töpferei, Mathematik, Metallurgie, ausgefeilte Kalender, astronomische Beobachtungen, Architektur, mechanische Hydraulik, Stadtplanung, medizinische Behandlungsformen und komplexe Sozialgefüge ebenso wie ihre europäischen und asiatischen Zeitgenossen.

Die Hauptstadt des Azteken-Reichs war ein Wunder der Ingenieurskunst. Im Jahr 1325 wählten die Azteken zum Schutz gegen mächtige Nachbarn die Insel Tlatelolco im schlammigen See Texcoco zum Sitz ihrer Hauptstadt. Sie bauten drei erhobene Dämme und zwei Aquädukte, die frisches Wasser in die Stadt brachten, legten Sumpfland trocken und errichteten einen 15 Kilometer langen Deich, der das Salzwasser aus einem anderen Teil des Sees fernhalten sollte. Schon nach 200 Jahren war Tenochtitlán eine imperiale Stadt. Sie war fast 13 Quadratkilometer groß und durchzogen von einem Geflecht von Kanälen und Brücken, die die Stadt – den »Ort des stacheligen Birnenkaktus« – zum Venedig Amerikas machten.

Der entscheidende Augenblick in der modernen Geschichte Mexikos ist aber das Jahr 1519. Damals landeten mehrere

Schiffe mit 600 Mann Besatzung unter dem Befehl des Hernán Cortés. Mit ihren Kanonen, Pferden und dem – verheerenden – Pockenvirus beherrschten die Spanier rasch Mexiko, Mittel- und Südamerika. Sie löschten dabei fast 90 Prozent der einheimischen Bevölkerung aus – Schätzungen zufolge zwischen 1,5 und 3 Millionen Menschen–, beraubten das Land seines Goldes und annektierten jahrhunderte-alte Gesellschaften. Die aztekischen Pyramiden wurden dem Erdboden gleichgemacht, mit den Steinblöcken römisch-katholische Kirchen errichtet. Während der folgenden 300 Jahre wurde Mexiko als Vizekönigreich Neuspanien regiert – bis sich 1810 die Mexikaner erstmals erhoben und 1821 vorübergehend ihre Unabhängigkeit errangen. Während der nächsten 20 Jahre verleibten sich die Vereinigten Staaten einen beträchtlichen Teil des mexikanischen Staatsgebietes ein: zunächst durch den Aufstand von Texas und dessen Annektierung durch die Vereinigten Staaten im Jahr 1836, anschließend durch die Annexion Kaliforniens und eines großen Teils des amerikanischen Südwestens nach dem Krieg zwischen Mexiko und den Vereinigten Staaten in den Jahren 1845-1848.

1855 entmachtete der Reformpräsident und Zapoteke Benito Juárez den Katholizismus als Staatsreligion in Mexiko und verweigerte die Rückzahlung der Auslandsschulden. Daraufhin marschierten britische, spanische und französische Streitkräfte ein, wobei die Franzosen schließlich in Mexiko-Stadt einrückten, das Land unter ihre Gewalt brachten und 1863 Erzherzog Maximilian von Österreich als Kaiser von Mexiko einsetzten. 1867 wurde dieser auf Befehl von Juárez erschossen und die Republik wiederhergestellt. Eine Reihe von Aufständen und Diktaturen führte schließlich zur Revolution von 1910-1917. Seit 1917 ist Mexiko konstitutionelle Republik; der Präsident wird für eine sechsjährige Amtszeit gewählt und ist nicht wiederwählbar. Trotz seiner demokratischen Staatsform wird die mexikanische Politik seit Jahrzehnten von einer einzigen Partei beherrscht, der Institutionellen Revolutionären

Partei. Allerdings haben in den letzten Jahren Oppositionsparteien, rechts- wie linksgerichtete, an Einfluß gewonnen.

Mexiko hat ungefähr ein Fünftel der Größe der Vereinigten Staaten und eine Einwohnerzahl von 85 Millionen. Die Wachtumsrate der Bevölkerung beträgt rund 2,3 Prozent und liegt damit viel höher als die Kanadas mit 0,7 Prozent oder die der Vereinigten Staaten mit 0,8 Prozent. Mexiko ist eines der höchstverschuldeten Länder der Erde und gilt nach wie vor als arm, obwohl es zu den erdölproduzierenden Ländern gehört und jüngste Fortschritte in der Landwirtschaft die Nahrungsmittelproduktion erhöht haben. Niedrige Löhne haben die hochtechnologische Fabrikation von allen möglichen Waren – von Autos bis zu Computern – ermöglicht und viele neue Arbeitsplätze geschaffen.

Doch die Hauptstadt, Mexiko-Stadt (engl. Mexico-City), ist arm, schmutzig und verstopft. Sie liegt an einem geographisch denkbar ungünstigen Ort und kann leicht verhängnisvollen Naturkatastrophen – Erdbeben und Vulkanausbrüchen – zum Opfer fallen. Dennoch zählt Mexiko-Stadt seit 500 Jahren zu den größten Metropolen der Erde und wächst trotz der regelmäßigen Untergangsvorhersagen ständig weiter.

Imaginäre Orte: Wo lag El Dorado?

Das Reich Guyana liegt direkt östlich von Peru, Richtung See und südlich der Äquatorgrenze. Es gibt dort mehr Gold als in jedem anderen Teil Perus und genauso viele oder mehr große Städte, als Peru zur Zeit seiner Blüte besaß: Dessen haben mich die Spanier versichert, die Manoa, die Hauptstadt des Reiches gesehen haben, die die Spanier El Dorado nennen. Die Größe und der Reichtum dieser prachtvollen Stadt übertreffen die jeder anderen in der Welt [...]. Wie alle diese Flüsse sich kreuzen und begegnen, wo das Land liegt und woran es grenzt, wie ich es entdeckte und betrat und alles übrige – darüber wird Eure Lordschaft eine große Karte erhalten, die ich noch nicht beendet habe. Ich bitte Eure Lordschaft untertänigst, daß Ihr sie geheimhaltet und nicht aus den Händen gebt. Denn gelangten andere Nationen an eine Kopie davon, könnte das unser Vorhaben vereiteln; mir ist nämlich bekannt, daß das Reich in diesem Jahr von den Franzosen gesucht wird.

So beschrieb 1595 der englische Seefahrer und Abenteurer Sir Walter Raleigh (1552-1618) ein Königreich, das angeblich irgendwo zwischen dem Amazonas und Peru lag. Der Name »El Dorado« bezeichnete zunächst einen Mann, dann eine Stadt und schließlich ein ganzes Land – Vorstellungen, die allesamt ins Reich der Fabel gehören. Die Legende entstammte dem Brauch der in einem hochgelegenen Tafelland bei Bogota lebenden Muyscya-Indianer, jeden neu gekrönten Stammeshäuptling mit dem Harz des Gummibaums zu salben und mit Goldstaub zu bedecken. Anschließend sprang er in einen heiligen See und wusch sich das Gold ab, während seine Untertanen Opfergaben aus Smaragden und Gold in den See warfen.

Zwar war dieser Brauch bei der Ankunft der Spanier schon lange ausgestorben, aber die Legende hatte überlebt und wurde zum Mythos. Als die Spanier von den Berichten hörten, nannten sie den Häuptling El Dorado, »den Goldenen«. Bereitwillig verbreiteten die spanischen Entdecker den Mythos, da er eine überaus einfache Begründung für die Fortsetzung der Eroberungen war. El Dorado wurde sogar als die Stadt Manao identifiziert, die angeblich im Südosten Guyanas lag. Die Entdeckung und Eroberung Südamerikas durch die Spanier folgte zum großen Teil unmittelbar aus dieser Legende und der dadurch ausgelösten Suche nach El Dorado.

Noch während El Dorado zunächst die Spanier und später Engländer wie Raleigh anzog, entstand eine weitere Legende. Vielleicht handelte es sich um den Streich rachsüchtiger Einheimischer, die sich der Weißen entledigen wollten und die es genossen, mitzuerleben, wie ihre Eroberer auf der Suche nach einem Hirngespinst durch das ganze Land zogen. Denn ein noch größeres Vermögen winkte demjenigen, der Cíbola fand, die Sieben Goldenen Städte, die angeblich im Südwesten Nordamerikas existierten. Die märchenhafte Erzählung lockte spanische Entdecker an, unter denen Francisco Coronado (1510-1554) herausragt, der 1540 300 spanische Kavalleristen und 1 000 Indianer auf einen langen Zug durch einen Großteil des Gebietes führte. Was sie schließlich als Cíbola entdeckten, war eine Ansammlung von Dörfern der Zuñi-Indianer. Allerdings stieß die Expedition unter anderem auf den Grand Canyon.

Ist Amerika ein Kontinent – oder sind es zwei?

Wenn ein Kontinent eine große, durchgehende und völlig von Wasser umschlossene Landmasse ist, warum spricht man dann von Nord- und Südamerika? Beide sind doch unverkennbar miteinander verbunden. Mittelamerika – das aus den sieben unabhängigen Republiken Belize, Costa Rica, El Salvador, Guatemala, Honduras, Nicaragua und Panama besteht – bildet eine Landbrücke zwischen Nord- und Südamerika. Zwar wurde dieser schmale Landstreifen in der Vergangenheit häufig überschwemmt, aber logisch gesehen bilden die beiden Kontinente einen Erdteil. Doch setzen politische und historische Erwägungen – insbesondere die Tatsache, daß die Geschichte Kanadas und der Vereinigten Staaten von den Briten dominiert wurde, während Spanien seine Herrschaft über Mexiko und fast alle südlich davon gelegenen Gebiete, außer Brasilien, behielt, diese geographischen Sachverhalte oftmals außer Kraft. Aber es hat ja auch niemand behauptet, die Geographie sei eine von Logik bestimmte Naturwissenschaft.

US-Amerikaner mögen sich in der Geographie Kanadas und Mexikos, ihren unmittelbaren Nachbarn, nur schlecht auskennen, doch noch weniger wisssen sie über Südamerika. Beispielsweise wären die meisten Amerikaner überrascht, wenn sie erführen, daß praktisch ganz Südamerika östlich von Savannah/Georgia liegt. Mit einem Gebiet von 17,83 Mio. Quadratkilometern ist Südamerika der viertgrößte Kontinent der Erde und bedeckt fast zwölf Prozent der Erdoberfläche. Die 302 Millionen Einwohner leben in zwölf unabhängigen Republiken sowie einem Überbleibsel der Kolonialzeit (Französisch-Guyana). Die Bevölkerungsdichte ist vergleichsweise niedrig. Die meisten Einwohner leben jedoch in Städten, da ein Großteil des Kontinents wegen der beiden charakteristischsten geographischen Merkmale, der Anden und des Regenwaldes im Amozonas-Gebiet, entweder unzugänglich ist oder das Land sich nicht bestellen läßt.

Die Anden erstrecken sich rund 8 000 Kilometer entlang der gesamten westlichen bzw. pazifischen Küste Südamerikas. Sie sind dreimal so lang wie die nordamerikanischen Rocky Mountains. Das Gebirgssystem verläuft durch Argentinien, Chile, Bolivien, Peru, Ecuador, Kolumbien und Venezuela und wird hinsichtlich der Höhe nur vom Himalaja übertroffen. (Die anderen südamerikanischen Republiken sind Brasilien, Guyana, Paraguay, Surinam und Uruguay; Französisch-Guyana ist die letzte verbliebene Besitzung der Europäer auf dem Kontinent.)

Cerro Aconcagua, der höchste Berg der westlichen Hemisphäre mit 6 960 Metern, liegt in den Anden im nordwestlichen Grenzgebiet Argentiniens zu Chile. In Chile, einem schmalen Streifen Land von 4 300 Kilometern Länge, bedecken die Anden ein Drittel des Landes, so daß der Boden in weiten Teilen nicht bewirtschaftbar ist. In Chile befinden sich eine große mineralreiche Wüste, die Atacama, und eine der südlichsten Städte der Erde, Punta Arenas.

In den peruanischen Anden lag fast 500 Jahre lang das Geheimnis der einst bedeutenden Inka-Stadt Machu Picchu verborgen. Die Inka (auch der Titel der Herrscher des Reiches) herrschten über ein großes, zentralistisch organisiertes Reich, das sich 4 800 Kilometer von Norden nach Süden entlang eines 400 Kilometer breiten Korridors vom pazifischen Küstentiefland bis zu den hohen Anden erstreckte. Zwar kannten die Inka weder das Rad noch die Schrift, aber sie waren ausgezeichnete Baumeister und hatten ein gut ausgebautes Verkehrssystem von Straßen und Hängebrücken angelegt, das Nachrichtenkurieren gestattete, bis zu 240 Kilometer pro Tag zurückzulegen. Aufgrund des Terrassenanbaus produzierten die Inka nicht nur ausreichend Nahrungsmittel, sondern dämmten auch die Bodenerosion auf dem steilen Ackerland in den Bergen ein. Diese Techniken wurden nach Jahren der kolonialen Vernachlässigung und Regierungsmißwirtschaft wieder eingeführt. Die Architekten der Inka bauten zudem prächtige Häuser im Zentrum der Hauptstadt Cuzco. Das Wort bedeutet in der Quecua-Sprache der Inka »Nabel« und ist somit ein weiteres Beispiel für das bereits erwähnte »Omphalos-Syndrom«. Die Goldschmiede stellten prächtig Alltagsgegenstände her, die sofort die Aufmerksamkeit der Spanier erregten, als diese 1532 eintrafen. Geschwächt durch Kriege im Inneren, fielen die Inka den Konquistadoren zum Opfer, nachdem diese die Pocken eingeschleppt hatten, die viel zerstörerischer wirkten als irgendwelche Feuerwaffen.

Doch die bedeutendste architektonische Leistung war vielleicht Machu Picchu. Hoch oben in den Anden auf einem Bergkamm gelegen, der auf allen Seiten steil abfällt, blieb die Stadt unentdeckt, bis der Amerikaner Hiram Bingham sie 1911 erreichte. In der Stadt führten steile Treppen zu Schreinen aus Granit, prächtige, in Stein gehauene Tempel und Häuser waren zu sehen, terrassierte, ohne Mörtel errichtete Mauern und riesige Zeremoniensteine, Straßen, Treppen und Plätze – das alles verband sich in vollkommener Harmonie mit den Umrissen des Bergmassivs. Den Fenstern nach zu urteilen, die in die Tempel eingelassen waren, damit man die Wintersonnenwende beobachten konnte, war Machu Picchu höchstwahrscheinlich eine heilige Stadt, in die sich die Inka-Herren mit den »Jungfrauen der Sonne« zum Gottesdienst begaben. Die Spanier hatten zwar fast alle anderen Überreste der Inkagesellschaft zerstört, Maccu Picchu blieb jedoch nahezu unversehrt. Seine Entstehung und die Gründe für die offensichtliche Preisgabe bleiben aber ein Geheimnis.

Peru liegt an der Nordwestküste Südamerikas und ist die drittgrößte Republik Südamerikas. Die einstige Hauptquelle des Goldes und Silbers Spaniens in Südamerika wurde seines Reichtums beraubt. Heute ist die Wirtschaft des Landes in großen Schwierigkeiten. Aufgrund der Anden sind lediglich drei Prozent des Landes als Ackerland nutzbar, zudem erschwert das unwegsame Gelände den Aufbau und Erhalt eines funktionierenden Kommunikations- und Verkehrssystems. Deswegen ist Peru ein anschauliches Beispiel für das negative Zusammenspiel von geographischen Verhältnissen und der wirtschaftlichen Leistungsfähigkeit eines Landes. Zwar ist das Fischereiwesen ein bedeutender Teil der peruanischen Ökonomie, doch hat die Überfischung der Küstengewässer zu einem rapiden Rückgang der Fangergebnisse geführt.

Das andere charakteristische Merkmal Südamerikas ist der Amazonas-Regenwald mit seinen brasilianischen Flüssen. Brasilien bedeckt fast die Hälfte von Südamerika, das stark bewaldete Amazonasbecken die Hälfte des Landes. Es ist das flächenreichste Land Südamerikas, das fünftgrößte der Erde und größer als die 48 aneinandergrenzenden Staaten der USA. Im riesigen Amazonasbecken lebt jedoch nur ein sehr geringer Teil der Bevölkerung. Zehn Prozent der 140 Millionen Einwohner leben in zwei Städten, Sao Paulo und Rio de Janeiro, fast die Hälfte der Bevölkerung lebt in der südzentralen Region, in der 80 Prozent der industriellen Erzeugnisse des Landes hergestellt und 75 Prozent der landwirtschaftlichen Produkte gewonnen werden. Brasilien ist eines der am höchsten verschuldeten Länder der Erde. Es befindet sich mitten in einer umfassenden wirtschaftlichen Reorganisation, durch die man die jahrzentelang unbeschreiblich hohe Inflationsrate zu senken versucht.

Neben anderen geographischen Wundern finden sich in Südamerika die höchsten Wasserfälle der Erde, die Salto Angel im Südosten Venezuelas. (Der Name »Klein-Venedig« wurde dem Land von Amerigo Vespucci verliehen, den die Hütten der Einheimischen hoch über den Küstengewässern zum Staunen brachten). Die Wasserfälle liegen verborgen in den abgelegenen Wäldern Venezuelas und fallen 900 Meter von der Seite eines 32 Kilometer langen Tafelberges (span. *mesa*), des sogenannten »Auyán-tepuí« (»Teufelsberg«) in die Tiefe. Damit sind sie dreizehnmal höher als die Niagara-Fälle und mehr als doppelt so hoch wie der Sears Tower in Chicago, eines der höchsten Gebäude der Erde (443 m). Die Wasserfälle sind fast völlig unzugänglich und können nur aus der Luft zur Gänze betrachtet werden. Auf diese Weise wurden sie auch entdeckt und erhielten ihren Namen. Es wäre logisch anzunehmen, daß der Wasserfall im Gegensatz zu dem nahegelegenen, nach dem Teufel benannten Berg nun nach dem himmlischen Boten benannt ist. Das Bild trifft zweifellos zu, denn das schäumende Wasser stürzt aus großer Höhe in die Tiefe. Tatsächlich aber hat der amerikanische Flieger und Landvermesser Jimmy Angel ihnen seinen Namen verliehen. Er entdeckte sie 1935; 1937 kam er bei einem Flugzeugabsturz ums Leben. Erst 1949 wurden die Wasserfälle auf dem Landweg erreicht und von einem amerikanischen Forscherteam korrekt vermessen.

Worin besteht der Unterschied zwischen einem Regenwald und einem Urwald?

»Mitten aus dem Urwald« – so lautete die Überschrift der Titelgeschichte des *New York Times Magazine* im Frühjahr 1992. Der Artikel berichtete von der politischen Waffenruhe und dem Ende eines langen Bürgerkriegs im mittelamerikanischen Land El Salvador. Die ehemaligen Rebellen hatten ihre Kampfanzüge gegen dreiteilige Anzüge eingetauscht. Warum lautete die Überschrift nicht »Mitten aus dem Regenwald«? Und worin unterscheiden sich diese geographischen Fachausdrücke?

Der Grund ist einfach, es geht ums Marketing. Zumindest ist dies die Ansicht des Sprachwissenschaftlers William Safire. Heute, in den Tagen des Umweltbewußtseins und der politischen Korrektheit in Sachen Umweltschutz hat »Regenwald« den Begriff »Urwald« oder »Dschungel« ersetzt, weil er weitaus sympathischer klingt. Safire drückte es folgendermaßen aus: »Wenn man ein solches Gebiet als ›Dschungel‹ bezeichnete, würde es niemand bewahren wollen. Aber ›Wald‹ hat einen angenehmen Klang – Robin Hood mit seinen fröhlichen Männern erleichtert die Reichen im Sherwood Forest um ihr Geld. Zudem eignete sich das Wort zur Propagierung des Umweltschutzes. Wenn ein Meinungsforscher fragen würde: ›Soll man den Urwald abholzen?‹, wäre die Antwort: ›Klar, wer braucht ihn denn?‹ Aber wenn er fragte: ›Stimmen Sie der Zerstörung des Regenwaldes zu ?‹, würde die Antwort bestimmt lauten: ›Nein, das würde zur globalen Erwärmung oder einer neuen Eiszeit führen.‹«

Sorry, Mr. Safire. Es gibt noch einige andere Unterschiede. Ein Regenwald hat üblicherweise ein hohes Blätterdach und sehr wenig Unterholz, während ein Urwald oder Dschungel am Boden dicht bewachsen ist. Das ist ein ziemlich großer Unterschied, wenn man sich dort einen Weg bahnen will.

Das Wort »Dschungel« kommt aus dem Hindu und Sanskrit und bedeutet soviel wie »Ödnis« oder »Wüste«. Das erscheint merkwürdig, da wir uns einen Dschungel als extrem feucht vorstellen. Nur allmählich brachte man das Wort mit der heute vertrauten tarzanhaften Szenerie herabbaumelnder Lianen, tödlicher Schlangen und unaufhörlichen Affengeschnatters in Verbindung.

Doch in den letzten Jahren sind durch einen leidenschaftlichen Umweltschutz die Worte »Dschungel« oder »Urwald« gleichsam mit der Machete aus der Sprache entfernt worden. »Regenwald« feiert hingegen Triumphe. In Hollywood weiß man, wann sich etwas rentiert. Der Kinofilm *Medicine Man* (1992) war recht erfolgreich, überwiegend aufgrund des Interesses am Erhalt des Regenwaldes. In der Welt des Zeichtrickfilms kommt man ohne Beschönigungen aus. Walt Disneys Film *Das Dschungelbuch* beruht auf Rudyard Kiplings gleichnamigem Klassiker.

Es gibt noch eine andere Art Urwald, den sogenannten »Monsunwald«, der für Indien, Burma und Südostasien charakteristisch ist (zu weiteren Informationen über den Monsun und dessen klimatische Bedingungen vgl. Kap. 5). Anders als die tropischen (oder äquatorialen) Regenwälder, in denen es zu allen Jahreszeiten regnet, gibt es in den Monsunwäldern zwei völlig unterschiedliche Jahreszeiten, eine trockene und eine feuchte. Da es nur die Hälfte der Zeit regnet, könnte man ihn auch »Wald mit 50 Prozent Regenwahrscheinlichkeit« nennen.

Aber ob man diese Wälder Regenwälder oder Urwälder nennt: Sie waren zwar oftmals groß, sind aber mittlerweile im Schwinden begriffen. Der größte tropische Regenwald Nordamerikas, der Lacandona, liegt im Südosten des mexikanischen Bundesstaates Chiapas. Der Regenwald führt seinen Namen nach einem Volk einheimischer Indianer, das angeblich von den Maya abstammt. Ende der achtziger Jahre bedeckte er noch eine Fläche von 13 000 Quadratkilometern. Seit 1970 sind über 60 Prozent des üppig wuchernden, aber sensiblen Ökosystems der Landerschließung zum Opfer gefallen.

Der Amazonas-Urwald ist der größte Regenwald der Erde. Das Gebiet ist fast so groß wie 48 der 50 US-Bundesstaaten und bietet mehr Pflanzen- und Tierarten eine Heimat als irgendeine andere Region der Erde. Große Teile des tropischen Regenwaldes – jährlich vier Prozent – gehen jedoch durch Brandrodung und Abholzung, durch Umwandlung in Rinderfarmen und Ackerland, durch Holzgewinnung sowie aus steuerlichen Anreizen verloren.

»Na und?« könnten Sie fragen. Es ist doch nichts Schlechtes, einen Dschungel in nutzbares Land umzuwandeln. Mutter Natur ist da anderer Meinung. Laut Schätzungen enthält das Urwaldgebiet des Amazonas ein Drittel der Bäume der Erde und liefert die Hälfte des Sauerstoffs. Wenn man einen derart riesigen Teil der »Lunge« des Planeten beseitigte, hätte das Auswirkungen bis weit über die Grenzen Brasiliens hinaus.

Das Verbrennen großer Flächen des brasilianischen Regenwaldes hat noch eine weitere gefährliche Konsequenz. Die riesigen Rauchwolken tragen zum Aufbau von Kohlendioxid in der Erdatmosphäre bei. Auch verstärken sie potentiell den »Treibhaus-Effekt«, der zu einer globalen Erwärmung, zu einem katastrophalen Anstieg des Meeresspiegels sowie vielleicht sogar zur Entstehung von Wüsten in Gebieten führt, in denen sich heute noch weite Weizenfelder finden.

Zuletzt sei noch die Frage der Biodiversität oder Artenvielfalt angesprochen. Mit diesem etwas hochtrabenden Begriff ist gemeint, daß es viele Lebewesen im Regenwald gibt, die wir noch nicht einmal mit Namen kennen. Durch die Zerstörung des Regenwaldes sterben zahllose Arten, deren Wert und Nutzen, insbesondere im Bereich der medizinischen Forschung, noch unbekannt sind. Bisweilen rückt die

Bewahrung des Artenreichtums stärker in den Mittelpunkt des Interesses als die Zerstörung des Regenwaldes, auch wenn letzteres eigentlich der noch bedeutsamere Grund für die Erhaltung der bestehenden Gebiete sein dürfte.

Imaginäre Orte: Leben am Amazonas Amazonen?

Wie konnten diese legendären Kriegerinnen, die nach der Vorstellung der alten Griechen nahe dem Kaspischen Meer lebten, bis nach Südamerika kommen?

In der griechischen Mythologie galten die Amazonen als ein Volk tapferer Kriegerinnen, die sich eine Brust herausschnitten, damit sie ihre Schilde tragen oder ihre Bögen mit größerer Leichtigkeit spannen konnten. Ihr Name leitet sich vom griechischen Wort für »ohne Brust« ab. Im Trojanischen Krieg kämpften die Amazonen auf Seiten der Trojaner. Zu den Arbeiten des Helden Herakles gehörte auch der Raub des Gürtels der Amazonenkönigin. Strabon berichtete davon im Jahre 23 nach Christi. Auch der mittelalterliche Reiseschriftsteller John Mandeville beschrieb in seinem Werk *Das Reisebuch des John Mandeville* (um 1356, erste dt. Übersetzung 1400) die wilden Amazonen.

Laut diesen und anderen Berichten, die man das ganze Mittelalter hindurch für buchstäblich wahr hielt, war Amazonien ein Reich von Frauen, das keine Männer duldete. Ihr einziger Kontakt mit dem anderen Geschlecht fand bei einem alljährlichen Fest statt, das der Fortpflanzung dienen sollte. Sobald die Männer in Amazonien eintrafen, wurden sie leidenschaftslos benutzt, dann in Eunuchen verwandelt und schließlich als Sklaven gehalten oder beseitigt. Nur die Mädchen durften bleiben, die Knaben wurden fortgeschickt.

Die Vorstellung, es gebe in Südamerika Amazonen, geht auf die Zeit der spanischen Eroberung zurück. Die ersten Europäer, die den Amazonas erblickten, waren die spanischen Konquistadoren im Jahr 1500. Sie bezeichneten den Fluß als Meer. Francisco de Orellana, einer von denen, die nach dem Gold von El Dorado suchten, befuhr 1541 als erster Europäer den Fluß, der deshalb kurze Zeit »Orellana« hieß. Unter Orellanas Leuten befand sich der Dominikanermönch Gaspar de Carvajal, der die Erlebnisse der Expedition schriftlich festhielt und berichtete, er habe Kriegerinnen gesehen, die die Attacken gegen die spanischen Boote anführten.

Pater Gaspar schrieb: »Wir selbst haben diese Frauen gesehen, sie waren Hauptleute und kämpften vor den Männern. Diese [Frauen] kämpften so tapfer, daß es die Männer nicht wagten zu fliehen. Jeden, der dies tat, erschlugen sie vor unseren Augen, und das war der Grund, warum sie so lange ihre Verteidigung aufrechterhielten. Die Frauen sind sehr hellhäutig und großgewachsen, das Haar tragen sie sehr lang und in Knoten um dem Kopf gewunden. Sie sind sehr kräftig und gehen nackt. Die Geschlechtsteile sind bedeckt; Pfeil und Bogen in der Hand leisten sie im Kampf soviel wie zehn Mann. Und tatsächlich schoß eine der Frauen einen Pfeil eine Spanne [= 9 Zoll] tief in eine der Brigantinen; andere drangen weniger tief ein, so daß unsere Zweimaster wie Stachelschweine aussahen.«

Wenn dies auch nicht die wilden Kriegerinnen waren, über die in Europa jahrhundertelang Berichte und Erzählungen kursierten, so kamen sie den Amazonen doch recht nahe. Daß es sich um Amazonen handeln mußte, wurde noch durch den Umstand verstärkt, daß die Indianer den Fluß Amazunu (»große Welle«) nannten. Späteren Expeditionen der Spanier gelang es zwar nicht, irgendeine dieser außergewöhnlichen Kriegerinnen zu entdecken, aber der Name »Fluß der Amazonen« blieb im Gedächtnis haften.

Der Amazonas ist – nach dem Nil – der zweitlängste Fluß der Erde. Weit beeindruckender ist sein Wasserreichtum. Der Nil ist trotz seiner Länge ein leckender Wasserhahn im Vergleich mit dem Amazonas und führt weniger als zwei Prozent von dessen Wasservolumen. Der Amazonas führt mehr Wasser als der Nil, der Jangtse und der Mississippi zusammen. Das ist fast ein Fünftel des Flußsüßwassers der Erde.

Das Mündungsgebiet des Amazonas ist so groß, daß die offene See hinter der Mündung auf einer Länge von über 300 Kilometern Süßwasser enthält. Das ist ausreichend Süßwasser – fast 200 Millionen Liter pro Sekunde –, um die städtische Wasserversorgung der gesamten Vereinigten Staaten zweihundertmal zu gewährleisten. An seiner breitesten Stelle, dort, wo er sich dem Meer nähert, ist der Strom 65 Kilometer breit. Die saisonalen Gezeiten – die *pororoca* – senden ihre großen Wogen mit einer Geschwindigkeit von 35 Stundenkilometern stromaufwärts. Hochseetaugliche Schiffe können den Amazonas bis zur Stadt Iquitos in Peru befahren.

Wem gehört die Antarktis?

Entscheiden Sie selbst! Niemandem. Allen. Oder den sieben Staaten, die Besitzansprüche an Teilen dieser riesigen Eisdecke angemeldet haben, die den fünftgrößten und abgelegensten Kontinent der Erde bedeckt. Außerdem ist es der kälteste, windigste und trockenste Kontinent – wobei letzteres ein Widerspruch zu sein scheint, weil sich zwei Prozent des Frischwassers der Erde in der Antarktis finden. Nur ist es eben in einer Schicht eingeschlossen, die zwischen 2 000 und 4 700 Meter dick ist und 90 Prozent des Eises der Erde enthält.

Da es in der Antarktis keine einheimische beziehungsweise permanent lebende Bevölkerung gibt, ist sie sicherlich der einsamste Kontinent – und der einzige Kontinent, den man wirklich »entdeckt« hat, da niemand dort lebte, als man ihn fand. Die Antarktis (das Wort bedeutet einfach »gegenüber der Arktis«) umfaßt eine Fläche von über 15,5 Millionen Quadratkilometern – das entspricht zehn Prozent der Erdoberfläche. Die Landmasse der Antarktis ist fast vollständig vom Südpolarkreis umschlossen, der Pol liegt in der Mitte. Auf dem Landgebiet befinden sich steile Gebirge und zwei tätige Vulkane. Doch finden sich dort weder blühende Pflanzen noch Gräser noch größere Säugetiere. Algen, Moose, Flechten und Meeresplankton liefern die Nahrung für die zahlreichen Fische, Vögel, Wale und Robben, die in der Antarktis und in den angrenzenden Gewässern leben.

Das war nicht immer so, denn Forscher haben Überreste fossiler Pflanzen und Bäume gefunden. In jüngerer Zeit hat man fossile Dinosaurier entdeckt, was darauf hindeutet, daß die Antarktis nicht immer so lebensfeindlich war. Die Dinosaurier-Fossilien, die man 1991 in einem 200 Millionen Jahre alten Gestein nahe dem Südpol entdeckte, beweisen, daß die Antarktis früher wärmer war. Diese Entdeckungen untermauern auch die Theorie der Plattentektonik, denn diese antarktischen Fossilien ähneln denen bestimmter afrikanischer Fossilien. Das wiederum stützt die Theorie, derzufolge die beiden Kontinente früher als Teil von Gondwanaland, dem großen südlichen Urkontinent, miteinander verbunden waren, allerdings nicht am unteren Ende der Erde, sondern ein wenig näher dem, was heute der südwestliche Pazifische Ozean ist. Andere Geologen haben unlängst die These aufgestellt, daß sogar die Antarktis und Amerika in noch früherer Zeit verbunden waren. Diese Forscher haben die geologische Zeituhr um 500 Millionen Jahren zurückgedreht. Sie glauben, daß Südamerika damals eine Art Pizza-Scheibe darstellte, die zwischen der Antarktis und Nordamerika eingekeilt war.

Es ist zwar möglich, ja sogar wahrscheinlich, daß polynesische Seefahrer die Antarktis erreicht haben. Doch die erste historisch verbürgte Annäherung an den Kontinent gelang dem vielleicht bedeutendsten Seefahrer und Entdecker der Geschichte: Kapitän James Cook. Ende 1772, auf seiner zweiten großen Forschungs- und Vermessungsreise näherte er sich der Antarktis und überquerte dabei sogar den südlichen Polarkreis, ohne den Kontinent aber zu erblicken. Als er sich einer unpassierbaren Eisbarriere und so eisigen Witterungsverhältnissen gegenübersah, wie sie kein britischer Seemann je zuvor erlebt hatte – auch wenn es sich damals im Januar 1773 um den antarktischen Sommer handelte –, kehrte Cook um, nachdem er weiter nach Süden gesegelt war als irgendein Mensch vor ihm. Ein Jahr später näherte er sich auf derselben Reise dem Kontinent bis auf 160 Kilometer, wurde jedoch erneut durch das Eis und den ungeheuren Frost zurückgedrängt, der so streng war, daß die Männer Erfrierungen erlitten und die Nieten des Schiffes sich lösten. Cook vermutete, einen riesigen gefrorenen Ozean vor sich zu haben, und konnte daher die Antarktis nicht finden. Durch seine Reise konnte er ein für allemal den jahrhundertealten Mythos von der »Terra Australis«, dem großen, reichen Südland, mit dem die Briten Handelsbeziehungen aufnehmen wollten, widerlegen.

1820 wurden schließlich das Festland und die vorgelagerten Inseln von dem amerikanischen Walfänger Nathaniel Palmer und einer russischen Expedition unter der Leitung Fabian von Bellingshausens erreicht. Schon nach einigen Jahren wurden die antarktischen Gewässer von amerikanischen und englischen Seefahrern erforscht. Unter ihnen war der Amerikaner Charles Wilkes, der erkannte, daß die Antarktis ein Kontinent ist, und der Engländer James Ross, der das antarktische Meer entdeckte, das nach ihm benannt wurde, als er zwischen 1840 und 1842 einen großen Teil der Küste kartierte.

Zu Beginn dieses Jahrhunderts inspirierte die Erforschung der Antarktis einen dramatischen, aber tragisch endenden Wettlauf zum Südpol. Der Südpol liegt rund 1 600 Kilometer im Landesinneren und ist ein hohes, flaches Tafelland – die kälteste, einsamste Region der Erde. In dieser von tobenden Schneestürmen und Lebensfeindlichkeit geprägten Szenerie gelangte der Norweger Roald Amundsen (1872-1928) am 14. Dezember 1911 zum Südpol. Seine Gruppe erreichte den Pol einen Monat früher als die des Engländers Robert Falcon Scott (1868-1912), dessen vom Pech verfolgte vierköpfige Mannschaft am 18. Januar 1912 am Pol eintraf. Auf dem von tiefer Enttäuschung überschatteten Rückweg erduldete die Gruppe zwei Monate lang Hunger, Skorbut und Erfrierungen. Scott starb als erster, die drei anderen Männer kamen in einem Schneesturm ums Leben. Sie waren nur 17 Kilometer von der nächsten Versorgungsstation entfernt.

Seit ihrer Entdeckung steht die Antarktis im Mittelpunkt widerstreitender Hoffnungen und unschätzbarer Reichtümer. Nur einmal ist es wegen des Gebiets tatsächlich zu Kampfhandlungen gekommen. 1952 schossen argentinische Soldaten, die den Befehl hatten, die Briten vom Wiederaufbau einer zerstörten Forschungsstation abzuhalten, auf britische Forscher. Argentinien beanspruchte die Antarktische Halbinsel, eine Landzunge, die bis zu der nur 1 480 Kilometer entfernt gelegenen Südspitze Südamerikas reichte.

1982 führten die Ansprüche Großbritanniens und Argentiniens auf die nur 650 km vom argentinischen Festland entfernten Falkland-Inseln oder Islas Malvinas zu einem Krieg zwischen den beiden Ländern auf den Inseln. Nach kurzen, aber äußerst heftigen Gefechten, in denen auf beiden Seiten 1 000 Soldaten fielen, blieben die Briten im Besitz der Inseln. In den 1950er Jahren meldeten auch Australien, Neuseeland, Frankreich, Norwegen und Chile Besitzansprüche auf das Antarktis-Territorium an. Bis 1959 errichteten die USA, die Sowjetunion, Japan, Südafrika und Belgien Forschungsstationen in der Antarktis. Später schlossen sich China, Indien und Brasilien an. Vermutlich befinden sich unter dem Eis und den Meeren rings um die Antarktis erhebliche Mineral- und Erdölvorkommen. Das lebensfeindliche Klima des Kontinents, die ungeheuer dicke Eisschicht und das sensible Ökosystem würden die Bergung der vermuteten Reichtümer jedoch sehr kompliziert machen.

Seit 1961 wird die Antarktis unter den Statuten des Antarktis-Vertrages verwaltet. Darin ist festgeschrieben, daß der Kontinent ausschließlich zu friedlichen Zwecken genutzt werden darf. Der Vertrag verbietet jegliche militärische Operationen und erklärt den Kontinent zur ersten atomfreien Zone der Erde. 1989 trat der Vertrag jedoch außer Kraft, und seine Bestimmungen stehen erneut zur Verhandlung an. Zwanzig Länder sind bereits übereingekommen, Erdölbohrungen in der Antarktis zu untersagen. Australien und Frankreich haben ein ewiges Verbot der Förderung mineralischer Vorkommen gefordert. Doch wenn morgen jemand auf Erdöl stieße und einen Weg fände, es aus dem Eis herauszubekommen – wie lange würden dann die guten Absichten befolgt werden?

Unterdessen existieren die Antarktis und der Südpol als recht außergewöhnliche Forschungslabors weiter, und die kilometerweiten eisigen Tiefen und die einzigartigen Verhältnisse werden weiter zahlreiche faszinierende Hinweise bei der Erforschung der Vergangenheit der Erde und der Atmosphäre liefern. Schon heute haben sie die beunruhigende Entdeckung des Ozonlochs in der Atmosphäre erbracht (vgl. Kapitel 5).

Ist Europa nur ein Teil Asiens?

Die Frage mag manchem Konservativen im britischen Parlament und anderen Traditionalisten, die unbeirrbar an die kulturelle Überlegenheit Europas glauben, einen erheblichen Schock versetzen. Aber Entschuldigung ... Europa ist nur ein Teil Asiens, jedenfalls in geographischer Hinsicht. Europa, einschließlich der britischen Inseln, ist nichts weiter als eine große Halbinsel im Westen Eurasiens. Wenn sich Geographen auf Europa und Asien beziehen, benutzen sie nicht selten den Begriff Eurasien. Aufgrund politischer und historischer Überlegungen treten die geographischen Realitäten jedoch meist in den Hintergrund.

Europa ist der zweitkleinste Kontinent und schließt den europäischen Teil der ehemaligen Sowjetunion ein. Es bedeckt rund 10,5 Millionen Quadratkilometer oder acht Prozent der Landoberfläche der Erde. Eine genaue Zahl läßt sich aufgrund der zahlreichen küstennahen Inseln und der Auseinandersetzungen hinsichtlich der Frage, wo genau Europa endet und Asien beginnt, nur schwer angeben. Beispielsweise haben sowohl Rußland als auch die Türkei quasi einen Fuß auf dem Land und einen Fuß im Boot. In den Staaten Europas – einschließlich der weniger vertrauten kleinen Staaten wie Monaco, Andorra, San Marino und Vatikanstadt – leben mehr als 25 Prozent der Weltbevölkerung.

In jüngster Zeit ist eine genaue Zählung der Staaten Europas etwas schwierig geworden. Überdies kann man die Spieler ohne eine »Anzeigetafel« kaum noch auseinanderhalten. Nach der Vereinigung der beiden deutschen Staaten und nach dem Zusammenbruch der Sowjetunion gibt es inzwischen mindestens 40 unabhängige Staaten in Europa, je nachdem, was man als Staat und was man als Europa bezeichnet. Und es entstehen immer mehr.

Während sich Europa auf eine gemeinsame Währung, ein Ende der Schutzzölle und die Öffnung der Grenzen hinbewegt hat – wodurch Reisepässe innerhalb des Kontinents obsolet geworden sind –, hat erneut eine Welle leidenschaftlichen und traurigerweise gewalttätigen Nationalismus den Kontinent ergriffen. Anfangs kam es dabei nur zu geringem Blutvergießen, weil sich die erstaunlichen Ereignisse in Osteuropa und später der Sowjetunion mit schwindelerregender Geschwindigkeit abspielten. Doch in mehreren osteuropäischen Ländern, insbesondere in Jugoslawien, haben die jahrhundertealten ethnischen und religiösen Rivalitäten – die in den Jahren der autoritären kommunistischen Herrschaft verborgen blieben – zum schlimmsten Blutvergießen seit dem Ende des Zweiten Weltkrieges geführt. Die folgende Liste unterteilt Europa in Regionen.

Das »Neue« Europa: eine allgemeinverständliche geopolitische Zusammenfassung

Skandinavien
Dänemark
Norwegen
Schweden
Finnland
Finnland liegt zwar nicht auf einer der skandinavischen Halbinseln, doch gilt das Land kulturell und politisch als Bestandteil dieser Gruppe.

Benelux-Staaten
Belgien
Luxemburg
Niederlande
1958 gingen die drei Länder einen Wirtschaftsbund ein, daher der Name.

Die Iberische Halbinsel
Portugal
Spanien

Alpenländer
Frankreich
Italien
Liechtenstein
Österreich
Schweiz

Balkan
Albanien
Bulgarien
Griechenland
Jugoslawien

Jugoslawien wurde zum Schauplatz der schlimmsten gewalttätigen Unruhen der nachsowjetischen Ära, als es zu einem Bürgerkrieg zwischen rivalisierenden ethnischen Gruppen kam. Das nach dem Ersten Weltkrieg entstandene Land ist in kleinere Republiken aufgesplittert. Das flächenmäßig stark verkleinerte neuentstandene Jugoslawien besteht aus den ehemaligen Regionen Serbien und Montenegro. Die anderen Teile des alten Jugoslawiens

Slowenien
Kroatien
Bosnien-Herzegowina
Mazedonien

sind international als unabhängige Republiken anerkannt.

Rumänien

Mitteleuropa
Tschechische Republik
Slowakische Republik

Die Demokratie hat in der Tschechoslowakei Einzug gehalten, und im Dezember 1990 wurde der Schriftsteller und ehemalige politische Häftling Vaclav Havel zum Präsidenten gewählt. Seitdem hat sich das Land in zwei rivalisierende ethnische Gruppen aufgesplittert, die Tschechen und die Slowaken. Eine Teilung Tschechoslowakiens, das wie Jugoslawien 1918 nach dem Ersten Weltkrieg entstand, in die Tschechische und die Slowakische Republik ist seit 1993 vollzogen.

Deutschland

Das neue Deutschland entstand aus der Vereinigung der ehemaligen Bundesrepublik Deutschland und der Deutschen Demokratischen Republik. Die Hauptstadt wurde von Bonn nach Berlin verlegt.

Ungarn
Polen

Staaten, die aus der ehemaligen Sowjetunion hervorgingen
Georgien

Wer die erstgenannte ehemalige Sowjetrepublik in Europa ansiedelt, kommt der Wahrheit recht nahe. Weil Georgien im Süden von der Türkei und dem Iran begrenzt wird, könnte man es geographisch gesehen eher zu Asien zählen, doch aufgrund kultureller und geschichtlicher Faktoren gehört es eher zu Europa. Da der sowjetische Diktator Stalin dort geboren wurde, neigen manche Europäer vielleicht dazu, dieses Land Asien zu überlassen.

Moldawien

Weißrußland

Rußland

Rußland, dessen Staatsgebiet sowohl in Europa als auch Asien liegt, ist die größte der fünfzehn ehemaligen Sowjetrepubliken.

Ukraine

Die baltischen Republiken

Estland

Lettland

Litauen

Nachdem Stalin und Hitler 1939 einen Nichtangriffspakt unterzeichnet hatten, gab Hitler den Sowjets freie Hand, in den drei baltischen Republiken einzumarschieren. 1940 wurden sie von der Sowjetunion besetzt. Ein halbes Jahrhundert später erklärten die drei kleinen Ostseeanrainerstaaten im nordwestlichen Europa mutig ihre Unabhängigkeit. Nach dem fehlgeschlagenen Staatsstreich gegen Michail Gorbatschow wurden sie schließlich Ende 1991 von den westlichen Nationen als unabhängige Staaten anerkannt.

Inselstaaten

Island

Aufgrund kultureller und sprachlicher Gründe kann diese unwirtliche kleine Insel, auf der die meisten Einwohner ihre Häuser mit Energie aus geothermischen Quellen heizen, als skandinavisches Land gelten.

Irland

Malta

Im Zweiten Weltkrieg Ziel zahlreicher Bombenangriffe – und die Heimat der berühmtesten Vogelstatue in der Geschichte des Detektivromans. Es handelt sich um den Malteserfalken aus dem gleichnamigen Roman von Dashiell Hammett.

Großbritannien

Was heute Großbritannien heißt, war einst der Sitz des riesigen British Empire. Es besteht aus England, Schottland, Wales und Nordirland. Der Prozeß der Vereinigung vollzog sich während dreier Jahrhunderte. Er setzte 1536 ein, als König Heinrich VIII. England und Wales unter einer Regierung zusammenschloß. Schottland wurde unter König James I., einem Vetter

von Elizabeth I., an England angegliedert. 1707 schuf der »Act of Union« offiziell das Königreich Großbritannien, mit einem vereinigten Parlament in London. 1801 wurde Irland an Großbritannien angegliedert, 1921 jedoch erlangte der größte Teil Irlands die Unabhängigkeit als Irischer Freistaat. Sechs nördliche, überwiegend protestantische Grafschaften blieben Teil Großbritanniens. Dies bildet die Quelle dauernder Unruhen in Nordirland, da die dort lebende römisch-katholische Minderheit die Vereinigung mit dem übrigen Irland fordert.
Angeregt durch die Einnahmen aus dem Nordseeöl und aufgrund der nationalistischen Begeisterung, die sich in den letzten zehn Jahren in Europa ausgebreitet hat, hat eine wiederauflebende Unabhängigkeitsbewegung auch in Schottland Wurzeln geschlagen.

Verschiedene Überbleibsel

Andorra

Ein unabhängiger Kleinstaat in den Pyrenäen zwischen Frankreich und Spanien.

Gibraltar

Das 5,8275 Quadratkilometer große Gebiet kontrolliert die strategisch wichtige Ein- und Ausfahrt zum Mittelmeer. Es ist ein von Großbritannien abhängiges Gebiet. Spanien möchte Gibraltar zurückerhalten, doch die Einwohner haben sich in einer Volksabstimmung für die Beibehaltung des Status quo ausgesprochen.

Isle of Man

Ein weiteres von Großbritannien abhängiges Gebiet. Die Insel liegt in der Irischen See zwischen Irland und Großbritannien.

Monaco

Das Fürstentum, ein kleiner, hügeliger Keil an der französischen Mittelmeerküste, hat eine Fläche von nur 1,95 Quadratkilometern und ist damit so groß wie der Central Park in New York. Es ist nach der Vatikanstadt der zweitkleinste Staat der Erde.

San Marino

San Marino ist eine von Land umschlossene Enklave in den Bergen Mittelitaliens. Mit einer Fläche von 61 Quadratkilometern – ein Zehntel der Größe New Yorks – ist San Marino die kleinste Republik der Erde. Im 4. Jahrhundert gründete ein christlicher Heiliger den Staat als Zufluchtsstätte gegen religiöse Verfolgung. Er ist auch die älteste Republik der Erde.

Vatikanstadt

Der souveräne Staat liegt in Rom und ist die kleinste Monarchie der Welt (0,44 Quadratkilometer Fläche). Der »Monarch« ist der Papst.

Und was ist mit Grönland und Zypern?

Grönland ist die größte Insel der Erde (wenn man Australien nicht zählt) und eine autonome Region Dänemarks. Es hat sich jedoch aus der Europäischen Gemeinschaft zurückgezogen. Geographisch gesehen ist Grönland ein Teil Nordamerikas.

Zypern besteht gegenwärtig aus einem griechischen und einem türkischen Teil. Viele zählen Zypern zu Asien, es ist jedoch Mitglied des Europarates; seit 1973 besteht ein Assoziierungsabkommen mit der Europäischen Gemeinschaft bzw. Union. Die EU führt nun Verhandlungen mit Zypern, dessen Beitritt 2003 erfolgen könnte.

Die Türkei untergliedert sich in einen europäischen und in einen asiatischen Teil. Aus historischen und kulturellen Gründen rechnet man die Türkei eher zu Asien. Die Türkei ist zwar Mitglied der Nato, wurde aber wegen nicht ausreichender Garantien bei den Menschenrechten noch nicht in die EU aufgenommen, was sie lautstark fordert.

Warum ist Australien ein Kontinent? Ist es nicht nur eine Insel?

Filmcharaktere wie Crocodile Dundee oder Mad Max haben zum romantischen Bild von Australien als ein Land voller gewitzter Einwohner beigetragen. Stellen wir Sie also einmal auf die Probe. Ist Australien die größte Insel der Erde? Oder ist es der kleinste Kontinent der Erde? Beide Fragen lassen sich mit »ja« beantworten.

Mit einer Fläche von 7 692 300 Quadratkilometern ist Australien sowohl der kleinste Kontinent als auch die größte Insel der Erde. Mit einer Einwohnerzahl von 17,5 Millionen ist Australien der bevölkerungsärmste der sechs bewohnten Kontinente. Fünf Länder sind größer als der Kontinent Australien. (In der Reihenfolge ihrer Größe: Rußland, Kanada, China, die Vereinigten Staaten und Brasilien.)

Die ersten Europäer, die Australien erreichten, waren die Holländer. 1606 entdeckte der Kapitän Abel Tasman die Insel und nannte sie Neuholland. 1770 nahm sie Kapitän James Cook für die Briten in Besitz. Als Großbritannien einige Jahre später seine Besitztümer im Amerikanischen Unabhängigkeitskrieg verlor, brauchte es eine andere Gegend, in die es seine Strafgefangenen verfrachten konnte. Australien kannte man damals als Neusüdwales. Unweit des Ortes, wo sich heute Sydney befindet, gründete man eine Strafkolonie mit dem Namen Botany Bay. 1788 trafen neben den ersten britischen Sträflingen auch britische Siedler ein, die auf der Suche nach einem neuen Anfang im Leben waren. Fast fünfzig Jahre lang kamen die Strafgefangenen weiter ins Land, insgesamt mehr als 160 000. Der Strom der Siedler riß nicht ab, die vor allem während des ersten großen Goldrauschs 1851 und des zweiten 1892 kamen. Die Siedler gründeten sechs Kolonien, die später in Bundesstaaten ungewandelt wurden. 1901 schlossen sie sich zum Australischen Bund zusammen, wobei sie eine Verbindung des britischen Parlamentssystems mit dem föderativen System der Vereinigten Staaten anstrebten.

Erst 1801 fanden Kartographen heraus, daß es sich bei dem »schwimmenden Gefängnis« um einen sechsten Erdteil handelt, der nicht nur aus einigen Insel besteht. Daraufhin wurde der Kontinent zu Ehren des großen mythologischen Südlandes, der Terra Australis, das seit der Antike Anlaß zu Spekulationen gegeben hatte, auf den Namen Australien getauft.

Namen:
Wer hat die Sandwich-Inseln gegessen?

Heute sind die Sandwich-Inseln nicht mehr auf den Karten zu finden.

Sie wurden quasi »geschluckt«. Was man früher als Sandwich-Inseln bezeichnete, trägt heute wieder den Namen, mit dem die Bewohner diese Gruppe vulkanischer Inseln bezeichneten: Hawaii.

Die Entdeckung und Benennung der Sandwich-Inseln durch Kapitän James Cook stellt ein einzigartiges Kapitel in der Erforschung und Entdeckung der Erde dar. James Cook (1728-1779), Sohn eines Bauern, gilt als einer der bedeutendsten Entdecker aller Zeiten. Im Verlauf dreier Forschungsreisen, die insgesamt zwölf Jahre währten, füllte er die Weltkarte mit mehr präzisen Einzelheiten aus als irgend jemand sonst in Hunderten Jahren vor ihm. Der bescheidene, ehrliche und humane Cook erschloß – ob zum Guten oder zum Schlechten – den Pazifischen Ozean für Europa.

Als er 1768 zur ersten seiner drei Reisen aufbrach, gab es bereits Hinweise, was der Pazifik barg. Seit der Zeit Magellans und Sir Francis Drakes, des ersten Engländers, der die Erde umsegelte, drangen Geschichten über idyllische Inseln und sagenhafte Orte ins ferne Europa. Doch selbst nach den Reisen anderer Seefahrer, beispielsweise des Holländers Abel Tasman, der bis nach Australien gelangte, erkannte man in Europa immer noch nicht die Weite des Pazifiks – des Ozeans, der einen größeren Teil der Erde bedeckt als alles Festland zusammen. Cook brach mit einem eher kleinen Schiff, das zum Transport von Kohle gebaut war, mit zwei Befehlen auf, einem öffentlichen und einem versiegelten. Sein erster Auftrag bestand darin, rechtzeitig Tahiti zu erreichen, um den Durchgang des Planeten Venus durch die Sonnenscheibe zu beobachten, ein Ereignis, das am 3. Juni 1769 und dann erst wieder ein Jahrhundert später stattfinden sollte. Indem sie dieses Phänomen von mehreren Orten auf dem Globus beobachteten, hofften britische Astronomen, genau berechnen zu können, wie weit die Erde von der Sonne entfernt ist und dadurch die Navigation nach den Gestirnen sehr viel verläßlicher und sicherer zu machen. Dieses rein wissenschaftliche Ziel unterschied sich stark von den Bestrebungen der vorhergehenden Zeitalter, als Legenden von Gold oder Reichtümern die alleinige Motivation für Entdeckungen lieferten. Dies kennzeichnete die Methode der Briten, zudem stellte es einen für die Aufklärung typischen Versuch dar, die Kenntnis über die Welt zu erweitern und die Sicherheit der Seefahrt zu erhöhen. Eben dieser Geist bewirkte auch, daß auf den Schiffen der britischen Marine Naturforscher mitfuhren. Einige Jahre darauf befand sich unter ihnen auch ein junger Mann namens Charles Darwin. Bei Cooks zweitem Befehl ging es eher um wirtschaftliche Interessen. Er sollte den legendären Südkontinent finden, von dem die Briten hofften, daß es dort neue Länder gab, die man kolonisieren konnte, da eine ihrer bestehenden Kolonien seit Mitte des Jahrhunderts allmählich Anzeichen einer rebellischen Pubertät zeigte.

Tahiti war in Europa bereits bekannt, weil 1766 ein britisches Schiff sowie der französische Seefahrer Louis Antoine de Bougainville (1729-1811) die Insel besucht hatten. Beide kehrten mit Berichten über unbefangene und fröhliche Einheimische zurück, die in einem Zustand lebten, der den meisten Europäern paradiesisch vorkam. In ganz Europa sprach man über die Mädchen und Frauen, die keine Scham kannten und bereit waren, ungezwungen mit jedem Mann zu schlafen, oft im Austausch gegen billige Nägel. Eine Geschichte aus dem Bericht Bougainvilles über seine Reise um die Welt ist kennzeichnend für das, was Europa hörte. Nachdem er Tahiti erreicht hatte, wurde sein Schiff von Kanus voller nackter Frauen umzingelt. Marinesoldaten rückten aus, um zwischen den Seeleuten Ordnung zu halten. Der Schiffskoch ließ sich nicht zurückhalten. Er ging an Land. Sofort zerrten ihn einige Frauen in ein nahes Gebüsch, zogen ihn aus, und er vollzog »den Akt, dessentwegen er an Land gegangen war«. Nach seiner Rückkehr soll er seinem Kapitän mitgeteilt haben: Worin auch immer die Strafe für die Befehlsverweigerung bestehen werde, sie werde ihm keinesfalls einen größeren Schrecken einjagen als das Verhalten der Damen am Strand. (Bougainville brachte von seiner Reise auch Musterexemplare des Pflanzenlebens zurück, darunter die nach ihm benannte Gattung der Wunderblumengewächse, die Bougainvillaea).

In diese merkwürdige neue Welt gelangte Cook mit seiner Mannschaft nach einer langen, schwierigen Fahrt. Nachdem er den Durchgang der Venus beobachtet hatte, segelte er weiter. Er entdeckte die Gesellschafts-Inseln und fuhr um Neuseeland herum, wobei er feststellte, daß es nicht Teil des mysteriösen Südlandes war. Anschließend erforschte und kartierte er über 3200 Kilometer der Ostküste Neuhollands (Australien). Er ankerte in der Botany Bay, benannte sie und entdeckte das Große Korallenriff, an dem er fast Schiffbruch erlitten hätte.

Auf seiner zweiten, etwa 120 000 Kilometer langen Reise in den Jahren 1772 bis 1775 setzte Cook seine Suche nach dem Südkontinent fort. Mittlerweile hatte er Harrisons Chronometer an Bord, eine Schiffsuhr, die präzise den Längengrad berechnete. Zweimal näherte er sich der Antarktis und beseitigte endgültig alle romantischen Vorstellungen über dieses Südland. Er erforschte Neuseeland und die Neuen Hebriden. Durch Experimente mit verschiedenen Lebensmitteln bekämpfte er erfolgreich den Skorbut unter seinen Männern, eine Vitaminmangelkrankheit, die bis dahin vielen Seeleuten das Leben gekostet hatte. Durch das einfache Mittel, der Kost der Matrosen Zitrusfrüchte beizufügen und streng auf die hygienischen Verhältnisse an Bord zu achten, bewahrte er sie vor gesundheitlichen Schäden. Trotz des mühevollen Segelns im Südpolarmeer, in dem Eisberge die Schiffe wie Gebirge überragten, verlor er nur einen Mann.

Auf seiner letzten Reise erhielt Cook den Auftrag, eine weitere Legende zu überprüfen: die Existenz einer Nordwestpassage zwischen dem Atlantik und dem Pazifik an der Nordspitze Nordamerikas. Diese geographische Vorstellung hatte die Phantasie der Nationen seit der Entdeckung Amerikas durch die Europäer zur Entsendung von Schiffen angeregt. Auf seiner Reise erreichte Cook die Hawaii-Inseln, taufte sie nach dem Grafen von Sandwich (der Mann, der sein Fleisch zwischen zwei Scheiben Brot aß) auf den Namen Sandwich-Inseln und segelte dann weiter zur Westküste Nordamerikas. Mehrere Monate lang kartographierte er sorgfältig die Küste Oregons, fuhr nordwärts nach Alaska und gelangte dabei fast so nahe an den Nordpol wie auf seiner zweiten Reise an den Südpol. Zwar fand er die Durchfahrt nicht, aber er hoffte, zurückzukehren und erneut danach suchen zu können. Schließlich steuerte er westwärts, weil er den Winter auf den Sandwich-Inseln verbringen wollte. Doch während des Aufenthalts kamen ständig Einheimische auf die Schiffe und stahlen alle möglichen Gegenstände. Als einige Inselbewohner ein Beiboot entwendet hatten, ging Cook an Land, um es zurückzuholen. Dabei kam es zu einem Handgemenge mit den Eingeborenen. Cook wurde erstochen, ertränkt, und sein Leib wurde zerstückelt.

Die Sandwich-Inseln heißen heute Hawaii und bilden den 50. Bundesstaat der USA. Die Inselgruppe liegt 3 900 Kilometer westsüdwest von San Francisco, Kalifornien, und umfaßt eine Kette von rund 130 vulkanischen Inseln und Eilanden, die sich auf einer Länge von über 2 400 Kilometern in den zentralen Nordpazifik hinein erstrecken. Das Zentrum bilden acht Hauptinseln (Hawaii, Kahoolawe, Maui, Lanai, Molokai, Oahu, Kauai und Niihau). Erstmals besiedelt wurde Hawaii von Polynesiern, die zwischen 300 und 600 n. Chr. von anderen pazifischen Inseln herübersegelten. Bis zu Cooks Ankunft im Jahr 1778 hatte kein Europäer die Inseln gesehen.

Die ersten Amerikaner, die nach Hawaii kamen, waren Missionare, die 1820 den Prozeß der Verwestlichung einleiteten. Im 19. Jahrhundert blieb Hawaii ein weitgehend unbekanntes Königreich. Amerikanisches Interesse weckte es erst, als gegen Ende des Jahrhunderts die Seemacht der Vereinigten Staaten zu expandieren begann. Durch die 1875 und 1887 geschlossenen Verträge erhielten die Amerikaner die Genehmigung zur Errichtung des Marinestützpunktes Pearl Harbor auf Oahu. Die wirtschaftliche Ausbeutung folgte bald, als sich amerikanische Unternehmen des Zuckergeschäfts Hawaiis bemächtigten und 1898 die Ananasfrucht auf den Inseln einführten. Die amerikanischen Firmen führten schließlich eine Rebellion an, in deren Verlauf die hawaiische Königin 1893 abgesetzt wurde. Anschließend wurde unter dem ersten Präsidenten Sanford B. Dole eine Republik errichtet.

Später annektierten die Vereinigten Staaten Hawaii im Zuge ihrer Expansion in den Pazifik, zu der auch der Erwerb der Philippinen nach dem Spanisch-Amerikanischen Krieg gehörte. Die US-amerikanische Führung entwickelte einen aggressiven Plan zur Ausweitung ihrer Seehoheit im Pazifik. Auslösend waren das einflußreiche Buch *The Influence of Seapower Upon History, 1660-1773* des Kapitäns Alfred Mahan sowie die begeisterte Zustimmung seiner Anhänger, des Senators für Massachusetts Henry Cabot Lodge und Theodore Roosevelt (zunächst Staatssekretär im Marineministerium und später US-Präsident). 1908 wurde Pearl Harbor zum Marinestützpunkt der Vereinigten Staaten. Das blieb vielen seiner Staatsbürger jedoch verborgen – bis zum 7. Dezember 1941, als die Japaner den Hafen angriffen und die USA in den Krieg gegen Japan und seinen Verbündeten Deutschland hineingezogen wurden. Nach dem Krieg waren die Hawaiianer unzufrieden, da sie den Status eines Bundesstaates anstrebten, den man ihnen schließlich am 21. August 1959 gewährte.

Stimmen der Geographie: Aus dem Logbuch des Kapitäns James Cook

Immer wenn die jungen Mädchen zu acht oder zehnt zusammenkommen, führen sie einen sehr unsittlichen Tanz auf, genannt *Timorodee*. Sie singen höchst unzüchtige Lieder und vollführen sehr unzüchtige Handlungen, zu denen sie seit frühester Kindheit angeleitet werden. Dabei entwickeln sie eine große Kunstfertigkeit. Mit diesen Übungen hören sie jedoch im allgemeinen auf, wenn sie die Zeit der Geschlechtsreife erreichen, denn sobald sie eine Verbindung mit einem Mann eingegangen sind, wird erwartet, daß sie den *Timorodee* nicht mehr tanzen.

Eine Vergnügung bzw. ein Brauch muß hier erwähnt werden. Ich muß aber gestehen, daß man mir wohl keinen Glauben schenken wird, da sie auf einem Brauch beruht, der unmenschlich ist und den Grundsätzen der menschlichen Natur sehr widerstrebt. Er läßt sich folgendermaßen beschreiben: Über die Hälfte der höhergestellten Bewohner haben den Entschluß gefaßt, in der Liebe völlige Freiheit zu genießen, wobei sie sich von den eventuellen Folgen weder stören noch beunruhigen lassen. Sie kommen zusammen und wohnen einander mit absoluter Freizügigkeit bei; die unglücklichen Kinder, die einer solcher Verbindung entspringen, werden unmittelbar nach der Geburt erstickt. Viele dieser Personen leben jahrelang als Mann und Frau zusammen und haben intimen Verkehr und töten ihre gemeinsamen Kinder. Sie sind weit davon entfernt, dieses Tun zu verbergen, sie betrachten es vielmehr als eine Form der Freiheit, deretwegen sie sich hochschätzen. Sie heißen *Arreoys* und kommen zu Treffen zusammen, bei denen sich die Männer mit Ringkämpfen usw. und die Frauen sich mit den oben erwähnten unzüchtigen Tänzen vergnügen, in deren Verlauf die Geschlechter ihrem Verlangen natürlich freien Lauf lassen [...].

Während der ersten Reise begegnete Cook auch den Ureinwohnern Australiens. Über sie schrieb er:

> Aus dem, was ich über die Eingeborenen von Neuholland [Australien] schrieb, könnte man schließen, daß es sich um das unglücklichste Volk auf Erden handelt. In Wirklichkeit sind diese Menschen aber viel glücklicher als wir Europäer, obschon ihnen nicht nur die überflüssigen, sondern auch die notwendigen Annehmlichkeiten unbekannt sind, die in Europa so sehr geschätzt werden; sie sind glücklich, weil sie deren Gebrauch nicht kennen. Sie leben in einem Zustand der heiteren Ruhe, die durch keinerlei Ungleichheit in den Lebensverhältnissen gestört wird. Das Land und das Meer liefern ihnen alles Lebensnotwendige.

Was ist die Internationale Datumsgrenze?

Die Uhrzeit, wie wir sie heute kennen, ist eine relativ neue Erfindung. Die heute international gültige »Normalzeit« wurde vor etwas mehr als hundert Jahren eingeführt. Davor stellten die Menschen ihre Uhren – auch dies ist eine Erfindung jüngeren Datums – willkürlich, und zwar nach Vorstellungen, die normalerweise darauf beruhten, wann die Sonne in ihrem Gebiet aufging. Beispielsweise gab es eine Zeit, da man die Uhren in Gegenden unterschiedlich stellte, die nur wenige Kilometer voneinander entfernt liegen.

Doch als die Menschheit in das moderne wissenschaftliche Zeitalter eintrat, machten der Beginn der Meeresnavigation, die Fahrpläne der Dampfschiffe, das Fernmeldewesen sowie die Fahrpläne der Eisenbahnen eine Koordinierung der verschiedenen Zeitzonen erforderlich. Man mußte sich auf eine »Normalzeit« einigen. Dies gelang 1883, und man nannte sie schlau Normalzeit.

Die »Uhrensteller« trafen sich in Washington, D. C. und unterteilten die Welt in 24 Zonen zu je einer Stunde. Das war der Zeitraum, den die Sonne zur Überquerung jeder Zone benötigt. Die Zonen liegen 15 Längengrade auseinander (360 Grad geteilt durch 24 Stunden ergibt 15). Weil man einen Ausgangspunkt brauchte, setzte man Greenwich (nahe London), wo sich damals die wichtigste Sternwarte der Erde befand, als Ort des 0. Längengrads fest – als Hauptmeridian. Die Längengrade wurden in östliche und westliche unterteilt. Da die Sonne im Osten aufgeht, beginnt der Tag dort. Zu jeder beliebigen Stunde geht die Normalzeit an Orten im Osten nach und an Orten im Westen vor.

Praktisch bedeutet das: Wenn es 17 Uhr in London ist, ist es 22 Uhr in Karatschi, Pakistan, das fünf Zeitzonen weiter östlich liegt. Im selben Augenblick ist es in Kuala Lumpur, Hauptstadt von Malaysia, und in Manila auf den Philippinen 1 Uhr, und der nächste Tag hat begonnen. In Tokio ist es neun Zeitzonen früher und 2 Uhr, und in Melbourne, Australien, ist es 3 Uhr am folgenden Tag.

Westlich von London, beispielsweise auf dem amerikanischen Doppelkontinent, geht die Zeit vor. Um 17 Uhr Londoner Zeit ist es 14 Uhr in Rio de Janeiro, 12 Uhr in New York City und Quebec und 9 Uhr in San Francisco und Vancouver, Kanada. Weiter entfernt, in Anchorage, Alaska, ist es 7 Uhr, und in Nome, Alaska, einem der westlichsten Orte in den USA, 6 Uhr.

Dadurch herrschte zwar weltweit eine einheitliche Zeitmessung, aber es stellte sich die Frage: Wo geht ein Tag in den nächsten über? Das kann man leicht erklären. Zwölf Zeitzonen westlich von London ist es zwölf Stunden früher. Zwölf Zeitzonen östlich ist es zwölf Stunden später. An ein und demselben Ort kann es nicht unterschiedlich spät sein.

Zum Beispiel: Wenn es an einem Sonntag 17 Uhr in London ist, ist es im Osten zwölf Stunden später bzw. Montag 5 Uhr. Gleichzeitig ist es zwölf Stunden früher im Westen bzw. 5 Uhr am Sonntag. Doch wie kann es geschehen, daß man an ein und demselben Ort zwei verschiedene Tage schreibt? Die einfache Lösung: Man führt eine weitere imaginäre geographische Grenze ein, und zwar auf dem 180-Grad-Meridian direkt gegenüber dem Hauptmeridian in Greenwich. Das ist der eigentliche Ort, wo sich Osten und Westen treffen. 1883 wurde diese Linie unter dem Begriff Internationale Datumsgrenze eingeführt, das heißt als der Punkt, an dem sich das Kalenderdatum um einen Tag ändert, wenn sie überschritten wird. Glücklicherweise liegt diese Grenze größtenteils mitten im Pazifischen Ozean, wo sie wenig Verwirrung stiften kann. Sie beschreibt eine Art Zickzacklinie um mehrere Punkte herum, so daß einige Orte innerhalb derselben Zeitzone bleiben.

Praktisch bedeutet dies: Das Datum lautet einen Tag früher auf der östlichen Seite der Grenze; auf der westlichen Seite der Grenze ist es ein Tag später. Wer die Datumsgrenze in westlicher Richtung überquert, geht im Kalender voran – so wird beispielsweise aus Sonntag 5 Uhr Montag 5 Uhr. Ein Reisender, der die Datumsgrenze ostwärts überquert, muß den Kalender von 5 Uhr Montag auf 5 Uhr Sonntag zurückstellen. Je nachdem, auf welcher Seite der Datumsgrenze er sich befindet, bestehen 12 Stunden Unterschied zu London, entweder früher oder später.

Was trennt die kontinentale Wasserscheide?

Zunächst einmal sei gesagt, was sie nicht trennt. Eine kontinentale Wasserscheide zerschneidet nicht Kontinente in gleich große Stücke, sondern ist eine dieser unsichtbaren Grenzen, die Geographen nützlich finden. Sie ist ein Gebirgshöhenzug, der den Punkt markiert, an dem die Flüsse eines Kontinents in gegensätzliche Richtungen fließen. Wenn das Wasser auf der einen oder anderen Seite des Gebirges herabfließt, steht sein endgültiges Ziel fest. In Nordamerika trennt ein Gebirgszug, der unregelmäßig durch die Rocky Mountains und die Sierra Madre in Mexiko verläuft, die ostwärts fließenden von den westwärts fließenden Flüssen. Die nach Osten fließenden Gewässer münden in den Atlantik, vor allem in den Golf von Mexiko, die nach Westen fließenden größtenteils in den Pazifik. Einige trocknen allerdings in den Wüstengebieten im Südwesten des Kontinents aus und erreichen nie das Meer.

In allen Kontinenten finden sich vergleichbare Gebirge, die dafür sorgen, daß die Flüsse in entgegengesetzte Richtung fließen. In Südamerika folgt die kontinentale Wasserscheide dem Verlauf der Anden, so daß die Flüsse entweder in den Pazifik oder, wie der Amazonas, in den Atlantik münden. Die europäische Wasserscheide trennt die Flüsse, die in den Atlantik und das arktischen Meer fließen, von denen, die ins Mittelmeer und ins Schwarze Meer münden. In Asien trennt die Wasserscheide Flüsse, die in den Indischen Ozean fließen, darunter der Ganges und der Indus, von den Flüssen, die in das arktische Meer und den Pazifik münden. Die afrikanische Wasserscheide trennt Flüsse, die im Osten in den Indischen Ozean münden und im Westen in den Atlantik. Und in Australien trennt die kontinentale Wasserscheide Flüsse, die in den Pazifik münden, von Gewässern, die in den Indischen Ozean fließen.

Meilensteine der Geographie III

1600-1810

Um 1600: Beginn der wissenschaftlichen Revolution in Europa. Zu ihren bedeutenden Persönlichkeiten gehören der deutsche Astronom Johannes Kepler (1571-1630), der englische Philosoph und Naturforscher Francis Bacon (1561-1626), der italienische Physiker und Astronom Galileo Galilei (1564-1642) und der französische Mathematiker und Philosoph René Descartes (1596-1650).

1602: Die Holländische Ostindienkompanie, die erste moderne »Aktiengesellschaft«, wird zum Zweck der Ausweitung des Handels mit Asien gegründet. 1609 beginnt die Kompanie, Tee aus China nach Europa zu verschiffen. 1619 gründet sie eine Kolonie in Batavia (heute Jakarta, Indonesien). Dies markierte die Anfänge der holländischen Herrschaft auf den Ostindischen Inseln.

1607: Bei Jamestown, Virginia, gründen Engländer die erste dauerhafte Siedlung in Amerika.

1608: Unter der Leitung des Entdeckers Samuel de Champlain (1567-1635) gründen die Franzosen eine Kolonie in der Nähe des heutigen Quebec. Champlain erforscht die Großen Seen und erschließt Kanada für den Pelzhandel. Eine Generation lang strömen französische Entdecker und Geistliche nach Nordamerika.

1609: In Holland erfindet Hans Lippershey das Fernrohr. Der italienische Physiker und Astronom Galileo Galilei verbessert es und macht in den folgenden Monaten einige der bedeutendsten Entdeckungen in der Geschichte der Astronomie. Unter anderem beobachtet er, daß das Licht des Mondes das reflektierte Licht der Sonne ist; daß die Oberfläche des Mondes von Kratern und Bergen bedeckt ist; daß die Milchstraße aus einzelnen Sternen besteht; und schließlich weist er die Existenz der »Sonnenflecken« nach. Seine Abhandlung aus dem Jahr 1613 über die Sonnenflecken stützte die Theorie des Kopernikus, wonach sich die Erde um die Sonne dreht. Die römisch-katholische Kirche zwingt Galilei jedoch, seine neue Lehre nicht weiter zu verbreiten. Unter Androhung der Folter widerruft er. Er darf nach Florenz zurückkehren, wo er einige Jahre vor seinem Tod erblindet.

1620: Die unter dem Namen »Pilgerväter« bekannten puritanischen Siedler, die auf dem Schiff *Mayflower* reisen, landen in Neuengland und gründen die Kolonie an der Massachusetts Bay.

1640er Jahre: Jan Blaeus zwölfbändiges Werk *Atlas Mayor* wird veröffentlicht. Zu dieser Zeit hat die Holländische Ostindienkompanie das Handelsmonopol im Osten und ein riesiges überseeisches Reich mit der Basis Amsterdam errichtet. Zwar versuchten die Holländer, einen Großteil der von ihren Kapitänen gewonnenen Informationen geheimzuhalten, doch schon bald floriert der Handel mit Seekarten und Atlanten. Vieles von dem, was holländische Seefahrer auf ihren Fahrten nach Osten entdeckt haben, wird in Blaeus Sammlung aufgenommen und steht bald in ganz Europa zur Verfügung.

1645: Der holländische Seefahrer Abel Tasman (1603-1569) umsegelt Australien und entdeckt Neuseeland.

1652. In Südafrika gründen die Holländer die Kap-Kolonie.

1665: Im Alter von 23 Jahren erarbeitet Isaac Newton (1642-1727) die allgemeinen Prinzipien seiner Theorie der universalen Gesetze der Schwerkraft.

1668: Die 1600 gegründete Britische Ostindienkompanie erringt die Herrschaft in Bombay. Sie kontrolliert bald ganz Indien und die Himalaja-Region sowie den Handel mit China. Die Kompanie ist eine Regierung für sich und herrscht in diesen Gebieten bis weit ins 19. Jahrhundert, bis die britische Krone schließlich die Macht übernimmt und die Gebiete Kolonien des British Empire werden.

1670: Der französische Entdecker Robert Cavelier de la Salle (1643-1687) fährt den Ohio hinab und nimmt an, daß der Fluß in den Pazifischen Ozean mündet. In Wirklichkeit erreichte er den Mississippi. Während zwei harten Jahren folgte er seinem Lauf bis ans Meer. Er nimmt das riesige Gebiet des Mississipi-Beckens für Frankreich in Besitz und nennt es zu Ehren des französischen Königs Louisiana. **1684** versucht er den Fluß vom Golf von Mexiko aus zu erforschen, findet jedoch das Mündungsgebiet nicht. Nach zwei Jahren vergeblicher Suche meutern die Männer La Salles und ermorden ihn.

1675: Die Sternwarte in Greenwich, die die Navigation durch präzise Erkenntnisse über die Position der Gestirne und Planeten verbessern soll, wird gegründet und entwickelt sich zum führenden Forschungszentrum in der ganzen Welt.

1687: Das Werk *Principia Mathematica* von Sir Isaac Newton wird veröffentlicht. In seinem Hauptwerk versucht Newton alle physikalischen Phänomene durch einige allgemeingültige Gesetze zu erklären.

1696: Fertigstellung der *Planisphere Terrestre*, einer der ersten auf wissenschaftlicher Grundlage erstellten Weltkarten in der Sternwarte von Paris.

1698-1699: Der englische Astronom Edmund Halley (1656-1742) kartiert die magnetischen Variationen im Atlantischen Ozean, die wegen ihrer Auswirkung auf Schiffskompasse von Bedeutung sind. Halley sagt auch die regelmäßige Wiederkehr des nach ihm benannten Kometen voraus.

1736-1744: Wissenschaftler der Französischen Akademie der Wissenschaften unternehmen zwei ehrgeizige Expeditionen nach Lappland und Peru. Mit ihnen soll bewiesen werden, daß sich die Erde – wie Newton vorhergesagt hat – zu den Polen hin abflacht. Beide Gruppen durchleiden ungeheure Strapazen. Der Lappland-Expedition gelingt als erster diese Glanzleistung, die Expedition nach Peru dauert fast zehn Jahre. Nach ihrer Rückkehr müssen die Mitglieder feststellen, daß ihnen die andere Expedition um Jahre zuvorgekommen ist.

1762: Der Meereschronometer Nr. 4 des englischen Uhrmachers John Harrison mißt präzise die Zeit auf See. Eine lange wissenschaftliche Schatzsuche ist damit beendet. Die Uhr, deren Genauigkeit weder von der Temperatur noch den Bewegungen eines Schiffs noch den Kräften der Schwerkraft beeinträchtigt wird, ist ein Meilenstein in der Geschichte der Seefahrt, da sie es den Seeleuten ermöglicht, ihren Längengrad genau zu bestimmen, so daß sie sich nicht mehr der unzuverlässigen Methode der »blinden Besteckrechnung« bedienen müssen.

1764: Die britischen Landvermesser Charles Mason und Jeremiah Dixon beginnen die Vermessung der Staaten Pennsylvania und Maryland. Diese ergab schließlich die *Mason and Dixon Line*, die später die Nord- und Südstaaten der USA trennte.

1768-71: Kapitän Cook unternimmt die erste seiner drei Reisen in den Pazifik. Die zweite findet zwischen **1772** und **1775** statt. Die dritte, während der Cook auf Hawaii ermordet wird, dauert von **1777** bis **1779**.

1782: James Rennell erstellt für die Britische Ostindienkompanie die erste Ausgabe seiner *Karte von Hindustan*. Es ist die erste wissenschaftlich genaue Karte von Indien.

1787: Die Triangulation über den Ärmelkanal hinweg verbindet die Landvermessung von Großbritannien und Frankreich.

1791: Erste Arbeiten der britischen *Ordnance Survey*, der Regierungsbehörde, die die kartographische Erfassung des ganzes Landes zur Aufgabe hat.

1792-1794: Der britische Entdecker George Vancouver (1758-1798) vermißt und kartiert die Nordostküste Nordamerikas. Er segelt 150 Kilometer den Columbia-River hinauf (bis zum Gebiet des heutigen Portland, Oregon). Der Columbia-Fluß war bereits vorher vom amerikanischen Kapitän Robert Gray benannt worden. Die beiden Expeditionen führen zwischen Briten und Amerikanern zu einer Auseinandersetzung um territoriale Besitzansprüche, die erst Mitte des 19. Jahrhunderts beigelegt wird.

1792-1793: Der schottische Entdecker Alexander Mackenzie beendet seinen transkontinentalen Zug durch Kanada, überquert als erster Europäer die Rocky Mountains und erreicht den Pazifik.

1793: Die *Carte de Cassini*, die erste wissenschaftlich durchgeführte Vermessung Frankreichs, wird fertiggestellt.

1802: Die »Große Trigonometrische Vermessung« Indiens beginnt. Dieses Vorhaben nimmt fast ein Jahrhundert in Anspruch und wird gekrönt durch die karthographische Erfassung des Himalajas. Im August **1913** treffen sich in Kaschmir britische und russische Landvermesser und führen ihre getrennten Vermessungsarbeiten in Zentralasien zusammen.

1803: Der Louisiana-Erwerb. Mit der Zahlung von 15 Millionen Dollar, ungefähr fünf Cent pro Hektar vergrößert Präsident Thomas Jefferson das Staatsgebiet der Vereinigten Staaten um mehr als das Doppelte, als er die französischen Besitzungen von Napoleon erwirbt. Der Versuch des französischen Kaisers ist gescheitert, Haiti von den ehemaligen Sklaven zurückzuerobern, die sich erhoben und dort eine Republik gegründet hatten. Darüber hinaus erlagen die französischen Soldaten, die die ehemaligen Sklaven nicht besiegen konnten, dem Gelbfieber, wodurch Napoleons Nordamerika-Pläne vereitelt wurden. Da Napoleon das Geld ausging, um die Kämpfe in Europa fortsetzen zu können, stimmte er dem Verkauf des gewaltigen französischen Territoriums zu.

1804-1806: Lewis und Clark unternehmen eine Expedition, um herauszufinden, ob der Missouri bis zum Pazifik befahrbar ist, und um die durch den Kauf von Louisiana erworbenen Gebiete zu vermessen.

1810: William Clarks *Karte des Westens von Amerika* erscheint.

3

WENN MENSCHEN DELPHINE WÄREN, WÜRDE MAN UNSEREN PLANETEN »MEER« NENNEN

Allein, allein, ganz, ganz allein; Allein auf weitem, weitem Meer.

Samuel Taylor Coleridge, *Das Lied des alten Seemanns*

Das Meer, dessen sanfte, furchtgebietende Wogen von einer darunter verborgenen Seele künden, birgt ein Geheimnis – aber welches?

Herman Melville, *Moby Dick*

Dann aber erkennt man, so wie niemals an Land, die Wahrheit, daß nämlich unsere Erde eine Welt aus Wasser ist, ein von seinem Schutzmantel des Ozeans beherrschter Planet, auf dem die Kontinente nichts als kleine Einsprengsel auf der Oberfläche des allumfassenden Meeres sind.

Rachel Carson, *The Sea Around Us*

Wie viele Ozeane gibt es?
Was ist der Unterschied zwischen einem Ozean und einem Meer?
Und gibt es nur »Sieben Weltmeere«?

Wir essen *Meeres*früchte, aber befahren die Ozeane auf *Ozean*dampfern. Wissenschaftler studieren *Ozeano*graphie, was gleichbedeutend mit *Meeres*kunde ist. Im *Meer* leben *See*pferdchen. Im Sommer fährt man an die *See* und mietet ein Haus mit *Meer*blick. Das sind nur einige Beispiele für die sprachliche Verwirrung, die entstehen kann, wenn man von einem der wichtigsten Merkmale unseres Planeten spricht: Wasser.

Vom Meer geht eine ganz besondere Verlockung aus. Die Menschen fühlen sich zu ihm hingezogen, sie finden Ruhe durch das sanfte Schwappen der Wellen am Strand oder haben erhabene Gefühle beim majestätischen Krachen der mächtigen Brecher. Der endlose Rhythmus der Gezeiten und Wellen liefert eindrucksvolle Hinweise auf die Unendlichkeit des Lebens auf der Erde.

Das Meer ist unsere Vergangenheit. In ihm begann alles Leben. In den Meeren findet sich die größte Zahl von Lebewesen auf diesem Planeten. Wir scheinen sogar Meerwasser im Blut zu haben. Wissenschaftler sagen uns, daß die chemische Zusammensetzung unserer Körperflüssigkeit eine bemerkenswerte Ähnlichkeit mit der des Meerwassers aufweist.

Das Meer ist auch unsere Zukunft. Nach Schätzungen der amerikanischen Innenbehörde lebten Mitte der neunziger Jahre drei von vier Amerikanern in einer Entfernung von 80 Kilometern zu einer Küste. Doch es ist eine zunehmend ungewisse Zukunft. Einst hielt man die Ozeane und Meere für so groß und weit, daß sie gar nicht verschmutzt werden könnten, doch allmählich zeigen sich erste Abnutzungserscheinungen. Auslöser sind das Einleiten von Abwässern, das Deponieren von Hausmüll und Industrieabfällen, das gelegentliche Auslaufen von Öl, ja sogar ein Krieg, bei dem sich Millionen Liter Erdöl in das empfind-

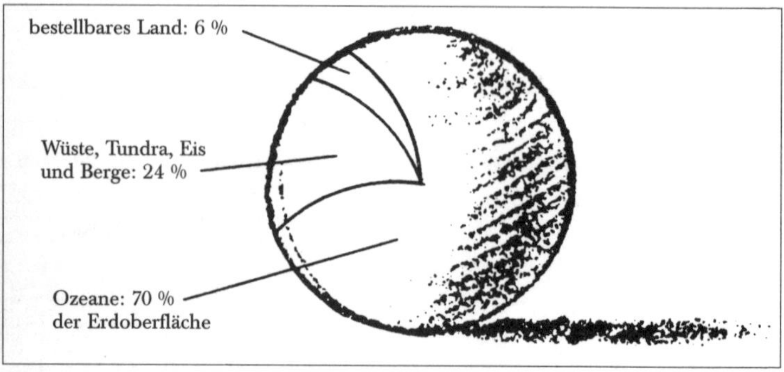

Abb. 9: Aufteilung des Planeten Erde

liche Ökosystem am Persischen Golf ergossen. Ebenso alarmierend ist die zunehmende Bedrohung, daß ein Anstieg der globalen Temperaturen in naher Zukunft den Meeresspiegel ansteigen lassen könnte. Das hätte katastrophale Folgen für die Küstenregionen der Erde.

Wer einmal einen Ozean befahren oder übergeflogen hat, begreift die Weite der Weltmeere. Doch erst als die Raumfahrer in den sechziger Jahren Bilder zur Erde übermittelten, erkannte man, wieviel Wasser es auf unserem Planeten wirklich gibt. Von oben betrachtet gibt es nicht viel Land auf der Erde. Auf den Aufnahmen aus dem Weltraum sah man keine großen Landmassen, die die Ozeane und Meere trennen, sondern nur ein einziges, hier und da von Landflächen unterbrochenes Weltmeer. Diese Bilder machten deutlich, daß die Ozeane und Meere das hervorstechendste Merkmal der Erde sind. Sie diktieren unser Wetter und haben die Geschichte des Menschheit bestimmt.

Das Weltmeer ist eine zusammenhängende (Salz-)Wassermasse, die fast drei Viertel des Planeten bedeckt (s. Abb. 9). Die Gesamtfläche beträgt 362 Millionen Quadratkilometer. Das entspricht zweimal der Oberfläche des Mars und neunmal der Oberfläche des Mondes. Von den restlichen 30 Prozent der Erde bestehen 24 Prozent aus unfruchtbaren Wüsten, Tundren, Gletschereis und Berggipfeln. So bleibt uns Menschen eine Fläche von 6 Prozent der Erde, auf der wir Landwirtschaft betreiben können. Bei solchen Dimensionen kommt man sich beinahe vor wie der sprichwörtliche Tropfen auf dem heißen Stein.

Wie viele Ozeane gibt es?

Das scheint wieder so eine Fangfrage zu sein, wie sie gewisse Lehrer gern ihren Schülern stellen. In gewisser Hinsicht gibt es zwei Antworten, und beide sind richtig. Strenggenommen gibt es nur ein Meer, die große Wassermasse, die insgesamt 72 Prozent der Erdoberfläche bedeckt und die großen Landmassen des Planeten umgibt. Doch im allgemeinen unterteilt man das große Weltmeer in drei große Ozeane:

Der Pazifische Ozean (Stille Ozean) umfaßt 181 300 000 Quadratkilometer. Er ist damit der bei weitem größte Ozean und enthält rund 46 Prozent des Wassers der Erde. Seine Grenzen sind im Osten der amerikanische Doppelkontinent und im Westen Asien. Er wird flankiert von hohen Gebirgszügen; sein charakteristisches Merkmal sind die vielen kleinen, oft vulkanischen Inseln. Der Pazifik ist größer als alles Land der Erde zusammen. Er erstreckt sich zwar fast von Pol zu Pol, ist aber größtenteils ein tropisches Meer; die Hälfte der Länge des Äquators (40 075 Kilometer) liegt im Pazifik. Die Challengertiefe im Marianengraben, der vom Südosten Guams bis zum Nordwesten der Marianeninseln im Pazifischen Ozean verläuft, ist der tiefste Ort der Weltmeere. Sie führt bis in eine Tiefe von 11 040 Meter. Wenn man den Mount Everest in den Marianengraben würfe, würde seine Spitze nicht aus dem Pazifik ragen.

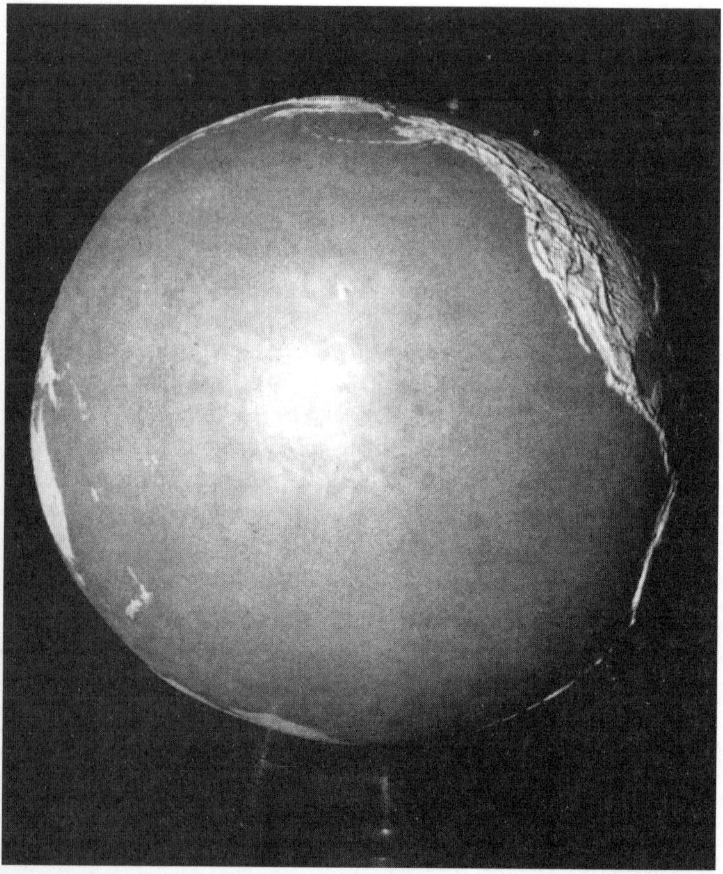

Abb. 10: Gebiet des Pazifischen Ozeans im Verhältnis zur Erdkugel. Photographie von Thane L. Bierwert, mit freundlicher Genehmigung des *Department of Library Services, American Museum of Natural History.*

Der Atlantische Ozean ist der zweitgrößte Ozean, er enthält 23 Prozent des Wassers der Erde. Zwar erstreckt er sich ungefähr genausoweit von Nord nach Süd wie der Pazifik, doch ist er viel schmaler und nur halb so groß; er umfaßt 82 217 000 Quadratkilometer. Er hat die Form eines »S« und wird im

Westen vom amerikanischen Doppelkontinent und im Osten von Europa und Afrika abgegrenzt, ist nicht so tief wie der Pazifik und enthält weitaus weniger Inseln. Auf dem Nordatlantik, der zwischen hochindustrialisierten Ländern liegt, findet der größte Teil der Weltschiffahrt statt. Die Hälfte der Fangfische der Erde stammt aus dem Atlantik, wobei ein großer Teil der Fische auf dem Schelfgebiet der Großen Neufundlandbank vor Neufundland gefangen wird. Die Verschmutzung des Wassers sowie die Überfischung durch große Fischereiflotten bedrohen die Existenz zahlreicher atlantischer Fischarten.

Der Indische Ozean (in der Antike »Erythräisches Meer«) ist der kleinste der drei Ozeane. Mit 73 426 500 Quadratkilometern ist er etwas kleiner als der Atlantik; er enthält 20 Prozent des Wassers der Erde. Seine Grenzen sind im Norden Asien, im Süden die Antarktis, im Westen Afrika und im Osten Australien und Indonesien. Er wird durch Indien in zwei Teile geteilt, so daß sich auf der einen Seite das Arabische Meer bildet und auf der anderen Seite der Golf von Bengalen. 90 Prozent des Indischen Ozeans liegen südlich des Äquators.

Als weitere Unterscheidung folgt die Einteilung in verschiedene Meere:

Das Nordpolarmeer (nördliches Eismeer) ist ein Nebenmeer des Atlantiks. Es liegt innerhalb des nördlichen Polarkreises, in der Mitte liegt der Nordpol. Es umfaßt 13 986 000 Quadratkilometer und enthält vier Prozent des Wassers der Erde. Durch die Beringstraße (zwischen Alaska und Rußland) ist es mit dem Pazifik, durch das Grönlandmeer mit dem Atlantik verbunden. Bis auf die äußeren Ränder ist das Nordpolarmeer das ganze Jahr über zugefroren, doch neuere Forschungen deuten darauf hin, daß es sich erwärmt.

Das Südpolarmeer (südliches Eismeer), das die Antarktis umgibt, ist eine Erweiterung der südlichen Bereiche des Pazifischen, Atlantischen und Indischen Ozeans. (Diese beiden Meere werden im anglo-amerikanischen Sprachgebrauch als Arktischer beziehungswiese Antarktischer Ozean bezeichnet.)

Stimmen der Geographie: Charles Darwin. Aus: *The Voyage of the Beagle,* 1839 (dt. *Darwins Reise*)

Der Tag war glühend heiß und das Klettern über die rauhe Oberfläche und durch die dicken Gebüsche sehr ermüdend, aber ich wurde durch die zyklopische Szenerie reichlich belohnt. Auf meinem Weg begegnete ich zwei großen Schildkröten, von denen jede wenigstens 200 Pfund gewogen haben muß. Eine fraß ein Stück Kaktus, sah mich an, als ich näher kam, und ging dann ruhig weiter; die andere gab ein tiefes Zischen von sich und zog ihren Kopf ein. Diese gewaltigen Reptilien, von der schwarzen Lava, dem blätterlosen Gesträuch und den großen Kakteen umgeben, erschienen meiner Phantasie wie antediluvianische Tiere. Die wenigen dunkel gefärbten Vögel bekümmerten sich um mich nicht mehr wie um die großen Schildkröten [...].

Am 19. August verließen wir zum letztenmal die Küsten Brasiliens. Ich danke Gott, daß ich niemals wieder ein Sklavenland betreten werde. Noch heutigen Tages, wenn ich ein entferntes Schreien höre, kehren mir mit peinlicher Lebhaftigkeit jene Gefühle zurück, die ich beim Vorübergehen an einem Hause in der Nähe von Pernambuco empfand. Die jammervollen Klagetöne, die ich hörte, ließen vermuten, daß dort irgendein armer Sklave gemartert wurde, und doch mußte ich mir sagen, daß ich so machtlos wie ein Kind sei, auch nur Vorstellungen dagegen zu machen. Ich vermutete, daß diese Klagelaute von einem gepeitschten Sklaven herrührten, und in einem anderen Falle wurde es mir als gewiß bestätigt. In der Nähe von Rio de Janeiro wohnte ich einer alten Dame gegenüber, die sich Schrauben hielt, um die Finger ihrer Sklavinnen zu quetschen. Ich habe in einem Hause gelebt, wo ein junger zum Hausstande gehöriger Mulatte täglich und stündlich in einer Weise gescholten, geschlagen und verfolgt wurde, die auch dem niedrigsten Tiere den Lebensmut hätte brechen müssen. Ich habe einen kleinen Knaben von sechs oder sieben Jahren dreimal mit der Pferdepeitsche über den bloßen Kopf schlagen sehen, bevor ich Einhalt thun konnte, weil er mir ein nicht ganz sauberes Glas Wasser gereicht hatte; und seinen Vater sah ich bei einem bloßen Blick aus dem Auge seines Herrn erzittern.

Galápago ist das spanische Wort für *Schildkröte*. Im ersten dieser Textauszüge erklärt Darwin, auf welche Weise die berühmten Inseln ihren Namen erhielten. Die Galápagos-Inseln (amtl. *Archipiélago de Colón*) sind eine Inselprovinz Ecuadors und bilden eine Inselgruppe mit einer Fläche von insgesamt 7 964 Quadratkilometern im Pazifik, fast 1 000 Kilometer westlich des südamerikanischen Festlands. Das Archipel umfaßt sechs Hauptinseln, eine kleinere Insel mit einem Flughafen und elf unbewohnte Inseln.

Für die meisten Menschen ist Charles Darwin (1809-1882) ein ernster und strenger Viktorianer, der herausfand, daß der Menschen vom Affen abstammt. Doch das ist eine allzu grobe Vereinfachung seiner Theorie der Evolution. Wie die Auszüge zeigen, war Darwin durchaus nicht nur Wissenschaftler, er hatte auch eine menschliche Seite. Darwins Bericht über die fünf Jahre währende Reise an Bord des Forschungsschiffs *Beagle* war ein großer Publikumserfolg und machte ihn zu einer Art literarischen Berühmtheit, ehe er Bekanntheit als Begründer der modernen Evolutionstheorie erlangte. Die einzigartige, vom Kontakt mit anderen Arten abgeschnittene Tierwelt der Galápagos-Inseln regte ihn zu vielen revolutionären Ideen an. Zwar hatte er auf der Reise begonnen, seine Theorien über die natürliche Auslese zu formulieren, doch zögerte er mit der Veröffentlichung. Erst als er ein Manuskript seines Freundes und Forscherkollegen Alfred Russel Wallace las, in dem sehr ähnliche Ideen skizziert wurden, veröffentlichte Darwin 1859 sein Werk *On the Origin of Species by Means of Natural Selection* (dt. *Die Entstehung der Arten durch natürliche Zuchtwahl*).

Das in einem allgemeinverständlichen Stil geschriebene Buch fand schnell eine große Leserschaft; die erste Auflage war nach einem Tag vergriffen. Es löste allerdings auch eine hitzig geführte Kontroverse aus. Darwins Gedanke, wonach sich die Arten allmählich aus früheren, einfacheren Arten entwickeln, zog nicht nur bestehende wissenschaftliche Vorstellungen in Zweifel. Über Nacht stellten seine Theorien die ganze christliche Orthodoxie und die Wahrheit der Bibel in Frage, und das zu einer Zeit, als solche Ideen als Ketzerei galten und Grund für Spott und soziale Schande waren. Noch größeren öffentlichen Zorn löste Darwin 1871 mit seinem Buch *The Descent of Man* (dt. *Die Abstammung des Menschen*) aus, worin er die Auffassung vertrat, daß der Mensch und die menschenähnlichen Affen einen gemeinsamen Vorfahren hatten. Heute ist dies ein Grundartikel des wissenschaftlichen »Glaubens«.

Was ist der Unterschied zwischen einem Ozean und einem Meer? Und gibt es nur »Sieben Weltmeere«?

Auch dies ist eine Art Fangfrage. Wenn man sagt, daß es lediglich ein einziges Weltmeer gibt, dann sind alle Meere ein Teil davon. Aber zum Zweck der leichteren Orientierung hat man das Weltmeer in drei Ozeane und viele weitere Meere aufgeteilt. Im strengen Sinn bezeichnet ein Meer entweder einen kleineren Teil des Ozeans oder eine große, teilweise von Land eingeschlossene Salzwassermasse.

Nur für den Fall, daß diese Begriffsbezeichnungen Sie noch nicht ausreichend verwirrt haben, gibt es auch noch Buchten und Golfe. Eine Bucht ist eine große, durch das Meer geformte Einkerbung ins Land. Ein Golf ist viel größer als eine Bucht: Er ist ein großer, tiefer Meeresarm, umgeben von Land oder einem breiten Meeresarm, der weit ins Land hineinragt. Einige Buchten und Golfe sind größer als ein Meer.

Zwar spricht man von den Sieben Weltmeeren, doch gibt es sehr viel mehr Meere auf der Erde. »Sieben Meere« ist in Wahrheit ein umgangssprachlicher Ausdruck, der sich nicht auf die Meere, sondern auf die Ozeane bezieht: das Arktische Meer oder Nordpolarmeer, den Indischen Ozean, den Nordpazifik, den Südpazifik, den Nordatlantik, den Südatlantik sowie das Antarktische Meer oder Südpolarmeer. So ist uns der Ausdruck vielleicht vertraut, geographisch genau ist er aber keineswegs.

Die wichtigsten Meere der Erde

Schätzungen der Größe der Meere weisen erhebliche Abweichungen auf, weil ein Meer nicht über klar definierte Grenzen verfügt. Die folgende Liste der wichtigsten Meere der Erde richtet sich ungefähr nach der Größenordnung.

Südchinesisches Meer: Ein tropisches Randmeer des Pazifiks. Es bedeckt eine Fläche von rund 2,6 Millionen Quadratkilometern. Häufiges Auftreten von Taifunen.

Karibisches Meer: Nebenmeer des Atlantiks, benannt nach dem Indianervolk der Kariben, das Kolumbus entdeckte, als er 1492 dort eintraf. Von der Spitze Kubas, etwa 150 Kilometer von Florida entfernt, bis zur Insel Trinidad, unmittelbar vor der Küste Venezuelas, erstrecken sich die Inseln des Karibischen Meers wie ein Halsband, dessen Edelsteine die Ursache von Kriegen, Eroberungen und Ausbeutung waren, seit Kolumbus dieses Gewässer vor fünfhundert Jahren erreichte. Die Kolonialvergangenheit der Karibik drückt sich darin aus, daß einige der Inseln auch heute noch nicht unabhängig sind. Der Golfstrom, die warme Meeresströmung, die das Klima auf beiden Seiten des Atlantiks beeinflußt, hat hier seinen Ursprung.

Mittelmeer (Mittelländisches Meer): Das größte inländische Meer der Erde; es liegt zwischen Afrika, Europa und Asien. Es ist mit dem Atlantik durch die schmale Straße von Gibraltar und mit dem Indischen Ozean durch das Rote Meer über den Suezkanal verbunden. Der Name bedeutet »Mitte der Erde« und spiegelt die zentrale Rolle des Mittelmeers seit dem Altertum und der Entwicklung der frühen Zivilisationen, von Ägypten und Phönizien bis zu den Kulturen der Griechen, Römer und Araber wider.

Beringmeer: Nördlichster Teil des Pazifiks, zwischen Sibirien und Alaska gelegen. Mit dem Nordpolarmeer ist es durch die Beringstraße verbunden, die Meerenge (90 km) zwischen Alaska und Sibirien, die einst vermutlich zugefroren war und auf der die ersten asiatischen Völker nach Amerika einwandern konnten. Es wurde benannt nach dem dänischen Entdecker Vitus Bering (1681-1741), der das Gewässer 1725 als erster befuhr. Von November bis Mai ist es mit Eis bedeckt.
Man darf es nicht mit der viel kleineren Barentssee verwechseln, einem flachen Teil des Nordpolarmeers im Norden Rußlands. Dieses wurde nach einem holländischen Seefahrer benannt, der es im 16. Jahrhundert befahren hatte. Die Barentssee wird von Strömungen aus dem Süden erwärmt und ist im Winter eisfrei. Deswegen war sie früher für Rußland von ungeheuer großem Nutzen.

Golf von Mexiko: Dieses große Becken, begrenzt von Mexiko und den südlichen Staaten der USA von Texas bis Florida, wird zwar nicht Meer genannt, ist jedoch mit einer Größe von 1 560 000 Quadratkilometern größer als viele Meere. Die großen unterseeischen Erdöl- und Erdgasvorkommen haben die Region reich gemacht, doch die von den Förderindustrien produzierten Schadstoffe bedrohen auch die reichen Fischgründe des Golfs, der sowohl als Industriegebiet als auch für den Fremdenverkehr von großer Bedeutung ist.

Ochotskisches Meer: Ein weiteres großes, eisbedecktes Meer vor der sibirischen Küste und dem Norden Japans, Randmeer des Pazifiks. Es ist vom Beringmeer durch die Halbinsel Kamschatka abgetrennt, die aus Sibirien herausragt.

Ostchinesisches Meer: Ein weiteres pazifisches Randmeer zwischen dem chinesischen Festland und den südlichen Teilen Japans. 1980 wurden in dem Gebiet große Erdöllager entdeckt.

Hudson Bay: Obwohl Bay (Bucht) genannt, handelt es sich um ein großes Binnenmeer im Norden Kanadas, das sowohl mit dem Atlantik als auch mit dem Nordpolarmeer verbunden ist. Benannt nach dem holländischen Entdecker Henry Hudson, der die Bucht 1610 erreichte, als er nach der Nordwestpassage suchte, und dort starb, als seine Leute meuterten und ihn in einem kleinen Boot aussetzten. Im Winter friert die Hudson Bay zu.

Japanisches Meer: Randmeer des Pazifiks, zwischen den japanischen Inseln und der Halbinsel Korea. Es wird von einer warmen Meeresströmung durchzogen, die den nördlich davon gelegenen russischen Hafen Wladiwostok im Winter eisfrei hält. Es ist dies der einzige russische Hafen im Nordpazifik, der das ganze Jahr über schiffbar ist.

Nordsee: Randmeer des Atlantiks, zwischen Großbritannien und Skandinavien gelegen. Das Gewässer hat seit jeher reiche Fischgründe. Die Entdeckung von Erdöl- und Erdgasvorkommen hat die Nordseeregion zudem zu einem führenden Energieproduzenten gemacht. Größe: 575 000 Quadratkilometer.

Ostsee: Nebenmeer des Atlantischen Ozeans, wird begrenzt von den Ländern Skandinaviens und Nordzentraleuropas. Es ist flach, hat einen geringen Salzgehalt und ist während der Wintermonate zu großen Teilen mit Eis bedeckt. Während des Zusammenbruchs der Sowjetunion geriet die Ostsee in den Blickpunkt der Weltöffentlichkeit, weil die drei Ostseeanrainerstaaten Litauen, Estland und Lettland 1991 ihre Unabhängigkeit von der Sowjetunion erklärten. Dies hatte großen Anteil am Niedergang der UdSSR.

Namen: Das Gelbe Meer, das Rote Meer, und das Schwarze Meer – sind sie wirklich gelb, rot und schwarz?

Ein wahre nautische Regenbogen-Koalition ... Entspricht der farblichen Benennung der Meere aber auch ein geographisch sinnfälliger Grund? Nun ja, bei zwei von dreien ist das der Fall – gar kein schlechtes Ergebnis.

Das **Gelbe Meer** (chin. *Hwang Hai*) liegt zwischen dem chinesischen Festland und der Halbinsel Korea. Seine charakteristische Farbe hat es von dem nährstoffhaltigen gelben Schwemmsand, den der Gelbe Fluß (chin. *Hwang Ho*) und andere Flüsse ablagern.

Das **Rote Meer**, die schmale Meerenge, die den Nordosten Afrikas von der Arabischen Halbinsel trennt, hat seinen Namen von den Massen rötlichen Seegrases im Wasser. Es entstand, als das Ostafrikanische Grabensystem, das sich durch ganz Afrika hindurchzieht, aufbrach und Wasser aus dem Indischen Ozean hereinströmte. Da der ostafrikanische Grabenbruch seine geologische Verbreiterung langsam fortsetzt, vergrößert sich das Rote Meer. Aber warten Sie nicht darauf, daß es plötzlich geschieht.

Bevor die Europäer herausfanden, wie man Afrika umsegeln und nach Ostasien gelangen kann, bildete das Rote Meer eine wichtige Handelsverbindung zwischen dem östlichen Mittelmeer und dem Orient. Nach der Eröffnung des Suezkanals 1869 wurde seine Bedeutung abermals größer, weil es nun eine direkte Verbindung zum Mittelmeer hatte. Schiffe, die die Route Suez – Rotes Meer nahmen, vermieden Tausende von Kilometern schwieriger Seefahrt um Afrika herum. Die Bedeutung des Roten Meers ist inzwischen jedoch wieder gesunken, weil die meisten modernen Supertanker für die Fahrt durch den Suezkanal zu groß sind.

Das im Laufe der Geschichte oft umkämpfte **Schwarze Meer** ist ein gezeitenloses Binnenmeer zwischen Europa und Asien. Die Griechen nannten es *Pontos Axeinos* (»unwirtliches Meer«), die Rumänen *Marea Neagra*. In der griechischen Mythologie war es das Meer, über das Jason segelte, als er nach dem legendären Goldenen Vlies suchte. Gemeinsam mit dem Kaspischen Meer und dem Aralsee bildete es vor Jahrmillionen ein weitaus größeres Binnenmeer.

Obwohl sein Wasser sehr dunkel ist, leitet sich der Name wohl eher von seinem stürmischen Charakter als einer besonderen Farbe ab.

Das Schwarze Meer wird von einigen der großen Flüsse Osteuropas gespeist. Darunter sind der Dnjester, der Dnjepr und die Donau. Der große Zustrom von Süßwasser erzeugt zwei Ebenen in dem Meer. Unterhalb einer bestimmten Tiefe gibt es nur wenig Leben.

Der Komponist Johann Strauß, der den berühmten Walzer »An der schönen blauen Donau« schrieb, dürfte die Quelle seiner Inspiration heute kaum wiedererkennen. Die Donau entspringt im südlichen Schwarzwald, schlängelt sich gemächlich weiter und durchquert acht Länder, ehe sie ins Schwarze Meer mündet. Während der Strom durch das industrielle Kernland Mitteleuropas fließt, wird er beständig von verschmutzten Nebenflüsse gespeist und zählt deshalb selbst zu den großen Verschmutzern des Schwarzen Meeres.

Stimmen der Geographie: Mark Twains Bericht über sein Treffen mit Zar Alexander II. auf Jalta am Schwarzen Meer, aus dem Buch *The Innocents Abroad,* 1869 (dt.: *Reise durch die Welt*).

Es war nichts Abgestandenes oder Abgenutztes an den Gedanken und Gefühlen, welche die Situation und die

Umstände hervorbrachten. Es erschien seltsam – seltsamer, als ich es sagen kann –, sich vorzustellen, daß die zentrale Gestalt in diesem Schwarm von Männern und Frauen, die hier unter den Bäumen wie gewöhnlichste Menschen des Landes plauderten, ein Mann war, der nur die Lippen zu öffnen brauchte, und Schiffe würden durch die Wogen rauschen, Lokomotiven durch die Ebenen rasen, Kuriere von Dorf zu Dorf jagen, und hundert Telegrafen würden das Wort blitzschnell in alle vier Ecken des Reiches tragen, das seine riesigen Abmessungen über ein Siebentel der bewohnbaren Erde erstreckt, und eine zahllose Menge von Menschen würde herbeistürzen, seinen Befehl auszuführen. Ich hatte ein unbestimmtes Verlangen, seine Hände zu untersuchen, um zu sehen, ob sie wie die anderer Menschen aus Fleisch und Blut wären. Hier war ein Mann, der diese wunderbaren Dinge alle zu tun vermochte, und doch könnte ich ihn zu Boden schlagen, wenn ich wollte [...]. Ich hätte seinen Rock stehlen können, hätte ich es gewollt. So oft ich einen solchen Mann kennenlerne, möchte ich etwas haben, das mich an ihn erinnert.

Allgemein ist zu sagen, daß uns ein dickbeiniger Lakai in Livree durch die Paläste führte, der einen Franc dafür nahm; nachdem aber der Kaiser von Rußland und seine Familie eine halbe Stunde mit unserer Gesellschaft gesprochen hatte, geleiteten sie uns selbst durch ihr herrschaftliches Haus. Sie nahmen keinen Eintritt [...].

So gingen wir eine halbe Stunde gemächlich durch den Palast, bewunderten die behaglichen Gemächer und die prächtige, aber enorm an zu Hause erinnernde Einrichtung. Am Ende wünschte die Kaiserfamilie unserer Gruppe ein freundliches Lebewohl und fuhr fort, die Löffel zu zählen.

Wer hat das Tote Meer umgebracht?

Zunächst einmal ist das Tote Meer kein Meer, sondern ein See. Es bildet einen Teil der Grenze zwischen Israel und Jordanien und ist ein von Land umschlossener Salzsee ohne Abfluß. Sein Quellfluß ist der Jordan; es liegt 393 Meter unter dem Meeresspiegel des nahegelegenen Mittelmeeres. Damit ist es der niedrigste Ort der Erde. In biblischen Zeiten war es unter dem Namen »Salzmeer« bekannt, da der Salzgehalt es zum salzigsten Binnensee der Erde macht. Dieser hohe Salzgehalt entsteht durch die rasche Verdunstung des Wassers aufgrund der extrem hohen Temperaturen in der Region.

Wegen des extrem hohen Salzgehalts kann hier kaum eine Form von Leben existieren, daher der Name »totes« Meer. Im Mittelalter glaubten Reisende, die Luft über dem Meer sei giftig, weil kein Vogel über ihm fliegt. Aber man sieht keine Vögel, weil sie keine Nahrung finden; es gibt auch keine Pflanzen, und jeder Fisch, der vom Jordan ins Tote Meer gelangt, stirbt sofort infolge des hohen Salzgehalts.

Wegen seiner religiösen Bedeutung und der gesundheitsfördernden Eigenschaften seines Wassers zieht das Tote Meer schon seit langem viele Urlauber an. Heute entstammt sein größter Ruhm den dort entdeckten Schriftrollen. Die »Papyrusrollen aus Kumran am Toten Meer«, die 1947 ein Hütejunge der Beduinen in einer Höhle nahe Jericho fand, sind auf Pergament niedergeschriebene Versionen einiger Bücher der Bibel. Viele datieren aus der Zeit vor Christus. Die Berichte über zeitgenössische Ereignisse sind in altem Hebräisch verfaßt und gewähren einen bedeutenden Einblick in die Echtheit und den historischen Kontext der Bibel. Ausgewählte Teile der Schriftrollen, von denen viele nur in winzigen Fragmenten überliefert sind, die man aufs sorgfältigste wieder zusammengesetzt hat, sind im Laufe der Jahre der Öffentlichkeit zugänglich gemacht worden. Doch der Großteil der Informationen befindet sich in den Händen von Wissenschaftlern, die autorisiert sind, den Inhalt zu studieren. 1991 wurde eine Kopie des Inhalts der bis dahin unveröffentlichten Papyrusrollen gefunden. Ein Forscher, der dem Widerstreben dieser Wissenschaftler, die Papyrusrollen der Allgemeinheit zugänglich zu machen, kritisch gegenübersteht, will sie veröffentlichen.

Auch andere Dinge erinnern an die große Bedeutung dieser Region für die Religion. Im Arabischen heißt das Tote Meer *Bahr Lut* oder Lots Meer. Nahe seiner Südwestecke befindet sich ein niedriger Salzberg, angeblich die biblische Salzsäule, in die sich Lots Frau verwandelte, als sie sich nach der Zerstörung der Zwillingsstädte Sodom und Gomorrha umwandte und zurückblickte. Diese Städte der Sünde sind laut Überlieferung nach einem Vulkanausbruch im Toten Meer untergegangen. Am seinem Ufer liegt auch die Festungsanlage Masada, letzter Stützpunkt der Juden, die sich 73 n. Chr. den Römern widersetzten und schließlich kollektiv Selbstmord begingen.

Der Jordan, die Quelle des Toten Meers, ist ein relativ kleiner Fluß, der für Moslems, Juden und Christen jedoch reich an Assoziationen ist. Er entspringt nahe dem Berg Hermon an der libanesisch-syrischen Grenze, fließt durch den Hulesee (in der Bibel: das Wasser von Meron) und mündet schließlich in den See von Tiberias. Dieser See im Norden Israels ist auch unter dem Namen See von Genezareth bekannt. Die Umgebung ist eng mit dem Wirken Jesu verbunden.

Wo befindet sich der größte See der Erde?

Wie das Tote Meer ist auch das Kaspische Meer zwischen Rußland und dem Iran ein See. Zwar werden Seen in der

Regel mit Süßwasser in Verbindung gebracht, doch in streng geographischer Hinsicht ist das **Kaspische Meer** ein großer Binnensee. Das völlig von Land umschlossene Meer ist der größte See der Erde. Er liegt 30 Meter unter dem Meeresspiegel und ist damit der tiefste Ort Europas.

Der nahegelegene **Aralsee** bildete einst zusammen mit dem Kaspischen Meer und dem Schwarzen Meer ein riesiges prähistorisches Binnenmeer. Früher war der Aralsee der viertgrößte See der Erde und hatte fast die Größe Irlands. In den letzten Jahren wurde jedoch ein so großer Teil seines Wassers zur Bewässerung von Reis- und Baumwollfeldern abgeleitet, daß der Wasserspiegel des Aralsees dramatisch gesunken ist. Während er immer weiter schrumpft, verweisen einige Fachleute darauf, daß sich das Klima in Zentralasien erwärmt.

Die größten Seen

Das **Kaspische Meer** liegt an der Grenze des Irans und der ehemaligen Sowjetunion. (Rußland, Aserbeidschan, Kasachstan und Turkmenistan grenzen alle an das Kaspische Meer.) Das »Meer« wurde vermutlich nach einem alten Volk namens Kaspen benannt und ist besonders wegen des Kaviars des Belugastörs berühmt.

Der **Obere See** *(Lake Superior)*, an der Grenze zwischen Kanada und den USA gelegen, ist der weltweit größte Süßwassersee und einer der fünf Großen Seen.

Der **Victoriasee** *(Lake Victoria)* im ostafrikanischen Grabenbruch des gebirgigen Ostafrikas ist die Hauptquelle des Nils und grenzt an die Staaten Uganda, Tansania und Kenia.

Der **Aralsee** in Zentralasien liegt östlich vom Kaspischen Meer und wird von den früheren Sowjetrepubliken Kasachstan und Usbekistan begrenzt.

Der **Huronsee**, an der Grenze zu den US-amerikanischen Bundesstaaten Ontario und Michigan, ist der zweitgrößte der Großen Seen.

Der **Michigansee** ist der drittgrößte der Großen Seen und der einzige, der ganz in den Vereinigten Staaten liegt. Er wird von den US-Bundesstaaten Michigan, Illinois, Wisconsin und Indiana begrenzt. (Die fünf Großen Seen in der Reihenfolge ihrer Größe: Oberer *(Superior)*, Huron, Michigan, Erie, Ontario).

Der **Tanganjikasee**, ein tiefer See im östlichen Zentralafrika, wird größtenteils von den Ländern Tansania und Zaire begrenzt. Die ersten Europäer, die ihn erreichten, waren die Entdecker Sir Richard Burton und John Speke, als sie 1858 die Quelle des Nils suchten. 1871 hatten Morton Stanley und Henry Livingstone ihr berühmtes Treffen in der Nähe des Tanganjikasees.

Der **Baikalsee** *(Ozero Baykal)* in Sibirien ist der tiefste See der Erde; er enthält mehr Wasser als alle fünf der Großen Seen Nordamerikas zusammen. Der Überlieferung zufolge kam der berühmte Mongolenherrscher Dschingis Khan in der Nähe des Sees zur Welt.

Der **Große Bärensee** am arktischen Polarkreis in Kanadas Nordwest-Territorien ist bis auf vier Monate im Jahr zugefroren.

Der **Malawisee** *(Njassasee)*, im südlichen Abschnitt des Ostafrikanischen Grabens in den Ländern Malawi und Moçambique, ist auch als Kalendersee bekannt, weil er 365 Meilen (= 587 km) lang und an der weitetsten Stelle 52 Meilen (= 84 km) breit ist.

Der **Große Sklavensee** liegt wie der Großen Bärensee in Kanadas Nordwest-Territorien; die Hauptstadt dieses Verwaltungsgebietes, Yellowknife, liegt am Nordufer des Sees.

Wohin fließt das ganze Wasser bei Ebbe?

Dies ist eine der kindlichen »Warum ist der Himmel blau?«-Fragen, die sich nicht so leicht beantworten lassen, wie es scheint. Die naheliegende Antwort ist nicht unbedingt richtig. Viele Leute denken vermutlich: Wenn auf der einen Seite des Ozeans – beispielsweise der westlichen Seite des Atlantiks – Flut ist, dann muß es auf der östlichen Seite des Atlantiks Ebbe sein. So einfach liegen die Dinge aber nicht. Das Meer schwappt nicht nur zwischen den beiden Seiten des Ozeans hin und her, wie das Wasser in einem Faß, das hin- und hergeschaukelt wird.

Gezeiten sind das regelmäßige Steigen und Fallen des Meeresspiegels an den Küsten. Ursache ist die Schwerkraft – vor allem die Anziehungskräfte des Mondes und in geringerem Maße die der Sonne. Der 400 000 Kilometer von der Erde entfernte Mond bildet den wichtigsten Einfluß auf das regelmäßige Auf und Ab der weltweiten Gezeiten. Die Sonne ist zwar sehr viel größer als der Mond (die Sonne hat die 27millionenfache Masse des Mondes), aber ihre viel größere Entfernung schwächt die Einwirkung auf die Gezeiten der Erde ab.

Einfach ausgedrückt: Die Meere, die sich auf der Erdseite befinden, die dem Mond gerade zugewandt ist werden zum Mond »hingezogen«, wobei eine Hebung oder Flut entsteht. Gleichzeitig heben sich infolge der Fliehkraft auch die Meere auf der anderen, der vom Mond abgewandten Seite in genau der entgegengesetzten Richtung. Diese beiden Hebungen produzieren Hochwasser auf entgegengesetzten Seiten der Erde, wobei das Wasser fortgezogen wird. Gleichzeitig entsteht auf halber Strecke zwischen den beiden Hebungen eine ausgleichende Ebbe. Während der Mond die Erde umkreist (in derselben Richtung, in der sich die Erde dreht), »reisen« diese Hebungen um die Erde. Man kann sich das wie ein Gummiband vorstellen. Wenn man an den beiden Enden eines Gummibandes zieht, strecken diese sich voneinander weg und werden dicker – das ist die Flut. Dazwischen wird das Gummiband dünner – das entspricht der Ebbe.

Da der Mond in einem Zeitraum von etwas mehr als 24 Stunden die Erde umkreist, gibt es ungefähr alle 25 Stunden zwei Gezeitenzyklen. Vom Tiefpunkt im Gezeitenrhythmus aus steigen die Küstengewässer allmählich zum Hochwasser an, das etwas mehr als sechs Stunden dauert. Das Hochwasser bzw. die Flut wird erreicht, und das Wasser beginnt zu fallen bzw. sich bei Ebbe von der Küste zurückzuziehen. Nach rund sechs Stunden wird das Niedrigwasser oder die Ebbe erreicht, und der ganze Vorgang beginnt von neuem. Es gibt in diesem wiederkehrenden Geschehen auch regelmäßige Schwankungen. Die kräftigste ist die sogenannte Springtide. Sie finden zweimal im Monat statt, wenn sich Sonne und Mond in einer geraden Linie mit der Erde befinden. Die schwächste Tide ist die Nipptide. Sie ereignet sich, wenn der Mond im rechten Winkel zur Sonne steht.

Ebbe und Flut – der Tidenhub – sind an allen Orten der Erde unterschiedlich. Auf dem offenen Meer ist der Tidenhub unbedeutend und beträgt oft nicht mehr als einen Meter. In flachen Küstengewässern ist der Tidenhub jedoch sehr viel größer. Und an Orten wie Buchten oder Wasserstraßen, wo das hereinkommende Meerwasser in einen schmalen Meeresarm geschleust wird, ist der Tidenhub stark erhöht. Der größte Tidenhub findet sich in der Bay of Fundy in Kanada, zwischen den kanadischen Provinzen New Brunswick und Nova Scotia. Dort wird das Wasser des Atlantischen Ozeans in eine Meerenge geschleust, so daß die Gezeiten zweimal am Tag einen Unterschied zwischen Ebbe und Flut von bis zu 15 Metern Höhe hervorrufen. Dieses eindrucksvolle Geschehen gilt heute als potentielle Quelle sauberer, unerschöpflicher Energie. Seit über 30 Jahren ist ein Kraftwerk, das die Gezeitenströme zum Antrieb von Turbinen nutzt, um Elektrizität erzeugen, an der Mündung der Rance im Golf von St. Malo in Frankreich in Betrieb.

Ein weiteres Phänomen der Gezeiten ist der Gezeitenstrom. Ein Gezeitenstrom ist eine hohe Meereswelle, die sich einen Ästuar hinaufbewegt. (Ein Ästuar ist ein Meeresarm, an dem sich die Mündung eines Flusses mit der hereinströmenden salzhaltigen Tide trifft.) Der bemerkenswerteste Gezeitenstrom findet sich im Qinatang in China, der in die Bucht von Hangzhou fließt. Während der Springtide erreicht die Welle eine Höhe von über acht Metern und bewegt sich mit einer Geschwindigkeit von fast 25 Stundenkilometern fort. Das Rauschen der sich stromaufwärts bewegenden Fluten – eine Art umgekehrter Wasserfall – kann man noch in einer Entfernung von 25 Kilometern hören.

Was hat eine Flutwelle mit den Gezeiten zu tun?

Mit einem Wort: nichts! Flutwelle ist eine Fehlbezeichnung, ein veralteter, unzutreffender Begriff. Er bezeichnet entweder einen *Tsunami* (jap. »überfließende Welle«), eine sich schnell bewegende Meereswelle, die sich aufgrund eines unterseeischen Erdbebens oder eines Vulkanausbruchs ausbreitet, oder eine Sturzsee, einen anormalen Anstieg des Meeresspiegels aufgrund kräftiger Winde, wie bei einem tropischen Hurrikan. Aber wie immer man sie nennt – eine Flutwelle kann in tiefliegenden Küstenregionen verheerende Schäden anrichten. Als ein Zyklon, der aus der Bucht von Bengalen blies, 1991 Bangladesh heimsuchte, kamen Hunderttausende Menschen durch die Sturzsee und die nachfolgenden Überschwemmungen ums Leben.

Weniger häufig und in der Regel weniger verheerend sind die Tsunamis, die ein größeres Erdbeben oder einen Vulkanausbruch begleiten. Ein Vulkan ist, kurz gesagt, eine Öffnung oder Spalte in der Erdkruste, entweder unter dem Meer oder auf dem Land, durch die Felsbrocken, Gase, Asche und Lava oder geschmolzenes Gestein hervorbrechen und aus dem Erdinneren emporgeschleudert werden.

Es gibt drei Grundtypen: erloschene, schlafende und tätige Vulkane. Die beiden letzteren können ungeheuer dramatische, zerstörerische Auswirkungen haben. Gleichwohl sind sie ein wichtiges »Werkzeug« der fortwährenden Selbsterneuerung der Erde.

Was ist eigentlich der »Feuergürtel«?

Es gibt rund sechshundert tätige Vulkane auf der Erde. Ungefähr die Hälfte davon befindet sich auf einem Gürtel aktiver Vulkane, der sich von der Südspitze Südamerikas bis nördlich von Alaska erstreckt und sich dann westwärts nach Asien und südlich durch Japan, die Philippinnen, Indonesien und Neuseeland zieht. Das ist der »Feuergürtel«. Er markiert die Grenze, an der die Platten, die den Pazifischen Ozean tragen, auf die Platten stoßen, die am Rand des Pazifiks liegen.

Die größten Vulkanausbrüche der Geschichte

Um 1480 v. Chr. – Thera (= Santorini): Der Vulkanausbruch auf dieser nahe Kreta gelegenen Mittelmeerinsel zählt zu den frühesten in der geschichtlichen Überlieferung. Thera war ein Außenposten der minoischen Zivilisation (vgl. Kapitel 1, »Imaginäre Orte: Gab es ein Atlantis?«, S. 40). Die Eruption bringt die Insel zum Einsturz und löst eine seismische Welle aus, die vermutlich einen großen Teil der Wirtschaft Kretas zerstört und zum Niedergang der bedeutenden minoischen Zivilisation führt.

79 n. Chr., 24. August – Italien:Der Ausbruch des Vesuvs gehört zu den bekanntesten Naturkatastrophen der Geschichte. Die römischen Städte Pompeji und Herkulanum werden unter den Lavamassen begraben.

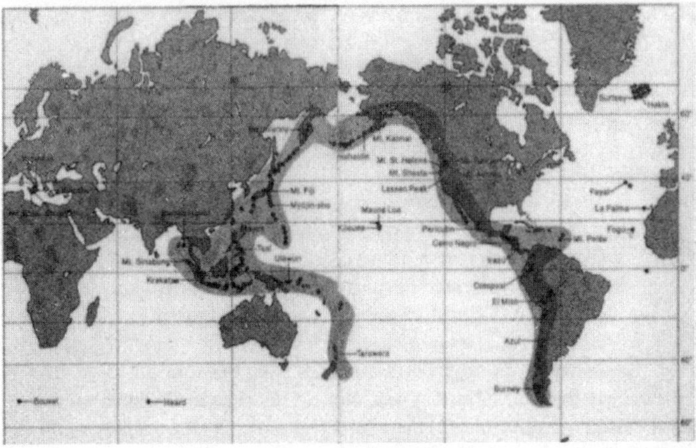

Abb. 11: »Feuergürtel«
Quelle: US-Department of the Interior, US-Geological Survey

Mehr als 16 000 Einwohner haben keine Chance zu fliehen und sterben den Erstickungstod. Acht Tage lang liegt die schwarze Wolke über Italien und verdunkelt die Sonne, während die heißen Steine und die geschmolzene Lava zu Boden fallen. Der Vesuv nahe Neapel ist der einzige tätige Vulkan auf dem europäischen Festland. Er bricht **1631** erneut aus, wobei 18 000 Menschen ums Leben kommen, dann wieder **1906**, **1929** und zuletzt **1944** während des Zweiten Weltkriegs.

1169 – Sizilien: Bei der Eruption des Inselvulkans Ätna, des höchsten Vulkans in Europas, der schon mehrfach zuvor ausgebrochen ist, kommen 15 000 Menschen ums Leben. Ein erneuter Ausbruch, **1699**, fordert wiederum rund 15 000 Todesopfer. **1853** und **1928** kommt es zu weiteren Ausbrüchen.

1815, April-Juli – Indonesien: Der Tambora auf der Insel Sumbawa bricht in einer der größten vulkanischen Explosionen aus, die überliefert wurden; der mittägliche Himmel verfärbt sich schwarz nach zahlreichen riesigen Explosionen. Die Energie der Eruption entspricht nach Schätzungen der des gesamten Atomwaffenarsenals der 1980er Jahre. Schätzungsweise 50 000 der auf den nahegelegenen Inseln lebenden Menschen kommen ums Leben; an den weiteren Folgen sterben insgesamt 90 000 Menschen. Die Aschewolke, die entsteht, ist für die Verheerungen bei normalen Wetterbedingungen im folgenden Jahr verantwortlich, bekannt als das »Jahr ohne Sommer«, und ruft in den nordamerikanischen Neu-England-Bundesstaaten und in Europa schwerwiegende Ernteausfälle hervor.

1883, 26.-28. August – Holländisch-Ostindien: Im Mai beginnt ein bis dahin untätiger Vulkan auf der Insel Krakatoa den mächtigsten und zerstörerischsten Ausbruch der modernen Zeit. Der Höhepunkt findet am 27. August statt: Die Explosion, die heutige Wissenschaftler mit der Sprengkraft von 3 000 Atombomben der Größe der Hiroshima-Bombe vergleichen, erzeugt das lauteste Geräusch, das je ein Mensch gehört hat. Riesige Explosionen zerstören drei Viertel von Krakatoa und schleudern den größten Teil der Insel als Staub und Asche in die Luft. Die meisten der schätzungsweise 36 000 Todesopfer ertrinken in den riesigen Tsunamis, von denen manche eine Höhe von 30 Metern erreichen und den Meeresspiegel noch vor England steigen lassen. Staub, Asche und Rauch steigen bis zu einer Höhe von 80 Kilometern empor, umkreisen die Erde als Wolke und rufen in den folgenden Jahren ungewöhnlich rote Sonnenuntergänge hervor. Diese Wolke läßt zudem kein Sonnenlicht durch und verursacht so einen weltweiten Temperaturrückgang. Der Ascheregen führt dazu, daß ein neuer Inselvulkan entsteht, Anak Krakatoa, der erstmals **1927** ausbrach.

1902, April-Mai – Martinique: Der Pelée nahe der Stadt Pierre auf dieser karibischen Insel ist zum letztenmal 1856 ausgebrochen. Als es den Anschein hat, es werde zu einer erneuten Eruption kommen, machen sich die Regierungsverantwortlichen zunächst keine Sorgen. Durch die Explosion brechen jedoch in weiten Teilen der Insel Brände aus. Fast alle 28 000 Einwohner Pierres kommen ums Leben. Viele von ihnen ersticken an einem tödlich wirkenden Gas, das der Vulkan ausgestoßen hat.

1912, Juni – Alaska: Das »Tal der Zehntausend Fumarole« auf der Alaska-Halbinsel führt seinen Namen nach den zahlreichen *Fumaroles* (ital.), also den Gas- und Wasserdampfaustritten tätiger Vulkane. Das Tal entsteht beim Ausbruch des Katmai bei einem der explosivsten Vulkanausbrüche des 20. Jahrhunderts. Trotz der enormen Stärke der Eruption kommt niemand ums Leben, weil sich der Vulkan weit entfernt von der nächsten menschlichen Ansiedlung befindet.

1943, Februar – Mexiko: Ein Erdbeben in einem Maisfeld 300 Kilometer westlich von Mexiko-Stadt markiert die Geburt eines Vulkans namens Parícutin. Der Vulkankegel wächst verblüffend schnell, was Forscher und Neugierige von überall her herbeiströmen läßt, die zuschauen, während sich buchstäblich über Nacht ein neuer Vulkanberg bildet. Nach einem Tag hat der Kegel eine Höhe von 30 Metern erreicht, nach einer Woche ist er zu einer Höhe von 125 Metern angewachsen. Schließlich begräbt die fließende Lava das nahegelegene Dorf unter sich, das dem Vulkan seinen Namen gab; nur der Kirchturm ragt noch hervor. Erstaunlicherweise gibt es keine Todesopfer. 1950, am Ende seiner vulkanischen Aktivität, ist der Kegel auf eine Höhe von 2 270 Metern angewachsen.

1963 – Island: Ein unterseeischer Vulkan vor der Küste Islands – das selbst eine Vulkaninsel ist, auf der geothermische Energie den Großteil der Heizkraft liefert – bricht aus. Es entsteht eine kleine Insel namens Surtsey, heute ein Naturreservat.

1980, Mai – Washington: Der Mount St. Helens, im südwestlichen Teil des US-Bundesstaats Washington, ist der erste Vulkan, der in den kontinentalen Vereinigten Staaten in einem Zeitraum von über 60 Jahren ausbricht. Die Explosion entspricht der Sprengkraft einer Wasserstoffbombe mit einem Gewicht von 400 Megatonnen; sie reißt die Bergspitze ab und schleudert sie in einer Wolke empor, die nach Nordosten weht und auf einer Länge von 900 Kilometern Asche regnen läßt. Eineinhalb Kubikkilometer Berg werden buchstäblich in die Luft gepustet; die Überschwemmungen und der kochendheiße Schlamm entlauben Millionen Bäume in einem Umkreis von mehreren Kilometern. Es ist zwar eine riesige Explosion, aber die Region ist schwach bevölkert, so daß relativ wenig Todesopfer zu beklagen sind: 70 Menschen sterben. Allerdings werden Millionen Fische, Vögel und Säugetiere getötet.

1982, März – Mexiko: El Chichon, ein schlafender Vulkan in Chiapas, Mexiko, erwacht plötzlich zu neuem Leben, wobei es zu mehreren Eruptionen kommt.

1985, 13.-16. November – Kolumbien: Bei einem der verheerendsten Vulkanausbrüche aller Zeiten verursacht der Nevado del Ruiz Erdrutsche und Schlammlawinen, die einen großen Teil der Stadt Armero unter sich begraben und das Tal des Chinchina-Flusses völlig zerstören. 25 000 Menschen kommen ums Leben.

1991, 10. Juni – Philippinen: Der Pinatubo auf der Insel Luzon, der seit 1380 nicht aktiv gewesen ist, bricht aus und bedeckt Tausende Kilometer mit Asche, Staub und Schlammlawinen. Der Ausbruch hat politische Auswirkungen, da sich die USA gezwungen sehen, ihren Luftwaffenstützpunkt Clark zu evakuieren und zu schließen.

Was ist der Unterschied zwischen einer Insel und einem Eiland?

Manche Leute tun gern so, als ob die Größe keinen Unterschied mache. Nun ja, was Inseln angeht, trifft das nicht zu. Aber diese eher unerhebliche geographische Verwirrung läßt sich leicht beseitigen. Inseln sind Landmassen, die völlig von Wasser umgeben sind. Eilande sind kleine Inseln, die sich durch kein objektives Kriterium von einer Insel unterscheiden lassen.

Aber Moment mal. Wenn das Weltmeer wirklich alles Land umgibt, sind dann nicht alle Landmassen Inseln? Auch hier gilt: Die Geographie ist keine exakte Wissenschaft. Deshalb ist man auf der sicheren Seite, wenn man jede Landmasse, die kleiner als ein Kontinent und von Wasser umgeben ist, Insel nennt. Damit hätte Australien zwar immer noch eine Art Identitätskrise, aber es kann sich ja aussuchen, was es sein möchte. Nun haben wir Seen erlebt, die als Meer bezeichnet werden, Meere, die man Golf nennt und Inseln, die man als Kontinent bezeichnet. Kein Wunder, daß die Geographie manche Leute verwirrt.

Es gibt zwei Haupttypen von Inseln. Zum einen gibt es die kontinentalen Inseln, die im Grunde Teil des Kontinents sind und sich auf irgendeine Weise vom Festland getrennt haben. Beispiele hierfür sind Großbritannien und auch die Insel Manhattan und das nahegelegene Long Island. (Vier der fünf Bezirke New Yorks liegen auf Inseln, die nicht mit dem Festland der Vereinigten Staaten verbunden sind; die Bronx bildet eine Ausnahme.)

Zum anderen gibt es die ozeanischen Inseln, Inseln, die sich im Meer, unabhängig vom Festland bildeten. Viele Inseln im Pazifik, zum Beispiel Hawaii, sind vulkanischen Ursprungs und wurden vom Meeresboden emporgeworfen. Der pazifische »Feuergürtel« liefert ein Beispiel dafür, daß scheinbar zerstörerische Naturkräfte, beispielsweise Vulkane, tatsächlich zum schöpferischen Kreislauf der Erde gehören. Im Fall eines beständigen Fließens der Lava kann dieser Vorgang Jahrhunderte dauern. Er kann aber auch plötzlich und mit dramatischen Wirkungen eintreten, so wie im Fall von Surtsey, der kleinen Insel, die sich nach einem Ausbruch riesiger Lavamassen auf dem Grund des Atlantiks vor der Küste Islands bildete.

Neben der vulkanischen Insel gibt es noch einen anderen Typus der ozeanischen Insel: die Koralleninsel. Sie entsteht – wie Sie sicherlich erraten haben – aus Korallen.

Namen: Wenn Grönland ganz aus Gletschern besteht, warum heißt es dann nicht »Eisland«?

Eines konnten die Wikinger überhaupt nicht: Orten einen Namen geben. Soweit man weiß, gingen sie irgendwo in Kanada oder im nördlichen Neu-England an Land und gründeten dort um 1000 eine Kolonie. Sie blieben zwei

Jahre, ehe sie ihre Zelte abbrachen. Sie nannten die Kolonie Vinland (»Wein«land). Kein toller Ort, um Wein anzubauen.

Doch die Benennung Grönlands, der größten Insel der Erde, war weniger ein Irrtum, sondern gehörte zu einer Art Werbefeldzug. Der berüchtigte Erich der Rote war ein Wikinger mit langem Vorstrafenregister, den man aus seinem heimatlichen Norwegen wegen Totschlags verbannt und auf Island mindestens zweimal wegen Mordes für vogelfrei erklärt hatte. Mit seiner Besatzung segelte Erich von der norwegischen Kolonie Island los und gelangte nach Grönland, das ihn wegen seiner Wildtiere, Fische und Vögel und der ähnlichen Küste an Norwegen erinnerte. Zwar war es 982 zweifellos wärmer als heute, und einige Gletscher waren zurückgegangen, doch der Name, den Erich für die Insel wählte, war dennoch ein grober Mißgriff. Da er hoffte, weitere Siedler auf die Insel holen zu können, nannte er sie Grönland (»grünes Land«). Rund 200 Jahre später wurde es dort kälter, die Gletscher breiteten sich aus. Außerdem suchte der europäische Schwarze Tod die Insel heim, und Ende des 14. Jahrhunderts war die Kolonie der Wikinger ausgestorben.

Heute bedeckt Eis ein Zehntel der Landfläche unseres Planeten. Aber es bedeckt vier Fünftel der Fläche Grönlands, an manchen Stellen erreicht es eine Dicke zwischen einem und fünf Kilometern. Nur fünf Prozent der Insel sind bewohnbar, im wesentlichen entlang der beiden Küstenstreifen. Dort leben die Einheimischen, die Inuit – in deren Adern ein wenig dänisches Blut fließt –, von der Küsten- und Tiefseefischerei. Nachdem die Wikinger ausgestorben waren, kamen in den zwanziger Jahren des 18. Jahrhunderts die Dänen. 1815 wurde Grönland dänische Kolonie. Bis 1953 war die Insel ein Teil Dänemarks. 1979 erlangte sie den Status einer selbstverwalteten Provinz, doch ist sie bis heute in dänischem Besitz.

Die größten Inseln

Neuguinea: Die zweitgrößte Insel der Erde liegt im südwestlichen Pazifik, direkt südlich des Äquators und nördlich von Australien. Sie ist politisch zweigeteilt: in das unabhängige, seit 1973 selbstverwaltete Papua-Neuguinea, und Irian Jaya, eine Provinz Indonesiens. Man darf die Insel weder mit Guinea, einem Staat an der Westküste Afrikas, noch mit dessen afrikanischem Nachbarn Guinea-Bissau, noch dem südamerikanischen Land Guyana verwechseln. Und Meerschweinchen (engl. *guinea pigs*) gibt es dort auch nicht. Sie kommen ursprünglich aus Südamerika.

Borneo: Die drittgrößte Insel der Erde ist die größte des Malaiischen Archipels. (Das Wort Archipel hat seine Bedeutung geändert. Ursprünglich bedeutete es »ein mit vielen Inselchen übersätes Meer« und bezog sich vornehmlich auf die Ägäis. Es leitet sich vom griechischen *archi* (»am wichtigsten«) und *pelagos* (»Meer«) her. Heute bezeichnet das Wort meist eine große, zusammenhängende Gruppe von Inseln.)

Madagaskar: Auf dieser im Indischen Ozean, vor der Küste Südostafrikas gelegenen Insel befinden sich ausgestorbene Vulkane, hohe zerklüftete Berge sowie ein fruchtbares Küstentiefland.

Baffin: Diese Insel, zwischen Grönland und Kanada gelegen, hat ihren Namen vom englischen Entdecker William Baffin, der 1616 die Insel und die angrenzende Bucht erreichte.

Sumatra: Diese im Indischen Ozean am Äquator gelegene Insel gehört zu Indonesien. Sie ist überwiegend von Regenwald bedeckt und hat reiche Vorkommen an Erdöl und anderen Bodenschätzen.

Honshu: Die größte der vier japanischen Hauptinseln ist Japans Industrie- und Landwirtschaftszentrum. Auf ihr befinden sich die sechs wichtigsten Städte des Landes wie auch der Vulkanberg Fudschijama, Japans höchster Berg (3 776 m).

Großbritannien: Die vor der Küste Europas gelegene Insel umfaßt England, Schottland und Wales.

Ellesmere: Eine lebensfeindliche, gebirgige kanadische Insel im Nordpolarmeer vor der Küste Grönlands. Berühmt wegen Cape Columbia, dem nördlichsten Punkt Nordamerikas.

Victoria: Noch eine weitere kanadische Insel im nördlichen Eismeer.

Bikini: Was war zuerst da – der Badeanzug oder das Atoll?

Nun zur zweiten Form der ozeanischen Insel: die Koralleninsel. Die Koralle ist ein winziges Meerestier, das einen Panzer hat und in flachen, warmen und klaren Gewässern lebt. Wenn es stirbt, werden die Weichteile des Körpers fortgespült, und das Skelett bleibt zurück. Neue Korallen wachsen auf den Panzern der toten Tiere und bilden schließlich eine große Korallenmasse. Ein Atoll ist ein Korallenriff, das einen nahezu vollständigen Kreis um eine Lagune bildet. Meistens reichen die kreisförmigen Korallenriffe bis in eine Wassertiefe, in der keine Korallen mehr wachsen können. Wenn die Insel absinkt oder der Meeresspiegel sich ändert, wachsen die Korallen weiter. Die ursprüngliche Vulkaninsel verschwindet dann tief unter der Lagune, und das Riff bildet ein Atoll.

Das vielleicht berühmteste Atoll der Erde ist das Bikini-Atoll auf den Marshallinseln im zentralen Pazifischen Ozean. Zwischen 1946 und 1958 fanden dort die Detonation der ersten Atombombe und 22 weitere Atombombentests der USA statt. Zwar kehrten die Inselbewohner, die 1946 evakuiert worden waren, 1972 zurück, doch 1978 wurde die Insel wegen der hohen, immer noch bestehenden radioaktiven Strahlung abermals für unbewohnbar erklärt. Die Einwohner wurden erneut evakuiert, nachdem sie der größten Dosis Plutonium ausgesetzt worden waren, die je bei einer Bevölkerung gemessen wurden.

Ein Jahr nach dem ersten Test, im Sommer 1947, schlug etwas anderes wie eine Art »Bombe« ein. An der französischen Riviera trugen Frauen erstmals einen knapp sitzenden zweiteiligen Badeanzug, den irgendein nicht identifiziertes Genie nach der Insel Bikini benannt hatte. Warum man diesen Namen wählte, ist ein Geheimnis der Geographie und der Mode. Vielleicht meinte man, ein Bikini habe auf den Betrachter eine höchst explosive, umwerfende Wirkung ... Eine weitere Möglichkeit: Die Person, die den Bikini trägt, war beinahe genauso »nackt« wie die Inseln nach den Bombenexplosionen. Aber was auch der Grund gewesen sein mag – man kann nur dankbar sein, daß die Tests nicht auf einer anderen Insel vorgenommen wurden. Irgendwie hat die Vorstellung, an den Strand zu gehen, um sich den neuesten »Guadalcanal-« oder »Eniwetok-«Stil anzusehen, einfach nicht den richtigen Klang.

Namen: Gibt es auf den Kanarischen Inseln Kanarienvögel?

Wie im Fall des Bikinis stellt sich auch hier die Frage, was zuerst da war. Die Kanarischen Inseln sind eine Gruppe vulkanischer Inseln rund 105 Kilometer vor der Küste Nordwestafrikas. Die Hauptinseln, die immer noch von Spanien verwaltet werden, sind Teneriffa, La Palma, La Gomera, El Hierro, Gran Canaria, Fuerteventura und Lanzarote. Als erste Europäer gelangten die Griechen zu den Inseln, aber es war der römische Geschichtsschreiber Plinius (der Ältere), der die Inseln später wegen der vielen dort lebenden Hunde *Insulae Canariae* (»Hundeinseln«) nannte. Der Name kanarisch wurde auf die dort lebenden wilden Finken übertragen, weshalb man sie eigentlich »Flughunde« nennen müßte.

Was ist der Unterschied zwischen einer Halbinsel und einem Kap?

Das englische Wort *peninsula* (»Halbinsel«) leitet sich vom lateinischen *paene* für »fast« und *insulae* für »Insel« her. Eine Halbinsel ist demnach im wörtlichen Sinne »fast eine Insel« oder ein Stück Land, das auf den meisten Seiten von Wasser umgeben ist. Man kann sich eine Halbinsel als eine Art Finger aus Land vorstellen, der ins Wasser hineinragt. Ein Kap (abgeleitet vom lateinischen Wort *caput* (»Kopf«) ist ein rundes Stück Land – geformt wie in Kopf –, das ebenfalls ins Wasser hineinragt. (Ein kleines Kap kann man auch Landspitze nennen). Ein falsch bezeichnetes Kap ist Cape Cod im US-amerikanischen Bundesstaat Massachusetts, denn es ist eine echte Halbinsel. Aber der britische Kapitän Bartholomew Gosnold, der 1602 in der Gegend segelte, taufte es Cape Cod.

Weitere Beispiele in Nordamerika für echte Halbinseln sind der US-Bundesstaat Florida und Niederkalifornien – ein schmaler Landstreifen, der durch den Golf von Kalifornien vom restlichen Mexiko abgetrennt wird – und die Alaska-Halbinsel, die in das Beringmeer hineinragt.

Manche Geographen bezeichnen ganz Europa als Halbinsel Asiens – was nur zeigt, daß sich geographische Begriffe dehnen lassen. In Europa selbst gibt es mehrere große Halbinseln. Zum Beispiel sind das stiefelförmige Italien und Skandinavien reine Halbinseln. Weniger typisch ist die Iberische Halbinsel mit den Ländern Spanien und Portugal, sowie die Balkanhalbinsel, die Griechenland, Teile Jugoslawiens, Rumänien, Albanien und Bulgarien umfaßt. Zwar sind die Iberische Halbinsel und die Balkanhalbinsel Landmassen, die ins Meer hineinragen, aber weder die eine noch die andere hat die lange, schmale Form, die eine echte Halbinsel kennzeichnet.

Flüsse fließen, aber können sie auch »untergehen«?

Geographisch betrachtet lautet die Antwort »ja«. Eine *Ria* ist ein »untergangener Fluß«. Wie aber kann etwas untergehen, das aus Wasser ist?

Zu den wichtigsten Einflüssen auf Küstengebiete gehört die Veränderung des Meeresspiegels. Wenn er steigt, »ertrinkt« das verbleibende Gebiet buchstäblich oder wird vom Meer bedeckt. Nach der letzten Eiszeit stiegen die Meere an vielen Orten erheblich an und überschwemmten die einstigen Flußtäler. Statt sich ins Meer zu entleeren, versank der Fluß in den Fluten des Ozeans. Die Chesapeake Bay an der Atlantikküste der Vereinigten Staaten zählt zu den größten Rias der Erde. Sie ist ein »untergegangenes« Mündungsgebiet des Susquehanna-Flusses.

Statistisch gesehen spielen die Flüsse der Erde eine eher unbedeutende Rolle. Die Meere enthalten 97 Prozent des Wassers der Erde, die Gletscher rund 2 Prozent. Das wenige Oberflächenwasser auf der Erde – es zählt zu den restlichen 0,2 Prozent des Gesamtwasservorrats – ist überwiegend in Seen enthalten. Ströme und Flüsse enthalten nur einen kleinen Teil der Gesamtwassermenge.

Aber manchmal haben Statistiken keine Aussagekraft. Daß Flüsse bei der Entwicklung der frühen Hochkulturen eine wesentliche Rolle spielten, läßt sich leicht erkennen. Das gilt insbesondere für die mesopotamischen Gesellschaften mit ihrem Zentrum in dem Gebiet zwischen den Flüssen Euphrat und Tigris, die ägyptische Kultur mit ihrem Mittelpunkt am Nil sowie die frühesten chinesischen Zivilisationen mit ihrem Mittelpunkt am Huang Ho (chin. Hwang Ho). Ursprünglich lieferten diese Flüsse das Süßwasser für den Verbrauch durch Mensch und Tier und für Bewässerung, als sich die Landwirtschaft allmählich entwickelte. Zudem boten sie auch Nahrung in Form von Fischen sowie schnelle, unkomplizierte Transportmöglichkeiten.

Die längsten Flüsse

Nil: Der längste Strom der Erde entspringt in den Bergen Ostafrikas und entsteht aus dem Zusammenfluß zweier Flüsse: dem Weißen Nil mit seinem Oberlauf in Burundi nördlich des Victoriasees; und dem Blauen Nil, der oberhalb des Tanasees in Äthiopien entspringt. Bei Khartum, Sudan, fließen die beiden Flüsse zusammen. Nördlich von Kairo, Ägypten, weitet sich der Nil zu einem 185 Kilometer breiten Delta aus und mündet ins Mittelmeer.

Amazonas: Dieser Strom entspringt in den peruanischen Anden und fließt durch den größten äquatorialen Regenwald der Erde, wobei er 40 Prozent der Fläche Südamerikas entwässert.

Missouri – Mississippi: Diese beiden Flüsse fließen unmittelbar oberhalb von St. Louis im US-Bundesstaat Missouri zusammen und bilden einen der längsten Flüsse der Erde. Der Missouri, der aus den Bergen im US-Bundesstaat Montana kommt, ist der längere. Doch der Mississippi ist als Schiffahrtsweg bei der Entwicklung des amerikanischen Kontinents von größerer historischer Bedeutung gewesen.

Jangtsekiang (Yangzijiang): Chinas längster Fluß entspringt im Kunlan-Gebirge in Tibet. Er strömt durch das landwirtschaftliche Zentrum Chinas. Die Wasserkraftwerke an seinem Lauf liefern 40 Prozent der Elektrizität Chinas; bei Shanghai fließt er in das Ostchinesische Meer.

Ob: Der Ob und sein Hauptnebenfluß, der Irtysch, liegen in Westsibirien und sind fast die Hälfte des Jahres zugefroren.

Huang Ho (Gelber Fluß): Der Strom entspringt wie der Jangtse im Hochland Tibets und führt seinen Namen nach seinem fruchtbaren gelben Schwemmsand. Man nennt ihn auch »Chinas Leid«, weil die Überschwemmungen in der Vergangenheit äußerst große Verheerungen angerichtet haben.

Paraná: Dieser brasilianische Fluß ist nach dem Amazonas der zweitgrößte in Südamerika. Er ist eine wichtige Verkehrsader und speist das größte Wasserkraftwerk der Erde.

Zaire (Kongo): Dr. David Livingstone erforschte als erster Europäer diesen vielleicht berühmtesten aller afrikanischen Flüsse im Süden der Sahara. Er entspringt als Lualaba in Zentralafrika und fließt in nördlicher Richtung durch Zaire (die ehemalige belgische Kolonie Kongo), bis er eine Kehre nach Westen beschreibt und schließlich in den Atlantik mündet.

Amur (chin. Hei-lung-chiang): Der Fluß entspringt in der Mongolei und bildet größtenteils die Grenze zwischen China (Mongolische Volksrepublik) und dem östlichen Rußland.

Meilensteine der Geographie IV

Das 19. Jahrhundert

1807: Auf dem East River in New York testet der amerikanische Erfinder Robert Fulton (1765-1815) sein North River Steam Boat. Danach wird das Dampfschiff zu Clemont umbenannt und verkehrt regelmäßig auf dem Hudson zwischen New York und Albany, der Hauptstadt des Staates New York. Es ist zwar nicht das erste Dampfboot, jedoch das erste praktisch einsetzbare und wirtschaftliche. **1819** überquert der Raddampfer *Savannah* als erstes Dampfschiff den Atlantik. Zwar wird es überwiegend von Segelkraft angetrieben, aber der Erfolg läutet das Zeitalter der Dampfschiffahrt ein.

1824: Der Amerikaner Jim Bridger (1804-1881), einer der gefeiertesten der berühmten »Trapper«, die im ganzen amerikanischen Westen Handel treiben, Fallen stellen und das Land erforschen, entdeckt den Großen Salzsee im heutigen Utah. Er hält das salzige Gewässer für einen Meeresarm des Pazifischen Ozeans. Bridger erschließt auch den *Oregon Trail*, die Hauptroute nach Westen für die Siedler, die aus dem Osten kommen.

1824: Der Erie-Kanal wird eröffnet; Baubeginn war 1817. Die 590 Kilometer lange Wasserstraße verbindet Albany, die Hauptstadt des Bundesstaates New York, und den Hudson-River bis Buffalo und die Großen Seen. Damit entsteht eine wirtschaftliche Binnenschiffahrt zwischen New York und dem Mittleren Westen des Kontinents, die erheblich zum Wachstum und zur Entwicklung sowohl New Yorks als auch der Städte im Mittleren Westen und an den Großen Seen beiträgt.

1825: In London wird der erste regelmäßige Eisenbahnverkehrsdienst aufgenommen, als die »Locomotion Number 1« des britischen Ingenieurs George Stephenson ihre Jungfernfahrt unternimmt.

1830: Der schottische Geologe Charles Lyell (1797-1875) veröffentlicht sein Werk *Principles of Geology*, in dem er einen revolutionären Ansatz zur Erklärung der Erdbildung wählt. Lyell stellt die These auf, daß die natürlichen Merkmale der Erde das Ergebnis eines langen, kontinuierlichen Prozesses darstellen. Diesen Gedanken hatte als erster James Hutton (1726-1797) entwikkelt und Plutonismus genannt. Die Ideen widersprechen dem vorherrschenden Denken, wonach jeder größere Wandel im geologischen Gefüge der Erde aus jähen, heftigen Veränderungen (oder Katastrophen) resultiert, auch Katastrophentheorie genannt.

1831-36: Reise des britischen Forschungsschiffes *Beagle*, auf dem Charles Darwin (1809-1892) als Naturforscher mitfährt. Auf der fünf Jahre währenden Reise formuliert Darwin seine revolutionäre Theorie der natürlichen Auslese und ihre Rolle bei der Entwicklung der Arten.

1837: Die britischen Physiker und Erfinder Charles Wheatstone und W. F. Cooke patentieren den ersten elektrischen Telegraphen, der schon bald im englischen Eisenbahnnetz und bei karthographischen Arbeiten zur Bestimmung des Längengrades verwendet wird. 1838 meldet der amerikanische Erfinder – und Maler – Samuel F. B. Morse (1791-1872) ein amerikanisches Patent für seine Version des elektrischen Telegraphen und das Morse-Alphabet an. Beides wird unter Mithilfe des Physikers Joseph Henry entwickelt (dessen Mitarbeit Morse später bestritt), der auch den ersten praktisch angewandten Elektromotor (1831) erfand.

1842-48: John Charles Frémont (1813-1990) unternimmt gemeinsam mit dem legendären Führer Kit Carson (1809-1968) Expeditionen in den Westen der USA. Frémont, ein amerikanischer Soldat, Abenteurer und Entdecker, der unter dem Namen »der Pfadfinder« Bekanntheit erlangt, entdeckt sichere und zuverlässige Überlandrouten in den Westen. Er ist der Hohepriester des amerikanischen Expansionismus und provoziert den offenen Krieg mit Mexiko, in dem er dient. Er wird wegen Hochverrats vor ein Kriegsgericht gestellt, doch von Präsident Polk begnadigt.

1848: Die *Karte Oregons und des Oberen Kaliforniens*, die Frémont und der Kartograph Charles Preuss zeichnen, liefert eine detaillierte und wissenschaftlich exakte kartographische Erfassung des Westens des Vereinigten Staaten. Von nun an strömen zahlreiche Siedler in die Gebiete im Westen des Kontinents.

1848-49: Mit dem kalifornischen Goldrausch kommen Zehntausende neuer Siedler in den Westen, sowohl auf dem Landweg unter Benutzung der Karten von Frémont und Preuss als auch auf dem Seeweg. Nachdem Kalifornien von Mexiko besetzt und **1850** in die amerikanische Union aufgenommen worden ist, wird Frémont Senator für Kalifornien. Später läßt er sich als erster Präsidentschaftskandidat der Republikaner aufstellen (– er verliert jedoch gegen den Demokraten James Buchanan). Im Bürgerkrieg kämpft er auf der Seite der Nordstaaten, wird jedoch von Lincoln entlassen, gegen den er **1864** kurze Zeit kandidiert. Frémont ist ein Volksheld, beendet sein Leben aber bankrott, nachdem er mit einem betrügerischen Eisenbahnprojekt scheitert.

1848: Der Illinois-Michigan-Kanal wird eröffnet und verbindet die Großen Seen mit dem Mississippi.

1853: Der britische Entdecker und Schriftsteller Sir Richard Francis Burton (1821-1890) verkleidet sich als Pilger und unternimmt seine berühmte Wallfahrt nach Mekka, der heiligen Stadt des Islam. Seine Heldentaten machen ihn zum berühmtesten Mann in England, ebenso wie ihn seine folgenden Übersetzungen des *Kamasutra* und der *Arabischen Nächte* zu einem der umstrittensten Charaktere seiner Zeit werden lassen.

Stimmen der Geographie: Aus: *Personal Narrative of a Pilgrimage to El-Madinah and Meccah* von Sir Richard Burton

Auf dem ovalen, gepflasterten Weg, der die Kaaba umringt, drängten sich Männer, Frauen und Kinder, die meisten nach Gruppen unterteilt [...]. Einige gingen gemessenen Schrittes, andere eilten, viele standen in Gruppen und beteten. Was für eine Bild der Gegensätze! Hier schritt eine Badawi-Frau in langem, schwarzem Umhang, der an eine Nonnentracht erinnerte, angetan mit einem mohnfarbenen, gespaltenen Schleier, der ein funkelndes Augenpaar freigab. Dort ging eine indische Frau, mit etwas tartarischen Gesichtszügen, einfach häßlich, die dünnen Beine staken in einer zerknitterten Hose [...]. Hin und wieder trugen vier Männer einen Leichnam auf einer Bahre aus Holz um den Schrein. Wie es der Brauch ist, wurden sie gelegentlich von anderen Moslems abgelöst. Einige hellhäutige Türken standen in der Gegend herum; wie gewöhnlich, wirkten sie mißmutig und abstoßend. An einem Ort stand ein schmucker Mann aus Kalkutta, ein *Khitmuggar*. Wie es diese »Gentlemen« oft tun, hatte er die Arme verschränkt, trug einen unordentlichen Turban und sah sich das Treiben gutgelaunt an. An einem anderen Ort klammerte sich ein armes altes Weib mit hochgereckten Armen, so daß sie mit dem Körper die Kaaba berührte, an den Vorhang und schluchzte herzzerreißend.

Meilensteine der Geographie IV (Fortsetzung)

1854: Nach einem gescheiterten Versuch gelingt es dem amerikanischen Kommodore Matthew C. Perry (1794-1858), in die Tokiobucht zu segeln. Er schließt einen Handelsvertrag, der Japan für den Westen öffnet und die 250 Jahre währende Isolation Japans beendet.

1855: Der schottische Missionar und Entdecker David Livingstone (1813-1873), der 1841 als Missionar nach Afrika ging, erreicht den Wasserfall, den er *Victoria Falls* nennt und der am Sambesi in Zentralafrika an der Grenze von Sambia und Simbabwe liegt. Livingstone, ein entschiedener Gegner der Sklaverei, wird zum bedeutendsten Entdecker Afrikas. **1851** entdeckte er den Sambesi und erforschte seinen Lauf während dreier Expeditionen. Nach seinem Tod **1873** tragen zwei getreue Afrikaner den Leichnam über eine Entfernung von 2 000 Kilometer, so daß er zur Bestattung nach England zurückgebracht werden kann.

1856: Der Gipfel XV im Himalaja wird zum höchsten Berg der Erde erklärt; später wird er in Mount Everest umbenannt.

1858: Der heute international renommierte britische Entdecker Sir Richard Burton (vgl. 1853) unternimmt den Versuch, eines der ältesten Geheimnisse der Geographie zu lösen. Wo liegt die Quelle des Nils? Er reist gemeinsam mit dem Entdecker John Speke (1827-1864) und erreicht den Tanganjikasee, der aber zu tief gelegen ist, als daß er die Quelle des Nils sein kann. Die Männer erhalten Nachricht von einem weiteren, höher in den Bergen gelegenen See; weil Burton zu krank für die Reise ist, schickt er Speke allein los. Speke entdeckt den Victoriasee. Obwohl er keine ausreichenden Erkundungen oder wissenschaftlichen Vermessungen vornehmen kann, nimmt er an, daß es sich um die Quelle des Nils handelt. Die beiden Männer werden zu Rivalen. **1862** kehrt Speke zurück und entdeckt die Rippon-Wasserfälle, kann aber den See immer noch nicht sicher als Quelle des Nils ausweisen. Am Tag, an dem die beiden Männer diese Frage in London debattieren sollen, begeht Speke Selbstmord.

1869: Der »Goldene Schienennagel« wird am Promontory Point im Bundesstaat Utah eingeschlagen. Damit ist die erste amerikanische transkontinentale Eisenbahnverbindung zwischen dem Atlantik und dem Pazifik fertiggestellt. (Eine ähnliche Verbindungsstrecke wird in Kanada **1885** hergestellt.)
Der Suezkanal wird eröffnet, eine 163 Kilometer lange Wasserstraße, die das östliche Mittelmeer mit dem Roten Meer verbindet. Der Kanal, der zehn Jahre nach Arbeitsbeginn unter der Leitung des französischen Ingenieurs Ferdinand de Lesseps (1805-1894) fertiggestellt wird, verkürzt den Seeweg von Großbritannien zu seiner Kolonie Indien um 6 500 Kilometer. Lesseps Versuch, einen Kanal durch Panama zu bauen, endet in einem Finanzskandal; der ehemalige Held der Nation ist ruiniert.
Der amerikanische Geologe John Wesley Powell führt erstmals eine Expedition auf dem Colorado-Fluß stromabwärts durch den Grand Canyon. **1871**, auf einer zweiten Expedition, die durch den US-amerikanischen Kongreß finanziert wird und besser ausgerüstet ist als die erste, unternimmt er eine sorgfältige Kartierung und Erforschung des Gebietes.

1870: In den Alpen wird der Bau des Mont Cenis-Tunnels, des ersten großen Eisenbahntunnels, beendet.

Stimmen der Geographie:

»Dr. Livingstone, nehme ich an?«

»Ja«. Freundlich lächelnd hob er leicht die Mütze.

Ich setzte meinen Helm wieder auf; er setzte seine Mütze auf. Dann gaben wir uns die Hand; ich sagte:

»Ich danke Gott, Doktor Livingstone, der mir gestattet hat, Sie zu finden.«

Er antwortete: »Ich freue mich, hier zu sein, und Sie begrüßen zu dürfen.« Das waren die ersten Sätze, die der Überlieferung zufolge der in Wales geborene Soldat, Journalist und Abenteurer Henry M. Stanley während der Begegnung mit Dr. David Livingstone nahe dem Tanganjikasee 1871 austauschte. Livingstone, den einige seiner Anhänger für tot hielten, war zum Anlaß einer internationalen Suche geworden. Der wagemutige Abenteurer Stanley, der als Journalist für eine New Yorker Zeitung arbeitete, war es, der ihn schließlich fand. Später trat er in Livingstones Fußstapfen und wurde zu einem bedeutenden Entdecker Afrikas.

Stanley, den die Einheimischen unter dem Namen Bula Matari, »Felsenbrecher« kannten, unternahm schließlich drei große Reisen in Afrika. Zuerst durchquerte er den Kontinent von Ost nach West und bewies damit, daß der Kongo und der Nil nicht verbunden waren. Anschließend bestätigte er später Spekes Behauptung, daß der Victoriasee die Quelle des Nils sei. Stanley trat in die Dienste des belgischen Königs Leopold II. und erforschte auch die Kongo-Region, um festzustellen, ob man dort vielleicht eine Kolonie errichten könnte. Zu seiner beschwerlichsten Expedition brach er schließlich mit einem großen Hilfstrupp auf, der Emin Pascha, den Gouverneur des ägyptischen Sudan, befreien sollte. Dieser war angeblich von der Außenwelt abgeschnitten und wurde von den islamischen Armeen des Mahdi bedroht, der die

Briten in der berühmten Schlacht von Khartum besiegt hatte. Emin Pascha begrüßte Stanleys dezimierte Hilfsexpedition, teilte dem Afrikaforscher aber mit, daß er weder gerettet werden wolle noch müsse.

Meilensteine der Geographie IV (Fortsetzung)

1872-76: Das britische Dampfschiff *Challenger* fährt einmal um die Erde. Es ist die erste meereskundliche Forschungsfahrt ihrer Art.

1872: Der *United States Geological Survey* wird auf Drängen John Wesley Powells gegründet. Die *USGS* ist ein staatliches Amt, das den Auftrag hat, geologische und geographische Forschungen zu betreiben. Darüber hinaus unternimmt es die kartographische Erfassung der gesamten Vereinigten Staaten.

1883: Der Eisenbahnzug *Orient Express,* der Paris mit Konstantinopel (Istanbul) verbindet, unternimmt seine erste Fahrt.

1883: Die Brooklyn Bridge wird für den Verkehr freigegeben.

1887: Der deutsche Erfinder Gottlieb Daimler (1834-1900) baut den Otto-Viertaktmotor, den er vier Jahre zuvor entwickelt hat, in ein vierrädriges Fahrzeug ein; es gilt als eines der ersten Automobile überhaupt.

4

ELEFANTEN IN DEN ALPEN

Wir sind nichts als Reisende auf diesem Planeten, gekettet an einen winzigen Punkt im Raum, und dauern nur einen kurzen Augenblick. Dennoch ist der Geist des Menschen nicht nur in der Lage, Welten jenseits der Gesichtskreises des sterblichen Auges zu zählen, sondern auch die Ereignisse in den unendlichen Zeiten vor der Schöpfung unserer Rasse zu verfolgen …

Sir Charles Lyell, *Principles of Geology*

Und wären wir also eines schönen Morgens vor fünf Millionen Jahren da gewesen, wo Urwald und Steppe aneinanderstoßen, hätten wir von unseren Vorfahren einen Blick erhaschen können. Wir hätten sie gesehen, wie sie im Schatten des Waldrands standen und mißtrauisch in die helle Landschaft vor ihnen äugten. Aus der Ferne hätten wir sie vielleicht mit einer Schimpansenfamilie verwechselt. Jedes der ausgewachsenen Exemplare trug in einer Hand einen spitzen Stock. Die ganze Geschichte wäre an jenem Morgen zugegen gewesen – alles, was danach kommen sollte und in Zukunft noch kommen mag.

Marvin Harris, *Menschen – wie wir wurden, was wir sind.*

Kommen wir alle aus »Afrika, der dunkel lockenden Welt«?
Wo lag die erste Stadt der Erde?
Teilte Moses das Rote Meer?
Imaginäre Orte: Gab es ein Troja?
Wie heißen die Sieben Weltwunder?
War Kleopatra eine Schwarze?
Meilensteine der Geographie V: 1900-1949
Warum führte Hannibal Elefanten über die Alpen – und wußte Napoleon, wie weit es bis Moskau ist?
Schlachtfelder, die Geschichte schrieben
Land, Nation, Republik, Staat: eine geopolitischer Grundkurs
Von Afghanistan bis Zentralafrikanische Republik: Wie viele Nationen gibt es auf der Erde?
Wo liegt die »Dritte Welt«?
»Und wie heißt es jetzt?«: Wandel der Namen im 20. Jahrhundert
Imaginäre Orte: Gibt es Transsilvanien wirklich?
Wie hat Japan es gemacht?
Meilensteine der Geographie VI: 1950 bis zur Gegenwart

Geographie ist Geschichte. Von den geographischen Faktoren, die den Lauf der Evolution bestimmten, über die Tatsache, daß Menschen ihre Städte nahe Flüssen bauten, bis zu den zahlreichen Kriegen, die Menschen führten, um das zu bekommen, was auf der anderen Seite des Berges liegt, haben geographische Faktoren die Ereignisse geformt, die unsere Welt geprägt haben.

Bislang habe ich in diesem Buch die Erscheinungsformen und das Aussehen der Erde beschrieben, ohne daß die Handlungen des Menschen allzustark in den Vordergrund traten. Nun ändert sich die Akzentuierung. In diesem Kapitel sollen etwa fünf Millionen Jahre Menschheitsgeschichte zu einem Überblick jener geographischen Faktoren zusammengefaßt werden, die unsere Karten auf den heutigen Stand gebracht haben.

Kommen wir alle aus »Afrika, der dunkel lockenden Welt«?

Die Regale der Bibliotheken ächzen unter der Last der Bücher rivalisierender Paläontologen, die sich immer wieder mit der Frage befassen: Woher kam der erste Mensch? Die Krux der Debatte ist: Wo fügen sich die einzelnen Fossilien, die man während der letzten beiden Jahrzehnte gefunden hat, in den Familienstammbaum der Menschen ein? Die Streitereien zwischen den gegnerischen Lagern waren nicht immer von großem gegenseitigem Respekt gekennzeichnet.

In vielen grundlegenden Punkten herrscht jedoch Einigkeit. Fassen wir kurz zusammen: Es steht wohl fest, daß Vorläufer des Menschen vor vier bis fünf Millionen Jahren existierten. Das scheint eine lange Zeit zu sein. Die Zeitspanne stellt aber ungefähr nur ein Tausendstel des Alters der Erde dar; eine Größenordnung, bei der man sich ziemlich unbedeutend vorkommt.

Und keines der rivalisierenden Lager der Fossilienjäger bestreitet, daß unsere Vorfahren aus Afrika kamen. Vereinfacht läßt sich die Geschichte der Fossilien der Primaten und des Menschen etwa folgendermaßen zusammenfassen: Die Vorfahren des Menschen, die *Australopithecinen* (»südlichen Affen«), scheinen vor vier bis fünf Millionen Jahren in Afrika aufgetreten zu sein. Vor zweieinhalb Millionen Jahren waren diese aufrechtgehenden Affen sowohl auf den Bäumen als auch dem Boden zu Hause und verwandten vermutlich rohe Werkzeuge aus Knochen und Stein. Der berühmteste dieser Affen ist wohl der Superstar für Paläontologen: »Lucy«, ein erstaunlich vollständiges Skelett, das 1974 ein Team unter der Leitung von Donald Johanson fand. Lucy, die vor drei Millionen Jahren lebte, wurde auch unter dem Namen *Australopithecus afarensis* bekannt, weil man das Skelett in dem Afar-Gebiet in Äthiopien fand. 1984 fand ein anderes Forscherteam in Kenia den Kieferknochen eines weiteren *afarensis*, den man auf ein Alter von fünf Millionen Jahren datierte: Es ist der älteste bekannte Vertreter der Abstammungslinie der Hominiden.

Warum Afrika? Die Geographie spielt eine entscheidende Rolle. Um die Worte eines bekannten Bankräubers zu paraphrasieren, der sagte, er überfalle Banken, »weil dort das Geld ist«: Afrika ist dort, wo die Primaten sind. Die Entwicklung des Verhaltens und der Physiologie dieser höheren Tiere, aus denen schließlich der moderne Mensch hervorging, wurde durch geographische Faktoren, das Klima und die Topographie, unterstützt. Während dieser Zeit war es auf der Erde viel kälter als heute. Die Sahara war ein fruchtbares Gebiet, in dem es von Großtieren geradezu wimmelte und in dem ein großer Teil des afrikanischen Regenwaldes durch Grasland ersetzt worden war, so daß der aufrechte Gang für den Blick über die offene Savanne große Vorteile bot. Das Bild des offenen Graslands, das Afrika im Eiszeitalter (Pleistozän) bot, bildet einen krassen Gegensatz zu den anderen Regionen, in denen sich Primaten finden, wie beispielsweise in den Regenwäldern Südamerikas.

In der Schule haben wir gelernt, daß die Herstellung von Werkzeugen zu den Merkmalen zählt, die den Menschen vom Affen unterscheidet. Forscher, die sowohl Feldforschung betreiben als auch im Zoo arbeiten, haben jedoch ganz unterschiedliche Tiere beobachtet, die rudimentäre Werkzeuge herstellen bzw. benutzen – von Elefanten, die sich an Bäumen den Rücken kratzen, bis zu Schimpansen, die mit spitzen Stöcken Ameisen und Termiten jagen. Aber die Fähigkeit, Werkzeuge herzustellen und über eine gewisse Entfernung zu transportieren, unterscheidet das Verhalten des Menschen von dem des Tieres. Verbindet man den Vorteil, Werkzeuge oder rudimentäre Waffen tragen zu können, mit den Vorzügen des aufrechten Gangs, hat man die Grundbestandteile für die Entstehung des Menschen beisammen.

Vor ungefähr 2,5 Millionen Jahren entwickelte sich eine Abstammungslinie des »südlichen Affens«, aus der ein hochentwickeltes Geschöpf hervorging. Dieser Aasfresser namens *Homo habilis* (»Mensch mit handwerklichem Geschick«) verfügte über einen stark verbesserten Werkzeugkasten. (Wenn es auch noch ein weiter Weg war bis zur Erfindung der Bohrmaschine.)

Noch entwickelter war der *Homo erectus* (»Mensch mit aufrechtem Gang«), der vor 1,6 Millionen Jahren die Bühne betrat und erst vor 300 000 Jahren ausstarb. Anders als das verbreitete Bild eines gebeugten, affenartigen Wesens vermuten läßt, war der *Homo erectus* nach einem neueren Fossilienfund eines jungen *erectus*-Mannes etwa 1 Meter 80 groß und schlank. In der Hitze der afrikanischen Savanne ergibt das einen evolutionären Sinn, weil ein solcher Körper rascher abkühlt. Ausgestattet mit einem solchen Körperbau kann man sowohl mühelos davonlaufen als auch über einen langen Zeitraum hinweg jagen. Der *erectus* kühlte schneller ab als die Beute oder die Tiere, die ihm möglicherweise als Mahlzeit dienten. Dies ist ein perfektes Beispiel zur Veranschaulichung der Funktionsweise der natürlichen Auslese. Man kann diesen Körpertyp auch mit dem eines Bewohners der kälteren arktischen Gebiete vergleichen, in denen die Evolution die Entwicklung eines eher kleinen, dicken, die Wärme speichernden Körpertypus förderte.

Nachdem *Homo erectus* sich von Afrika aus nach Europa und Asien ausgebreitet hatte, gelangte er bis nach China, wo man den 500 000 Jahre alten »Pekingmenschen« fand. Dessen Überreste gingen aber leider im Zweiten Weltkrieg verloren. In der Anthropologie geht man davon aus, daß der *erectus* für die Erfindung des Feuers und der Axt verantwortlich war. Wenn man dem »aufrechten Menschen« einen Regenmantel und einen Helm gäbe, könnte man ihn »Feuerwehrmann« nennen.

Irgendwann zwischen 200 000 und 400 000 Jahren vor unserer Zeit – wann genau, läßt sich schwer sagen; die Fossilienfunde sind hier rar – entwickelte sich der *erectus* zum *Homo sapiens* (»kluger Mensch«). Nun sind wir dem modernen Menschen schon ziemlich nahe gekommen, aber noch nicht ganz am Ende der Entwicklung angelangt.

Betrachten wir kurz das faszinierende und größtenteils ungelöste Rätsel, das uns unser naher Verwandter aus der Eiszeit aufgibt, der Neandertaler. Dieser frühe Mensch existierte in Europa und dem Nahen Osten vor rund 100 000 Jahren und war höchstwahrscheinlich ein Nachkomme des *erectus.* Eines der ersten Skelette des Neandertalers fand man 1865, im Neandertal nahe Düsseldorf, daher auch der Name dieses Überraschungsgastes. Der Neandertaler, den man einst für einen dummen Menschen mit gebeugter Haltung hielt, hat es weit gebracht, zumindest in den Augen der Anthropologen. Zunächst einmal war sein Skelett, auf dem ein großer Teil dieser Theorie beruht, nicht gebeugt, weil er affenähnlich war, sondern weil er unter schwerer Arthritis litt.

Vielmehr ist es durchaus möglich, daß die Neandertaler in recht komplexen Gemeinschaften lebten und kunstvolle Rituale kannten, darunter Beerdigungszeremonien. An einem Fundort von Neandertalern in Sibirien wurden die Überreste eines jungen Mannes unter einer Ansammlung von Geweihen gefunden, die offenbar zum Schutz der Leichname dienten. Ein Neandertal-Amulett aus Mammutzähnen, das man im heutigen Ungarn fand, hat man als ältesten bekannten Kunstgegenstand bezeichnet. Doch andere Anthropologen, zum Beispiel Marvin Harris, sind skeptischer, was die Fortschritte unserer Neandertaler-Vettern betrifft. In seinem faszinierenden Buch *Menschen* stellt Harris die Behauptung auf, daß Zufall und Notwendigkeit hinter diesen scheinbaren Ritualen und Kulturgegenständen der Neandertaler standen, nicht so sehr bewußte Handlungen. Auch bezweifelt er, daß der Neandertaler bereits eine Sprache entwickelt hatte, eine evolutionäre Anpassung, die uns ohne Frage von unseren Vorfahren unterscheidet. Allerdings weiß man heute, daß der Neandertaler verschwand, unmittelbar nachdem der heutige Mensch aufgetaucht war.

Die andere große Kontroverse entzündete sich an der Frage, in welchem Zeitraum sich die Entwicklung des modernen Menschen vollzog. Den Ursprung des modernen Menschen, *Homo sapiens sapiens* – also ein sehr, sehr kluger, allerdings nicht sehr bescheidener Mensch –, hat man bis nach Afrika zurückverfolgt. Dort fand man Hinweise auf die Existenz halb moderner, halb archaischer Menschen schon in der Zeit von vor 125 000 Jahren. In Höhlen an der Küste Südafrikas entdeckte man die Überreste moderner Menschen, die von Schalentieren und Kleintieren lebten und mindestens ebenso alt sind. Die Fossilienfunde, die auf eine »afrikanische Schöpfung« schließen lassen, sind in jüngerer Zeit durch weitere kontroverse Forschungen verschiedener Mikrobiologen bestätigt worden, die einen Weg des menschlichen Erbgutes bis nach Afrika zurückverfolgt haben. Die herrschende Meinung ist: Die modernen Menschen haben sich über einen Zeitraum von Zehntausenden von Jahren von Afrika ausgehend ausgebreitet und allmählich die archaischeren Formen ersetzt, darunter auch den Neandertaler. Aufgrund dieser Fossilienfunde kann der heutige Mensch keineswegs vom Neandertaler abstammen, da die modernen Menschen in mehreren Gebieten auf den Plan traten, lange bevor der Neandertaler in diesen Regionen erschien.

Aber nicht jeder gibt sich mit dem Argument zufrieden, daß wir alle »aus dem tiefsten Afrika« kommen. Die Indizien des menschlichen Erbgutes, die die Existenz der »Afrikanischen Eva« untermauern, haben sich als fehlerhaft erwiesen. Auch gibt es noch eine andere Ansicht. So vertreten Paläontologen, die Schädelfragmente aus ganz unterschiedlichen Fundorten untersuchten, die Ansicht, daß sich der heutige Mensch unabhängig an mehreren Orten auf der ganzen Welt entwickelt haben könnte. Diese zentrale Debatte ist eine Art seismischer Graben, der die Paläontologie derzeit spaltet.

Dieses grundlegende Geheimnis könnte aufgrund neuerer Fossilienfunde bzw. Fortschritte in der Mikrobiologie, die viel ausgefeiltere Analysen der Genetik der menschlichen Evolution erlauben, geklärt werden. Einige andere Antworten sind leichter zu finden. Beispielsweise steht aufgrund der Datierung von Knochenfragmenten aus Zentralaustralien fest, daß die Menschen der Frühzeit den Inselkontinent um 60 000 v. Chr. erreichten. In Europa lebten die ersten modernen Menschen, die sogenannten *Cro-Magnon*, vor 40 000 Jahren, während des sogenannten Oberen Paläolithikums. Eine weitere Eiszeit war angebrochen und die Menschen paßten sich ihr gut an. In aufeinanderfolgenden Wellen gelangten einige von ihnen entweder über die Landbrücke, die während der Eiszeit Sibirien und Alaska verband, oder vielleicht sogar per Schiff nach Nord- und Südamerika. Während man lange annahm, daß auf dem amerikanischen Doppelkontinent seit etwa 12 000 Jahren Menschen leben, hat die Karbonmeßmethode ergeben, daß sich die Knochenfragmente, die man in Höhlen in Chile fand, auf ein Alter von 33 000 Jahren datieren lassen. Radikalere, aber weitgehend unbewiesene Theorien behaupten sogar, daß Menschen dort noch früher eingetroffen seien – ein weiteres Rätsel, das der Indizien harrt und viele weitere Buchseiten füllen könnte.

Aber zurück zum Neandertaler. Eine gewisse Zeit existierten die Neandertaler und die *Cro-Magnon*-Menschen gleichzeitig in Europa und in der Gegend des Nahen Ostens. Dann wird die Spur der Neandertaler eiszeitkalt. Ob die *Cro-Magnon* und andere moderne *Homo sapiens sapiens* ihre Neandertalernachbarn einfach ermordeten, sie in weniger bewohnbare Umgebungen zurückdrängten, wo sie langsam ausstarben, oder ob sie sich mit den Neandertalern vermischten, bis diese im Genpool des *Cro-Magnon* aufgingen, ist bis heute ein Rätsel der menschlichen Evolution. Aber wir wissen, daß der *Cro-Magnon* und die anderen modernen Menschen weiter existierten. Irgendwann vor 30 000 Jahren vollzogen unsere prähistorischen Vorfahren an ganz verschiedenen Orten auf der Erde eine Art zivilisatorischen Quantensprung: Sie erfanden die Kunst. Plötzlich erschienen kunstvolle Höhlenmalereien mit Tierdarstellungen und erstaunlich ausgefeilte Figuren aus Stein – Fruchtbarkeitsfiguren und Tiergestalten. Vor etwa 10 000 Jahren begannen diese Vorfahren des Menschen allmählich in Dörfern zu leben, Tiere zu halten und Handel und Landwirtschaft zu betreiben.

Stimmen der Geographie: Aus: *Afrika, dunkel lockende Welt* von Tania Blixen (1885-1952)

Ich hatte eine Farm in Afrika am Fuße der Ngongberge. Hundert Meilen nördlicher lief der Äquator durchs Hochland, aber die Farm lag in einer Höhe von über zweitausend Metern. Da spürte man tagsüber die Höhe, die Nähe der Sonne, aber die Morgenfrühe und die Abende sind klar und friedvoll, und die Nächte sind kalt.

Die geographische Lage und die Höhe haben vereint eine Landschaft geschaffen, die in der ganzen Welt nicht ihresgleichen hat. Nirgends ist etwas Üppiges oder Überschwengliches; es ist, als wäre Afrika hier gleichsam durch zweitausend Meter emporgeläutert zu einer starken und klaren Essenz seines Wesens. Die Farben sind trocken und glasiert wie Farben irdener Geschirre. Die Bäume haben ein lichtes zartes Laubwerk, und ihre Form ist anders als die europäischer Bäume, sie bilden keine Kronen und Kuppeln, sondern waagerechte Schichten. Vereinzelte hohe Bäume bekommen dadurch eine Ähnlichkeit mit Palmen, sie haben etwas Heroisches und Romantisches wie Schiffe mit vollen Segeln, und ein Waldrand wirkt seltsam: der ganze Wald scheint leicht zu schwingen. Aus dem Gras der großen Ebenen ragen verstreut die krummen, kahlen alten Dornbäume, und das Gras riecht würzig nach Thymian und Sumpfmyrte; an manchen Stellen ist der Duft so stark, daß er in der Nase brennt. Die Ausblicke sind unendlich weit. Alles, was man sieht, atmet Größe und Freiheit und unvergleichliche Vornehmheit.

Wo lag die erste Stadt der Erde?

Seit ein israelisch-französisches Archäologenteam vor einigen Jahren in mehreren Höhlen im Nahen Osten Skelettüberreste entdeckte, hat man das Datum für die Existenz des frühesten »modernen Menschen« auf ein Alter von rund 100 000 Jahren zurückdatiert. Diese nomadischen Jäger und Sammler wurden erst nach einiger Zeit seßhaft, ungefähr vor 90 000 Jahren, abzüglich oder zuzüglich einiger Jahrhunderte.

Die ersten dauerhaften menschlichen Siedlungen entstanden im Nahen Osten. Damals entstanden im heutigen Israel Siedlungen, in denen es Häuser, Speichervorrichtungen und Werkzeuge gab. Überbleibsel aus diesem sehr frühen Zeitalter des Menschen wurden erstmals im Gebiet des Wadi en-Natuf (heute Israel) unweit der Mittelmeerküste gefunden. Deswegen hat man diese Periode auch natufische genannt. Die nächsten permanenten Ansiedlungen entstanden im heutigen Syrien, dem Gebiet um den Euphrat (heute Irak), Persien (heute Iran) und Anatolien (heute Türkei), als die Jäger und Sammler ihre Flintspeere gegen Pflugscharen eintauschten und vor rund 10 000 Jahren die Feldbestellung erlernten. Catal Hüyük, in der südlichen Türkei, war im Jahr 7000 v. Chr. eine Stadt mit rund 6 000 Einwohnern, in der einige der ältesten bekannten Beispiele für Töpferwaren, Textilien und verputzte Wände entdeckt wurden.

Diese landwirtschaftlichen Siedlungen bedeuteten zwar einen großen Sprung in Richtung Zivilisation, doch die ersten wahren Städte waren die Hauptstädte der frühen Hochkulturen, etwa die des altorientalischen Reiches in Mesopotamien, das ungefähr in der Zeit 4000-3500 v. Chr. existierte. Ur, die Hauptstadt des sumerischen Königreichs, die Wiege der Schriftkultur und vermutlich Heimat des biblischen Patriarchen Abraham, war damals eine Großstadt. In ihr fanden sich die dreistufigen Zikkurate bzw. Tempeltürme aus Backstein, die von 3000 v. Chr. an in der mesopotamischen Region gebaut wurden. (Eine dieser alten Pyramiden gilt als Vorbild des biblischen Turms zu Babel). Die Stadt war ein Handelszentrum und wurde später aufgegeben, als der Euphrat seinen Lauf änderte. Zu diesem Zeitpunkt, um 2000 v. Chr., war Babylon die Hauptstadt des alten babylonischen Reiches und entwickelte sich rasch zur größten Stadt der damaligen Zeit. Dort befanden sich auch die berühmten Hängenden Gärten. (Vgl.: »Wie heißen die Sieben Weltwunder?«, S. 229).

Theben und Memphis waren zu verschiedenen Zeiten die bedeutendsten Städte im alten Ägypten. Wahrscheinlich entstanden sie zur selben Zeit wie Ur. Im Indus-Tal (heute Pakistan), Harappa und Mohenjo-Daro (hindi für »Hügel der Toten«) gab es hochentwickelte Städte mit rund 40 000 Einwohnern. Diese Städte gehen etwa auf die Zeit 2500 v. Chr. zurück und standen mit Ur in Handelsbeziehungen. Im Vergleich damit sind die ersten kreisförmigen Erdhügel in Stonehenge, Großbritannien, ungefähr 2750 v. Chr. alt, wobei die Steinmegalithen offenbar 1700 v. Chr. an ihren Standort gesetzt wurden. Großstädte wie Kairo (gegründet als El Fustat im Jahr 642 v. Chr.) und Bagdad (gegründet rund 762 v. Chr.) sind vergleichsweise jung.

Der Ehrentitel der ältesten, ununterbrochen bewohnten Stadt gebührt der syrischen Hauptstadt Damaskus. Diese älteste Großstadt, die in einer Oase aufgebaut wurde und ungefähr auf die Zeit 2000 v. Chr. zurückgeht, war Handelszentrum und Station für die Handelskarawanen, die durch die Wüste zogen. Die Stadt wird im 2. Buch Mose im Zusammenhang mit dem biblischen Stammvater Abraham erwähnt, den Juden wie Moslems gleichermaßen verehren. Während ihrer langen Geschichte wurde die Stadt von Assyrern, Mazedoniern, Römern, Arabern, Mongolen, Türken, Briten und Franzosen regiert. 1946 wurde sie Hauptstadt des unabhängigen Staates Syrien.

Noch älter als diese frühen Siedlungen des Menschen ist Jericho. Das Dorf liegt 20 Kilometer von Jerusalem entfernt auf dem Gebiet Palästinas. Jericho wurde 251 Meter unter dem Meeresspiegel errichtet. Wie jüngste Ausgrabungen zeigen, besteht es aus mindestens 20 übereinanderliegenden Schichten, wobei jede eine andere Siedlungsperiode anzeigt. Die ältesten Schichten hat man auf ein Alter von 12 000 Jahren geschätzt. Der ursprüngliche Ort der Besiedlung ist ein Hügel in der Nähe des heutigen Jericho namens Tell es-Sultan und wurde in einer Oase am Rand der Wüste errichtet. Die Backsteinhäuser umgab eine Stadtmauer aus Stein, die man in jüngster Zeit teilweise freilegen konnte.

Die meisten Menschen erinnern sich an Jericho natürlich aus einem anderen Grund: der bekannten biblischen Erzählung von Josua, Moses' Nachfolger als Führer der wandernden Stämme Israels. Zu diesem Zeitpunkt – schätzungsweise 1100-1200 v. Chr. – regierten in Jericho die Kanaanäer, die in dem Land wohnten, das Moses und den Israeliten von ihrem Gott verheißen worden war. In der biblischen Version befiehlt Josua seinen Priestern, in ihre Trompeten zu blasen; und da erhoben – wie es heißt – die Kinder Israels »ein großes Kriegsgeschrei«, und die Mauer von Jericho »fiel um«. Danach konnten die Israeliten nach Jericho eindringen und alle dort Lebenden »mit der Schärfe des Schwerts, Mann und Weib, jung und alt, Rindern, Schafen und Eseln« niedermetzeln. Lediglich eine Hure mit einem Herz aus Gold namens Rahab, die zwei israelische Spione in ihrem Haus verborgen hatte, blieb verschont.

Das ist zwar eine tolle Geschichte, wahrscheinlicher ist jedoch, daß ein Erdbeben die Mauern zum Einstürzen brachte. Zumindest hat dies ein Forscher festgestellt. Amos Nur, ein Geophysiker der Stanford Universität, der die 10 000

Jahre alten historischen Aufzeichnungen von Erdbeben im Heiligen Land untersucht, behauptet, daß Jericho wiederholt von Erdbeben zerstört wurde, zuletzt 1927. Die Stadt liegt am Jordangraben, der die arabische Platte von der Sinaiplatte trennt. Nurs Theorie wird von Archäologen untermauert, die herausgefunden haben, daß die Mauern von Jericho oft in eine Richtung zusammenfielen, wie bei einem Erdbeben, und nicht in alle Himmelsrichtungen stürzten, so als ob eine Armee sie zerstört hätte. Im Buch Josua heißt es zudem, daß der Jordan nicht mehr weiterfloß, so daß die Israeliten über den Fluß setzen konnten. Dies geschah normalerweise nach Erdbeben im Gebiet des Jordangrabens, wenn die Ufer des Jordan einstürzten und der Fluß kurze Zeit passierbar wurde.

Teilte Moses das Rote Meer?

Behandelt man biblische Ereignisse mit dem objektiven Blick eines Naturwissenschaftlers oder Historikers, so betritt man natürlich dünnes Eis. Denn immer noch droht die Gefahr, daß man für einen Ketzer gehalten wird. Die Folgen sind aber längst nicht so schwerwiegend wie etwa im Jahr 1492, als ein Mann namens Tomás de Torquemada die Juden aus Spanien vertrieb, Menschen auf dem Scheiterhaufen verbrennen ließ oder sie für weitaus geringere Ketzereien als diese auf die Streckbank binden ließ.

Doch ungeachtet aller Risiken forscht die Wissenschaft weiter.

Ein Beispiel sind die Ergebnisse einer Gruppe von Meereskundlern, die eine Methode gefunden haben, die biblische Teilung der Fluten durch Moses, die im 2. Buch Mose beschrieben wird und durch den Regisseur Cecil B. De Mille in seinem Film *Die zehn Gebote* verewigt wurde, zu erklären. Laut einer Theorie, die der Ozeanograph Dr. Doron Nof und der Umweltforscher Dr. Nathan Paldor 1992 vorstellten, könnten die starke Winde, die entlang des schmalen, flachen Golfs von Suez blasen, dieses Phänomen unter Umständen erklärlich machen.

Der in diesem Zusammenhang wichtigste Abschnitt findet sich im 2. Buch Mose. Darin wird berichtet, wie Moses die Kinder Israels aus der ägyptischen Gefangenschaft führte. Von diesem wichtigsten Ereignis der jüdischen Geschichte heißt es in der Bibel: »Als nun Moses seine Hand über das Meer reckte, ließ es der Herr zurückweichen durch einen starken Ostwind die ganze Nacht und machte das Meer trocken, und die Wasser teilten sich. Und die Kinder Israels gingen mitten ins Meer hinein auf dem Trockenen, und das Wasser war ihnen eine Mauer zur Rechten und zur Linken.«

Als die Israeliten sicher das Wasser durchquert hatten, schloß es sich vor den verfolgenden Wagen des Pharaos. Die Juden zogen weiter und wanderten vierzig Jahre in der Wüste umher. In dieser Zeit empfing Moses die Zehn Gebote. (Das bringt mich auf einen geographischen Witz. Frage: »Warum weiß man, daß Moses ein Mann war?« Antwort: »Vierzig Jahre ist er in der Wüste herumgeirrt, aber trotzdem wollte er sich nicht nach dem Weg erkundigen.«)

Das Problem der Historiker und Forscher, die sich für diese Frage interessieren, bestand teilweise darin, genau zu datieren, wo und wann Moses das Meer teilte. Die zeitliche Bestimmung ist schwierig, aber die meisten Wissenschaftler gehen von einem Zeitraum irgendwann zwischen 1350 und 1250 v. Chr. aus. Lange Zeit meinte man, die Bibelstelle beziehe sich auf das Rote Meer, genauer: den Golf von Suez, einen Arm des Roten Meeres, der Ägypten von der Halbinsel Sinai trennt. In den letzten 30 Jahren haben Bibelforscher die hebräischen Texte des 2. Buches Mose aber dahingehend neu interpretiert, daß die Israeliten das »Schilfmeer« durchquerten, eine marschige Gegend am Nordende des Golfs von Suez, nicht das Rote Meer selbst. Andere Forscher gehen sogar von einem noch weiter nördlich gelegenen Ort aus, dem Manzalasee an der Mittelmeerküste.

Aber Nof und Paldor verweisen auf den Golf von Suez, denn er ist schmal und recht flach, mit Bergen auf beiden Seiten, die den Wind kanalisieren. Die Wissenschaftler legten dar, daß ein kräftiger, stetiger Wind, der zehn bis zwölf Stunden bläst, das Wasser von der Küste fortwehen und einen unterseeischen Bergrücken freilegen könnte. Sie halten den biblischen Bericht, in dem es heißt, die ganze Nacht habe ein heftiger Wind geweht, bevor die Israeliten die Durchquerung wagten, für durchaus übereinstimmend mit ihrer Theorie.

Eine andere mögliche Erklärung für die Teilung des Wassers lautet: Durch einen Vulkanausbruch auf der Insel Thera wurde eine mächtige Meereswelle ausgelöst. (Vgl. Kapitel 1: »Imaginäre Orte: Gab es ein Atlantis?«, S. 40). Aber das Datum jener Katastrophe scheint so früh, daß man sie nicht mit dem Auszug aus Ägypten in Verbindung bringen kann. Wer sichergehen möchte, kann immer noch behaupten, Gott habe den Vulkanausbruch oder das Erdbeben verursacht, der die Mauer von Jericho zum Einsturz gebracht hat oder den Wind aufkommen lassen, der das Meer teilte. Dr. Paldor äußerte in der *New York Times* im Grunde die gleiche Meinung: »Gläubige können die Gegenwart und die Existenz Gottes in der Erschaffung des Windes mit seinen besonderen Eigenschaften wie auch in der Erschaffung eines Wunders finden.«

Niemand kann Ihnen das Gegenteil nachweisen, und so wird man Ihnen nichts nachsagen können, wenn der Tag gekommen ist, da Sie vor Ihren Schöpfer treten.

Imaginäre Orte: Gab es ein Troja?

Die Fragen, die sich um die Quellen der Mythologie und Literatur der Griechen drehen, sind sicherlich weniger kontrovers als die Ansichten, die die Wahrheit des 2. Buches Mose oder des Buchs Josua in Zweifel ziehen. Ironischerweise wissen wir mehr über die Ereignisse, die in Homers Heldenepos *Ilias* und seinem Begleiter, der *Odyssee*, dem Beginn der abendländischen Literatur, geschildert werden, als über den historischen Fall von Jericho oder den tatsächlichen Auszug aus Ägypten. Dabei lagen diese Geschehnisse möglicherweise nur einige hundert Jahre auseinander. Auch haben wir mehr Kenntnisse über Troja als über den »Autor« dieser Epen, einen blinden Dichter, der die Geschichten um 800 v. Chr. rezitierte, also vierhundert Jahre nach den darin beschriebenen Ereignissen.

Das Troja, von dem Homer berichtet, war eine Küstenstadt im alten Kleinasien (auch bekannt als die griechische und römische Stadt Ilium, von der sich der Name Ilias herleitet). Um 1250 v. Chr. kam es zwischen den Trojanern und einem Bündnis der Griechen zum Krieg. Folgt man dem Bericht Homers, wollten die Griechen die Entführung Helenas, der Ehefrau des Menelaus, des Königs von Sparta, durch Paris, Sohn des Priamos, des Königs von Troja, rächen. Das Heldenepos wurde über Generationen hinweg mündlich überliefert, bis es schließlich niedergeschrieben wurde. Darin wird, so die Historikerin Barbara W. Tuchman, von »zehn Jahren eines vergeblichen, schwankenden, edelmütigen, listenreichen, erbitterten, neiderfüllten und nur gelegentlich heroischen Kampfes« berichtet. Es erzählt eine allgemeingültige Geschichte von zwei Kriegsparteien, ihren Helden sowie den häufig kleinlichen Einmischungen der griechischen Götter des Olymps, die beim Ausbruch des Krieges, während der Kämpfe und bei deren Ausgang eine höchst aktive Rolle spielten.

Troja fällt, nachdem die Griechen ein hölzernes Pferd vor den Mauern der Stadt zurückgelassen haben, in dem sich ihre Krieger versteckt halten. Das Pferd wird in die Stadt gebracht, die Griechen lassen den Rest des Heeres in die Stadt, und Troja wird geplündert und in Brand gesetzt. (Zu den Überlebenden auf der Seite Trojas zählt der Krieger Äneas, der später Italien eroberte. Diese Geschichte erzählt die *Aeneis,* das römische Heldenepos des Vergil.) Die List, das »Trojanische Pferd«, hatte Odysseus (lat. Ulixes) ersonnen, von dessen Abenteuern auf seiner zehnjährigen Wanderschaft Homers *Odyssee* berichtet. Für Generationen von Griechen bedeutete dieses Heldenepos ein kulturelles Erbe, das als beinahe ebenso heilig galt wie die Bibel. Aber Troja blieb ein mythischer Ort, bis es zwischen 1870 und 1890 von Heinrich Schliemann (1822-1890), einem Autodidakten und Sohn eines protestantischen Pfarrers aus Neubuckow in Brandenburg, wiederentdeckt wurde. Er war überzeugt, daß Troja nahe Hisarlik, südlich der Dardanellen (türk. Canakkale Bogazi) lag, einer schmalen Meeresstraße, die das Ägäische Meer mit dem Marmarameer verbindet. Schliemann entdeckte bei seinen Ausgrabungen nahe Hisarlik zwar mit Sicherheit Troja, doch grub er sich irrtümlich auch durch mehrere Schichten und überging dabei diejenige, nach der er suchte. Schließlich wurden acht übereinanderliegende Schichten freigelegt. Die früheste Stätte, Troja I, datiert ungefähr auf die Zeit 3000 vor Christus. In der nächsten Schicht, Troja II, fand sich eine mächtige Festungsstadt, deren Einwohner offenbar weitgefächerte Handelsverbindungen unterhielten. Der berühmte Schatz aus Gold, Kupfer und Bronze läßt auf den Reichtum der Einwohner schließen. In Troja VI, das auf die Zeit zwischen 2000-1300 v. Chr. datiert, stieß man auf eine von mächtigen Mauern aus Kalkstein umgebene Festung mit terrassenförmig angelegten großen Wohnhäusern. Wie es scheint, wurde sie durch ein Erdbeben zerstört.

Das Homerische Troja wurde offenbar als Troja VIIa wieder aufgebaut. Man hat nachgewiesen, daß es geplündert und durch einen Brand zerstört wurde.

Wie heißen die Sieben Weltwunder?

Manche haben vielleicht nur in Mythen und Legenden existiert, als Gegenstand zahlloser Lügengeschichten. Einige stehen immer noch. Bruckstücke anderer werden als Relikte in Museen aufbewahrt. Griechische Schriftsteller haben diese sieben Orte als die bedeutendsten Bauwerke der Antike bezeichnet. Alle sieben dürften in der Zeit vor Christi Geburt ebenso berühmt gewesen sein wie das Empire State Building, der Eiffelturm, das Tadsch Mahal oder die Sixtinische Kapelle heute: Es sind Wahrzeichen, die jeder Gebildete sofort erkennt.

Die Pyramiden von Gizeh: Die drei berühmten Pyramiden in Ägypten sind das einzige der Weltwunder, das immer noch steht. Sie liegen vor den Toren des heutigen Kairos, wurden vor etwa 4 600 Jahren errichtet. Die größte Pyramide, die Khufu (oder Cheops) erbaute, hatte Schätzungen zufolge ursprünglich eine Höhe von 164 Metern (infolge der Erosion ist sie heute auf 153 Meter geschrumpft). Die Seiten der Treppenbasis sind 230 Meter lang. Die Große Pyramide wurde aus über zwei Millionen Steinquadern errichtet, von denen jeder ein Gewicht von zweieinhalb Tonnen hat. Ihre Erbauer waren in der Lage, die Pyramide als nahezu vollkommenes Quadrat auszurichten, wobei die Seiten fast genau den vier Hauptpunkten auf dem Kompaß entsprachen. Die zweite Pyramide, die Chephren errichten ließ, ist nur geringfügig kleiner. Die dritte und kleinste ist die Pyramide von Mycerinus. Neben den Pyramiden ist die nahegelegene, aus Felsblöcken gehauene Sphinx eine weitere eindrucksvolle Attraktion in Gizeh. Sie trägt den Kopf des Pharaos Chephren auf dem Körper eines Löwen.

Die Hängenden Gärten der Semiramis: Heute ist der einstige Glanz Babylons verblaßt; es sind nur noch einige wenige Ruinen nahe dem Euphrat im Irak zu sehen. Doch vor 4 000 Jahren war Babylon die Hauptstadt eines der großen Reiche der Antike. Nach der Niederlage der Assyrer um 626 v. Chr. wurde Babylon zur Hauptstadt unter den beiden Herrschern Nabupolassar und dessen Sohn Nebukadnezar II. (um 630-562 v. Chr.). Nebukadnezars Frau, Semiramis, war die Tochter des persischen Königs; der Legende nach fehlten ihr die Berge der persischen Heimat. Um seine Königin zu besänftigen, soll Nebukadnezar II. die hängenden Gärten um 600 v. Chr. errichtet haben.

Wenn man den Berichten von ihrer Höhe und Schönheit Glauben schenken darf, waren die 110 Meter hohen, terrassenförmig angelegten Gärten – das entspricht drei Vierteln der Höhe der Großen Pyramide – eine architektonische und ingenieurwissenschaftliche Meisterleistung. Sklaven bedienten die Brunnen, und hydraulische Pumpen beförderten das zur Bewässerung der prächtigen Gärten erforderliche Wasser nach oben.

Nebukadnezar II. hat aber nicht nur die Gärten erbaut, sondern er war auch der babylonische Herrscher, der 597 v. Chr. einen Teil Jerusalems eroberte und die Stadt anschließend zerstören ließ. 586 v. Chr. führte er Tausende von Juden nach Babylon in die Gefangenschaft. 539 v. Chr., etwa 23 Jahre nach Nebukadnezars Tod, eroberte der persische König Cyrus Babylon.

Das Kultbild des Zeus von Olympia: Von dieser berühmten Statue des mächtigsten Gottes der Griechen (bei den Römern Jupiter genannt) existieren keine Überreste mehr. Sie wurde 435 v. Chr. fertiggestellt, soll 13 Meter hoch und aus Elfenbein und Gold gewesen sein; Zeus sitzt auf einem großen Thron aus Zedernholz. Die Statue befand sich nicht auf dem Olymp, dem Berg im Nordosten Griechenlands, der mythischen Heimat der Götter, sondern im Großen Tempel in der Ebene von Olympia in Südgriechenland, wo die Olympischen Spiele der Antike alle vier Jahre stattfanden.

Der geistesgestörte römische Kaiser Caligula wollte das Kultbild nach Rom holen lassen und Zeus' Kopf durch das Bildwerk seines eigenen Kopfes ersetzen lassen. Der Plan zerschlug sich, als ein lautes Lachen die Arbeiter, die die Statue bewegen wollten, aus dem Tempel vertrieb. Ein anderer römischer Kaiser, Theodosius, ließ die Statue nach Konstantinopel holen, wo sie bei einem Brand im Jahr 475 n. Chr. zerstört wurde. Die Stätte des Großen Tempels existiert bis heute, es sind jedoch nur einige einzelne Steinblöcke zu sehen. Zwar blieb nichts von Zeus übrig, andere Bruchstücke der originalen Skulptur aus dem Tempel sind aber im Museum in Olympia ausgestellt.

Der Tempel der Artemis (Diana) in Ephesus: Dieses um 323 v. Chr. vollendete Wunder der Antike soll das schönste von allen gewesen sein. Es wurde zu Ehren der Tochter des Zeus und der Schwester des Sonnengottes Apollon gebaut. Ephesus war eine antike griechische Stadt an der ägäischen Küste in der heutigen Türkei. Es war zudem römische Provinzhauptstadt und die Stadt, in der der Apostel Paulus lebte und fast einen Aufstand auslöste, als er gegen die ausschweifende Verehrung der Artemis, einer uralten Fruchtbarkeitsgöttin, predigte.

Mit seinen 127 Marmorsäulen, jede 18 Meter hoch, war der Tempel groß, ein architektonisches Meisterwerk. Nach einem antiken Autor »übertrifft« der Tempel »jedes von Menschenhand errichtete Bauwerk«. 262 n. Chr. wurde die

Tempelstätte von gotischen Eroberern zerstört; später wurde sie unter einem Fluß begraben, dessen Lauf sich geändert hatte. Einige Überreste der berühmten Säulen sind heute im Britischen Museum in London aufbewahrt.

Das Mausoleum zu Halikarnassos: Dieses Bauwerk lag nahe der Küstenstadt Bodrum in der Türkei. Errichtet wurde es von Königin Artemisia zum Gedenken an ihren Bruder, König Mausolos von Karia, einer Provinz des Persischen Reiches in Kleinasien, der 353 v. Chr. starb. Artemisia starb vor Beendigung der Arbeiten. Der fertiggestellte Schrein zu Ehren des Königs Mausolos war eine Pyramide, die auf einer quadratischen Treppenbasis ruhte. Oben auf der Pyramide befand sich die Skulptur eines von Pferden gezogenen Wagens, in dem der König stand.

Einige Reste des Bauwerkes, darunter eine mächtige Statue, finden sich ebenfalls im Britischen Museum. Der Schrein ist der Ursprung des Wortes *Mausoleum.*

Der Koloß von Rhodos: Die Insel Rhodos liegt 19 Kilometer vor der türkischen Küste und gehört heute zu Griechenland. Im Jahr 312 v. Chr. kam es zwischen Rhodos und dem griechischen Staat Mazedonien zu einem Krieg. Nachdem Rhodos einen Angriff abgewehrt hatte, gab man eine Statue zu Ehren des Gottes Apollon in Auftrag, die aus dem Metall der erbeuteten Waffen der Mazedonier gegossen werden sollte. Der Bildhauer Chares benötigte zwölf Jahre für den Bau der kolossalen Statue. Als der Koloß, der Apollon darstellte, 280 v. Chr. fertiggestellt war, ragte er 32 Meter hoch über den Hafen von Rhodos. Fälschlich heißt es, der Koloß sei so hoch gewesen, daß Schiffe zwischen seinen Beinen hindurchfahren konnten. Der Legende zufolge brachte Chares sich um, da er glaubte, bei den Proportionen der Figur Fehler gemacht zu haben. Obwohl der Koloß in der Antike durchweg bekannt war, sollte dessen Existenz nur von kurzer Dauer sein. Die Figur wurde 50 Jahre nach ihrer Fertigstellung durch ein Erdbeben zerstört. Jedoch konnte der römische Geschichtsschreiber Plinius auch im 1. Jahrhundert n. Chr. noch die Größe ihrer Einzelteile bewundern.

Der Leuchtturm von Pharos: Der 270 v. Chr. auf der kleinen Insel Pharos vor der Küste Ägyptens erbaute Leuchtturm stand vor dem Hafen von Alexandria, das seit seiner Gründung im Jahr 332 v. Chr. durch Alexander den Großen die Kulturhauptstadt der Welt war. Der vom griechischen Architekten Sostratos erbaute Leuchtturm aus weißem Marmor war 134 Meter hoch, hatte eine quadratische Basis, einen achteckigen Mittelteil und einen kreisförmigen oberen Teil. In einem Kohlebecken oben auf dem Leuchturm brannte ständig ein Feuer, das der Schiffahrt im Mittelmeer als Leuchtfeuer diente. Im oberen Teil befand sich ein Spiegel, der angeblich als Waffe diente, da er die Sonnenstrahlen zu bündeln und feindliche Schiffe in Brand zu setzen vermochte. Lange Zeit benutzte man das Wort Pharos zur Beschreibung eines jeden Leuchtturms. Der Leuchtturm von Pharos erfüllte seine Aufgabe fast neunhundert Jahre lang, bis die Araber Alexandria eroberten und ihn zur Hälfte abrissen. Ein großes Erdbeben im Jahr 1375 zerstörte die Überreste, die in großen Marmorblöcken in das Hafenbecken stürzten, wo sie bis heute liegen.

Natürlich konnten die griechischen Schriftsteller und Historiker, die von diesen Weltwundern berichteten, nur über die Geschehnisse in der ihnen bekannten Welt schreiben. Anderswo in der bewohnten Welt vor Christi Geburt fanden sich andere Weltwunder. Besonders stark fällt bei der Liste der Sieben Weltwunder auf, daß die Große Mauer darin fehlt, der längste Verteidigungswall der Erde und vielleicht das größte je von Menschen unternommene Bauvorhaben. Obwohl ein Großteil der gegenwärtigen Chinesischen Mauer auf die Zeit 1420 n. Chr. zurückgeht, als sie während der Mingdynastie erweitert wurde, geht die Mauer ursprünglich auf die Zeit um 221 v. Chr. zurück. Zu der Zeit vereinigte nämlich der mächtige Kaiser Shih Huang Ti das Reich unter der Ch'indynastie. Um seine nördliche Grenze vor den Hsiungu (den Hunnen) zu schützen, befahl der »Erhabene Kaiser des Anfangs«, daß man die bestehenden Stadtmauern an der nördlichen Grenze verband, die dann die Große Mauer bildeten. Berichten aus der damaligen Zeit zufolge schufteten 300 000 Menschen mehrere Jahre lang. Um 215 v. Chr. war die über 2 000 Kilometer lange Mauer schließlich fertiggestellt.

Auch eine ganze Stadt, die durchaus als Wunder hätte gelten können, übersah man: die persische Hauptstadt Persepolis. Angesichts der schlechten Meinung der Griechen von den Persern ist es allerdings nicht verwunderlich, daß die griechischen Autoren diese Leistung der Perser übergingen. Zwischen Griechenland und Persien, den Supermächten der damaligen Zeit, herrschte nicht gerade Einvernehmen. Das Persische Reich, der Nachfolgerstaat der Reiche von Babylon, Ägypten und Assyrien, hatte seine Mitte im Gebiet des heutigen Iran und war größer und bevölkerungsreicher als irgendeines seiner Vorgänger in der Antike. Darius I., der von 522 v. Chr bis 486 v. Chr. regierte, errichtete Persepolis auf völlig neuem Grund. Die komplett neu errichtete Metropole ist insofern ein Vorläufer ähnlicher, auf dem Reißbrett entworfener Hauptstädte wie Washington, D. C. und Brasilia.

Persepolis wurde terrassenförmig aus natürlichem Felsgestein gebaut; hinter der festungsähnlichen Terrasse erhob sich schützend eine steile Felsklippe. Anders als bei anderen Bauvorhaben der Antike, wie den Pyramiden, wurde die Stadt von bezahlten Arbeitern, nicht von Sklaven erbaut. Tontafeln aus der Zeit des Baus verzeichnen die Löhne. Persepolis war ein überwältigendes Stück Architektur; es entstanden riesige Paläste, zeremonielle Treppen und eindrucksvolle

Skulpturen, wie etwa das große Tor von Xerxes I., Sohn des Darius I. Das Reich der Perser erlebte seine Blüte, als die Griechen ihren Aufstieg begannen und die beiden Reiche mehrere erbitterte Kriege gegeneinander führten. Darius unterlag in der berühmten Schlacht von Marathon (490 v. Chr.). Sein Sohn Xerxes führte den Krieg gegen die Griechen weiter. Er wurde an den Thermopylen (480 v. Chr.) geschlagen, konnte Athen aber dennoch zerstören. Doch in der bedeutenden Seeschlacht bei Salamis vernichteten die Athener seine Flotte. Hätten diese Perserkriege, von denen unter anderem Herodot, der »Vater der Geschichtsschreibung«, berichtet, einen anderen Ausgang genommen, hätte die Antike vielleicht ganz anders ausgesehen. Mit dem Sieg der Griechen beginnt die Vorherrschaft der griechischen und damit der »westlichen« Zivilisation, die seither immer wieder ihre vermeintliche moralische und kulturelle Überlegenheit gegenüber dem Osten zum Ausdruck brachte. (Vgl. »Schlachtfelder, die Geschichte schrieben«, S. 247.)

Schließlich wurde das Reich der Perser, das stark unter Intrigen bei Hofe zu leiden hatte, im Jahr 330 v. Chr. von Alexander dem Großen unterworfen, der Persepolis aus Rache für die frühere Zerstörung Athens durch Xerxes plünderte und zerstörte. 1971 veranstaltete der Schah von Persien – der später durch die Iranische Revolution abgesetzt wurde – zur Feier des 2 500jährigen Bestehens der iranischen Monarchie in den Ruinen von Persepolis eine riesige Feier.

War Kleopatra eine Schwarze?

In Michael Jacksons Musik-Video *Remember the Time* spielt der Filmschaupieler Eddy Murphy den Pharao. Seine Königin, Nofretete, wird vom Fotomodell Iman dargestellt. Zwar kann man getrost behaupten, daß die ägyptischen Pharaonen nicht aussahen wie Yul Brynner, aber die äußere Erscheinung von Schauspielern aus Vorabendserien hatten sie bestimmt auch nicht. Fest steht hingegen, daß Moses wenig mit Charlton Heston gemein hatte und Jesus nicht dem schwedischen Schauspieler Max von Sydow ähnelte, der Christus in dem Film *The Greatest Story Ever Told* verkörperte. Hollywood hat schon immer seine eigene Version der Realität bevorzugt, und die hat wenig mit der historischen Wahrheit zu tun. Aber wenn Kleopatra keine Ähnlichkeit mit Elizabeth Taylor hatte – wie sah sie dann aus?

Das ist nicht nur ein amüsantes Gesellschaftsspiel. Die Frage, wie die Menschen des Altertums aussahen, wer sie waren, woher sie kamen und was sie vollbrachten, steht im Mittelpunkt einer heftigen Diskussion an amerikanischen Universitäten, die die Sherry-Gläser in den universitären Elfenbeintürmen erzittern läßt. Im wesentlichen geht es dabei um den Afrozentrismus, einen speziellen Zweig der multikulturellen Bewegung in den Vereinigten Staaten. Deren Vertreter möchten, daß die heutigen Schulbücher von der Geschichte, den Errungenschaften und den Erkenntnissen vernachlässigter Minderheiten berichten und nicht das widerspiegeln, was über weiße europäische Männer traditionellerweise unter dem Oberbegriff »westliche Zivilisation« unterrichtet wird.

Die Afrozentristen verweisen auf die besonderen Leistungen, mit denen die Afrikaner zum Aufstieg und zur Entwicklung der frühen Kulturen beitrugen. Damit kommen wir zum Kern der Kleopatra-Frage. Einige Forscher haben die Meinung vertreten, daß Ägypten, das man lange für die erste bedeutende Zivilisation hielt, in Wahrheit eine schwarzafrikanische Gesellschaft war. Durch Ausbreitung seien ägyptische Einflüsse auf Griechenland – und zwar nicht geringe, darunter die Mythologie und Mathematik und die astronomische Beobachtung – sowie afrikanische Einflüsse entstanden. Vertreter des Afrozentrismus verweisen anklagend auf jahrhundertealte vorurteilsgeladene Forschungen sowie auf Schulbücher, von denen man behauptet, in ihnen werde mit Absicht das afrikanische Erbe vernachlässigt. Vor allem verweisen die Befürworter der multikulturellen und afrozentristischen Bildung auf die Existenz mächtiger Kulturen, die in Afrika bereits bestanden, als sich Europa noch mitten im dunklen Mittelalter befand. Diese Gesellschaften habe man bei der Beschäftigung mit der mittelalterlichen Welt völlig übersehen.

Das grundlegende und wissenschaftlich seriöseste Buch, das sich dieser Frage widmet, hat Professor Martin Bernal von der Cornell Universität verfaßt, dessen zweibändiges Werk *Black Athena* die Debatte eröffnete. In seinen mehrfach ausgezeichneten Büchern bedient sich Bernal alter Dokumente, archäologischer Indizien sowie beachtlicher Sprachkenntnisse, um den Einfluß Ägyptens auf das alte Griechenland und – von dort ausgehend – auf den Rest der westlichen Zivilisation nachzuverfolgen.

Historisch gesehen kann Ägypten seinen Ursprung in den schwarzafrikanischen Gesellschaften des Oberen Nils, also im heutigen Äthiopien, gehabt haben. Doch im Laufe von Jahrtausenden verbanden sich die nahe der Sahara lebenden Afrikaner mit asiatischen und mediterranen Völkern, und die Bevölkerung wurde gemischtrassig. Michael Jacksons *Remember The Time* mag ein fabelhafter Song zum Tanzen sein, aber er steht auf sehr wackligem historischen Boden.

Was Kleopatra angeht, so sollte zunächst gesagt werden, daß es während der ptolemäischen Zeit mehrere von ihnen gab. Die berühmteste Kleopatra lebte etwa zwischen 69-30 v. Chr. und regierte Ägypten seit 51 vor Christus. Sie war Mitglied der ptolemäischen Herrscherfamilie und entstammte der griechischen Dynastie, die die Generäle Alexander des Großen nach ihrer Eroberung Ägyptens auf den Thron brachten. Angesichts ihrer Vorfahren war sie höchstwahrscheinlich keine Schwarze.

Aber langweilig war sie bestimmt nicht. Zunächst heiratete sie ihren Bruder und wurde ins Exil verbannt. Dann zog sie die Aufmerksamkeit Julius Cäsars auf sich, der sie wieder an die Macht brachte, als er 48 v. Chr. Ägypten eroberte. Kleopatra wurde seine Geliebte, gebar ihm einen Sohn und lebte mit ihm in Rom zusammen. Sie kehrte nach Ägypten zurück und heiratete einen anderen Bruder, ließ ihn jedoch vergiften. Hier kommt der römische General Markus Antonius ins Spiel, mit dem sie zwölf Jahre zusammenlebte – für ihn ein miserabler Karriereschritt. Denn er kostete ihn die Unterstützung in Rom, so daß er schließlich nach der Niederlage in der Schlacht von Actium Selbstmord beging. Als es Kleopatra nicht gelungen war, die Liebe des Augustus, Antonius' Rivalen, zu gewinnen, soll sie sich eine Giftnatter an die Brust gesetzt und Selbstmord begangen haben.

Meilensteine der Geographie V

1900-1949

1903: Die Gebrüder Wright, Wilbur (1876-1912) und Orville (1871-1948), starten das erste Flugzeug in Kitty Hawk, North Carolina. Der längste Flug, bei dem eine Strecke von 290 Metern zurückgelegt wurde, währte 59 Sekunden – das entspricht einer Geschwindigkeit von 18 Stundenkilometern. Fünf Jahre später dauert Orvilles erster Flug eine Stunde.

1904: Der Russisch-Japanische Krieg endet mit dem Vertrag von Portsmouth (New Hampshire), den der amerikanische Präsident Theodore Roosevelt aushandelt. Darin werden Japan größere territoriale Zugeständnisse gemacht, wodurch die Macht der Japaner in der Region stark anwächst.

1905: Der amerikanische Forscher Daniel Barringer vertritt die These, daß ein großer Krater in Arizona durch den Aufprall eines Meteors und nicht durch einen Vulkanausbruch entstand. Der Krater ist unter dem Namen Großer Barringer-Meteorkrater bekannt.

1908: Eine mysteriöse Explosion in der Gegend von Tunguska in Sibirien macht ein riesiges Gebiet dem Erdboden gleich und fällte Millionen Bäume. Die freigegebene Energie entspricht der von zwanzig großen Wasserstoffbomben. Man findet jedoch keine Teile eines Meteors und kann die Ursache nie abschließend bestimmen. Heute glaubt man, daß ein sogenannter Himmelswanderer – der eisige Bestandteil eines Kometen oder ein steiniger Asteroid von vielleicht 50 Metern Durchmesser – acht Kilometer über Siberien in der Atmosphäre verglühte (Vgl. in Kapitel 6: Hat ein Asteroid die Dinosaurier umgebracht?, S. 359).

1909: Der französische Flieger und Ingenieur Louis Blériot (1872-1936) unternimmt den ersten Flug über den Ärmelkanal. Der Flug ist nach 37 Minuten vorüber.

1909: Der amerikanische Entdecker Robert Edwin Peary (1856-1920) erreicht den Nordpol. Er wird von einem Team von Inuit und seinem Assistenten Matthew Henson begleitet. Henson ist ein schwarzer Forscher, der für den Umgang mit den Inuit und die Beaufsichtigung der Hundeschlitten unverzichtbar ist, da sie die wagemutige Expedition erst ermöglichen. Pearys Anspruch, als erster Mensch den Nordpol erreicht zu haben, wurde sofort von seinem Rivalen Frederick Cook in Frage gestellt, der aussagt, er sei als erster zum Nordpol gelangt. Danach entbrennt ein Public-Relations-Krieg zwischen den beiden Entdeckern. Die meisten modernen Autoritäten, darunter auch die *National Geographic Society*, schenken Peary Glauben und ziehen Cooks Anspruch in Zweifel. Pearys Buch über die Expeditionen, *Northward Over the Great Ice*, enthält Aktaufnahmen von seiner 14jährigen Inuit-Geliebten und anderen Inuit-Mädchen, die der Autor als »ethnographische Studien« ausgibt.

1911: Der norwegische Entdecker Roald Amundsen (1872-1928) erreicht den Südpol und schlägt die vom Pech verfolgte Expedition Scotts um einen Monat. Amundsen stirbt, als sein Flugzeug während der Suche nach einem anderen Entdecker abstürzt.

Stimmen der Geographie: Aus dem Tagebuch von Kapitän Robert Scott, das eine Suchmannschaft im November 1912 fand.

> *Sonntag, 18. März 1912:* Heute beim zweiten Frühstück sind wir 39 Kilometer vom Depot entfernt. Das Unglück schreitet weiter. Gestern hatten wir wieder Gegenwind, und der Schnee trieb uns ins Gesicht; wir mußten den Marsch unterbrechen; Temperatur –35 Grad. Kein menschliches Wesen brächte es fertig, solch einem Wetter zu trotzen, und unsere Kraft ist fast erschöpft [...].
>
> *Donnerstag, 29. März:* Seit dem 21. hat es unaufhörlich aus Südwest gestürmt. Jeden Tag waren wir bereit, nach unserem nur noch 20 Kilometer entfernten Depot zu marschieren, aber draußen vor der Zelttür ist die ganze Landschaft ein wirbelndes Schneegestöber. Wir können jetzt nicht mehr auf Besserung hoffen. Aber wir werden bis zum Ende aushalten; der Tod kann nicht mehr fern sein. Es ist ein Jammer, aber ich glaube nicht, daß ich noch weiter schreiben kann.
>
> R. Scott
>
> Um Gottes willen – sorgt für unsere Hinterbliebenen!

Meilensteine der Geographie V (Fortsetzung)

1912: Der deutsche Geologe Alfred Wegener (1880-1930) veröffentlicht seine Theorie der Kontinentalverschiebung. Sie wird in Forscherkreisen abgelehnt, bis die seit den sechziger Jahren gesammelten Indizien zeigen, daß Wegener in den Grundzügen recht hat.
Das angeblich unsinkbare britische Passagierschiff *Titanic* rammt einen Eisberg und sinkt. Das Unglück fordert 1 500 Todesopfer. (Das Wrack wurde 1985 vor Neufundland gefunden.)

1913: Der Meridian von Greenwich wird international als der Nullmeridian eingeführt.
Henry Ford führt das Fließband in die Automobilproduktion ein. Das führt zu einer Verringerung der Produktionszeit von zwölfeinhalb auf eineinhalb Stunden sowie zu einer drastischen Senkung der Herstellungskosten für ein Automobil.
Die Balkan-Kriege. In zwei Kriegen verliert das Osmanische Reich fast alle seine europäischen Gebiete.

1914: Der Panama-Kanal wird eröffnet. Er verbindet den Pazifik mit dem Atlantik durch das Karibische Meer. Mit dem Bau des 65 Kilometer langen Kanals wird 1903 begonnen, nachdem amerikanische Kriegsschiffe eine Rebellion unterstützt haben, die zur Entstehung Panamas aus dem Staat Kolumbien führt.
In Cleveland, Ohio, werden Verkehrsampeln mit roten und grünen Warnlichtern eingeführt.
Beginn des Ersten Weltkrieges. Er dauert bis 1918 und führt zu einer Neuordnung der Karte Europas und der verschiedenen europäischen Besitzungen auf der ganzen Welt.

1915: Der deutsche Hugo Junkers konstruiert das erste Kampfflugzeug.

1917: Die Russische Revolution entthront den Zaren und setzt an die Stelle der Monarchie ein kommunistisches Regime unter dem Gründer der Bolschewistischen Partei und des Sowjetstaates Wladimir Iljitsch Lenin (1870-1924).
Der Bau der Transsibirischen Eisenbahn, der längsten Eisenbahnstrecke der Welt, wird beendet. 1891 war mit dem Bau der 9 313 Kilometer langen Strecke von Moskau nach Wladiwostok am Japanischen Meer begonnen worden, die die riesige Wildnis Sibiriens für die wirtschaftliche Entwicklung erschließt.
Die Balfour-Deklaration verspricht den Juden eine Heimstatt in Palästina.

1919: Mit dem Versailler Vertrag endet offiziell der Erste Weltkrieg, die Bedingungen werden Deutschland und seinen Verbündeten aufgezwungen. Aufgrund des Vertrages verliert Deutschland seine afrikanischen Kolonien, Elsaß und Lothringen gehen an Frankreich. Gleichzeitig werden weite Bereiche des Nahen Ostens – früher Teil des Osmanischen Reiches, das sich mit Deutschland verbündet hatte – der Verwaltung der siegreichen Alliierten unterstellt. Die Briten übernehmen die Verwaltung Palästinas, des Westjordanlandes und Mesopotamiens. Die Franzosen erlangen die Kontrolle über den Libanon und Syrien. Das ehemalige Reich Österreich-Ungarn und die Staaten Montenegro und Serbien verschwinden von der Landkarte. Nach ihrer Aufteilung entstehen daraus schließlich Polen, die Tschechoslowakei und Jugoslawien. Das neue Polen entsteht in einem bis zur Ostsee reichenden Korridor. Aus der deutschen Hafenstadt Danzig wird die polnische Stadt Gdansk.

1920: Irland wird zwischen dem größtenteils protestantischen Nordirland und dem katholischen Irischen Freistaat aufgeteilt. (**1949** wird Irland Republik und kappt alle Verbindungen mit England, doch Nordirland bleibt ein Teil von Großbritannien.)

1922: Die Union der Sozialistischen Sowjetrepubliken (UdSSR) wird ausgerufen. **1924** stirbt Lenin, sein Nachfolger wird Joseph Stalin (1879-1853).
Die heutige Türkische Republik entsteht aus dem alten Osmanischen Reich. **1930** wird der Name Konstantinopel zu Istanbul geändert.
Irak, das ehemalige sogenannte Mesopotamien, wird als Königreich anerkannt.

1925: In Südafrika übergibt man dem Arzt und Amateuranthropologen Raymond Dart den Schädel des »Taung-Kindes«. Da es sich seiner Vermutung nach weder um einen Menschen, noch um einen Affen handelt, tauft Dart die Art auf den Namen *australopithecus africanus* (»südlicher Affe aus Afrika«). Die wissenschaftliche Gemeinde akzeptiert diese Auffassung jedoch erst 1950. Aufgrund neuerer Datierungsmethoden läßt sich nachweisen, daß der *a. africanus* zweieinhalb Millionen Jahre alt ist, viel älter als Dart selbst vermutet hat.
Das deutsche Forschungsschiff *Meteor* entdeckt unter Einsatz des erst kurz zuvor erfundenen Sonarsystems (*sound navigation ranging*) den Mittelatlantischen Rücken, die Gebirgskette unter dem Atlantischen Ozean.

1926: Der amerikanische Flieger und Entdecker Richard E. Byrd (1888-1957), später Konteradmiral, überfliegt als erster Mensch den Nordpol.

1927: Der amerikanische Flieger Charles Lindbergh (1902-1974) unternimmt mit der *Spirit of St. Louis* seinen ersten Nonstop-Alleinflug über den Atlantik. Er beendet den Flug von New York nach Paris nach 33 1/2 Stunden.

1929: Aus dem Königreich der Serben, Kroaten und Slowenen, das aus dem ehemaligen Osmanischen Reich und der Habsburger Monarchie ausgegliedert wird, geht der Staat Jugoslawien hervor.

1931: Nach dem Sturz der Monarchie wird in Spanien die Republik ausgerufen.

1933: In den Vereinigten Staaten wird Franklin D. Roosevelt (1882-1945) zur ersten seiner vier Amtszeiten als Präsident vereidigt, während in Deutschland Adolf Hitler (1889-1945) diktatorische Machtbefugnisse erhält.

1935: Die deutschen Nationalsozialisten weisen den Versailler Vertrag zurück.
Der Name Persien wird in Iran umgeändert.

1936: Die Deutschen besetzen das Rheinland.

1937 Die amerikanische Fliegerin Amelia Earhart und ihr Navigator stürzen über dem Pazifik ab, als sie versuchen, um die Welt zu fliegen.

1939: Die Fluggesellschaft *Pan Am* führt die ersten regelmäßigen kommerziellen Flüge über den Atlantik durch.
Der Zweite Weltkrieg beginnt; er dauert bis **1945**.

1940: Im Anschluß an den geheimen Nichtangriffspakt zwischen Stalin und Hitler werden die drei baltischen Staaten Lettland, Litauen und Estland von der Sowjetunion annektiert.
In der Höhle von Lascaux, nahe Montignac, Frankreich, werden Höhlenmalereien entdeckt, deren Alter man auf etwa 17 000 Jahre datiert.

1943: Jaques Cousteau erfindet die Preßluftflasche.

1945: Auf einer Konferenz in San Francisco werden die Vereinten Nationen (UNO) gegründet.

1947: Die Papyrusrollen von Kumran am Toten Meer werden entdeckt.
Indien wird unabhängige Republik; anschließend trennt sich der Staat in das überwiegend hinduistische Indien und das vorherrschend moslemische Pakistan.

1948: Der Staat Israel wird unabhängig.
Burma und Ceylon wird Unabhängigkeit gewährt. (**1972** wird der Name Ceylon in Sri Lanka (»strahlende Insel«) geändert.

1949: Die Volksrepublik China wird unter der Führung des Vorsitzenden Mao Tsetung ausgerufen (1893-1976).
Die NATO (engl. *North Atlantic Treaty Organisation*, dt. Nordatlantikpakt) wird gegründet. Das Bündnis soll die westeuropäischen Nationen vor der Bedrohung durch einen Angriff der kommunistisch regierten osteuropäischen Staaten schützen. Die Gründungsmitglieder sind Belgien, Kanada, Dänemark, Frankreich, Großbritannien, Island, Luxemburg, die Niederlande, Norwegen, Portugal und die USA. Später treten dem Pakt Griechenland und die Türkei (**1951**), die Bundesrepublik Deutschland (**1955**) und Spanien (**1982**) bei. (**1966** weist Frankreich die Streitkräfte der NATO seines Landes, bleibt jedoch Mitglied mit Sonderstatus.) Seit **1999** sind die drei ehemaligen Ostblockstaaten Polen, Ungarn und Tschechien Mitglieder der NATO.
Gründung der Deutschen Demokratischen Republik und der Bundesrepublik Deutschland. Dadurch wird Deutschland in einen Ost- und einen Westteil gespalten.

Warum führte Hannibal Elefanten über die Alpen – und wußte Napoleon, wie weit es bis Moskau ist?

»Das Ziel eines Krieges«, sagte einmal der britische General Herzog von Wellington (1769-1852), »besteht darin, das zu bekommen, was auf der anderen Seite des Hügels liegt.«

Einfacher kann man nicht ausdrücken, warum Kriege wegen geographischer Gegebenheiten geführt werden. Ein wichtiger Hafen, beispielsweise Port Arthur, kontrolliert die Schiffahrt, die zu einem Land oder einem Kontinent führt. Wer den wichtigsten Hafen kontrolliert, beherrscht das Meer. Oder ein schmaler Gebirgspaß wird zu einer Art Röhre, durch die sich alle Menschen und alles Material hindurchzwängen müssen. Der 40 Kilometer lange Khyber-Paß in der schwer zugänglichen Bergregion zwischen Afghanistan und Pakistan war historisch der entscheidende Zugang zu Indien. Er ist jahrhundertelang, seit der Zeit des Persischen Reiches und Alexanders des Großen, hart umkämpft gewesen. Eine Stadt wie Hastings in Südengland konnte zum Einfallstor auf der Straße werden, die ins Herz einer Nation führt. Andere, scheinbar unwichtige Städte, wie etwa Gettysburg oder Ypern, werden wegen der Straßen, die durch sie hindurchführen, zum entscheidenden Knotenpunkt. Generäle großer Armeen müssen Tausende ernähren. Die Versorgung und der Nachschub werden schwierig, wenn die Invasionsarmee, die auf fremdem Territorium von verläßlichen Quellen der Unterstützung entfernt ist, nach einem Nachschubdepot oder einem Gebiet mit großen Nahrungsmittelvorkommen Ausschau halten muß, das kriegsstrategisch große Bedeutung hat.

Manchmal besitzen die geographischen Gegebenheiten auch nur symbolische Bedeutung. Eine Hauptstadt wie Jerusalem, Washington, D. C. oder Paris wird dann zu einer wertvollen Beute. Vielleicht werden auch eine befestigte Stadt wie Verdun oder ein Außenposten wie das vietnamesische Dien Bien Phu – ein Punkt auf der Landkarte – zu Wendepunkten eines Krieges.

Nicht selten bestimmen geographische Verhältnisse auch den Ausgang eines Krieges – oder zumindest den Ausgang der Schlachten, die das Ende eines Krieges einleiten. Ein anschauliches Beispiel hierfür liefert eine der bedeutendsten Schlachten in der Geschichte Amerikas: das drei Tage währende, verlustreiche Gefecht an jenem kleinen Knotenpunkt in der landwirtschaftlichen Region in Pennsylvania namens Gettysburg. John Noble Wilford schreibt dazu in seinem Buch *The Mapmakers*: »Bei Gettysburg ließ der entschlußfreudige Führer der ›Armee vom Potomac‹ (Gouverneur Kemble) Warren seinen topographisch geschulten Blick über das Schlachtfeld schweifen und erkannte die strategische Bedeutung des Little Round Top. Er führte die Truppen an, die den Hügel vor den Konföderierten erobern sollten. Dieses Vorgehen erwies sich für die Union der Nordstaaten als kriegsentscheidend.«

Die Heldentaten dieses Soldaten und Kartographen – sie wurden in einer Gedenktafel auf dem Schlachtfeld in Gettysburg verewigt – mögen zwar insofern einzigartig gewesen sein, als ein Kartograph einen so offensichtlichen Einfluß auf den Verlauf einer Schlacht hatte. Doch steht heute zweifelsfrei fest, daß die Geographie nicht nur viel mit der Entscheidung, wo Schlachten geführt wurden, sondern auch viel mit ihrem Ausgang zu tun hat.

Die ganze Militärgeschichte hindurch haben kluge Generäle – und Admiräle – immer wieder die Orte von Schlachten gut gewählt und das Terrain zur Festlegung ihrer Taktik genutzt. Im folgenden werden einige der bekanntesten Schlachtfelder der Erde aufgelistet; die Schlachten, die dort geschlagen wurden, waren allesamt Wendepunkte, an denen geographische Faktoren den Lauf der Geschichte beeinflußten.

Schlachtfelder, die Geschichte schrieben

Marathon, Thermopylen und Salamis: Fünfhundert Jahre vor Christus war Persien das mit Abstand größte Reich der Erde und hatte sich von seinem Zentrum im heutigen Iran über Mesopotamien, Kleinasien, Ägypten und Afghanistan ausgebreitet. Griechenland war eine Allianz aufstrebender Stadtstaaten, aus deren Mitte sich Athen allmählich als Führungsmacht herauskristallisierte. Nachdem die Ionier – Griechen, die auf dem Gebiet der heutigen Türkei lebten – gegen ihre persischen Herrscher rebelliert hatten, kamen ihnen andere griechische Staaten zu Hilfe. Daraus entwickelten sich die fast fünfzig Jahre währenden Perserkriege.

Marathon war eine offene Ebene in Griechenland, nordöstlich von Athen. Dort besiegte 490 v. Chr. ein athenisches Heer unter dem Befehl des griechischen Generals Miltiades, der einst unter dem persischen König Darius gedient hatte, eine doppelt so große Invasionsstreitmacht der Perser. Miltiades, der fürchtete, Athen könnte vor einer persischen Flotte kapitulieren, entsandte den Boten Pheidippides nach Athen, um die Botschaft des Sieges zu überbringen. Als dieser die Stadt erreichte, übergab er die Nachricht und brach tot zusammen. Anläßlich der Olympischen Spiele der Antike ehrte man Pheidippides mit dem Marathonlauf, dessen Strecke ungefähr so lang ist wie jene, die der Bote zurückgelegt hatte.

Zehn Jahre nach der Schlacht von Marathon überschritten die Perser, nun geführt von Xerxes, mit einer schätzungsweise 180 000 Mann starken Streitmacht erneut die Grenze nach Griechenland. Diesem Heer, damals vielleicht das größte, das Europa je gesehen hatte, stellte sich bei den **Thermopylen**, einem Engpaß im ostzentralen Griechenland auf der Hauptroute aus dem Norden, eine kleine Streitmacht von 300 Spartanern unter dem Befehl des Leonidas entgegen. Trotz ihrer großen zahlenmäßigen Überlegenheit waren die Perser erst nach drei Tagen in der Lage, die Herrschaft der Spartaner über diesen strategischen Paß zu brechen. Nachdem die Spartaner besiegt worden waren, eroberten die Perser Athen und setzten die Stadt in Brand.

Doch die entscheidende Schlacht fand auf dem Meer statt. Athen hatte eine große Flotte gebaut, die sich in der schmalen Durchfahrt zwischen Griechenland und der kleinen Insel **Salamis**, 16 Kilometer östlich von Athen, zusammengezogen hatte. Abermals erlitten die Perser trotz ihrer Überlegenheit an Truppenstärke eine bedeutende Niederlage. Die Athener hatten einen ungeheuer wichtigen Sieg errungen, der Athen rasch zur Führungsmacht der griechischen Stadtstaaten aufsteigen ließ. Obwohl es weiterhin zu Kämpfen zwischen Griechenland und Persien kam, stellte das Perserreich nun keine wirkliche Bedrohung mehr dar, und die Blütezeit des Hellenismus brach an. In einem größeren historischen Rahmen markierte dieser Sieg den Anfang einer europäischen Tradition, die sich von der Asiens unterschied und die »westliche Zivilisation« begründete.

Cannae, Zama: Nachdem die Griechen und Perser ihre Kämpfe eingestellt hatten, ereignete sich die nächste Konfrontation zwischen zwei Supermächten: den Römern und ihren Rivalen um die Herrschaft über das Mittelmeer, den Karthagern. Karthago, eine Küstenstadt nahe Tunis im heutigen Tunesien, war seit Jahrhunderten von Angehörigen des großen Seereiches Phönizien besiedelt worden, dessen Zentrum im heutigen Libanon lag. Drei Punische Kriege wurden zwischen Rom und Karthago ausgetragen. Sie dauerten über hundert Jahre und fanden zwischen 264 und 146 v. Chr statt. Im ersten dieser Kriege gelang es Rom, die Karthager von Sizilien zu vertreiben.

Von einem Stützpunkt in Spanien – damals Teil Karthagos – führte der karthagische General Hannibal (246-183 v. Chr.) im Winter 218 v. Chr. eine gemischte Streitkraft aus Nordafrikanern, Spaniern und Galliern an und unternahm einen dramatischen Feldzug mit nordafrikanischen Elefanten (eine heute ausgestorbene Rasse) durch Südfrankreich und über die Alpen. Dieser tollkühne Marsch, dem schnelle Siege in Norditalien folgten, verblüffte Rom, das in eine gefährliche Lage geriet.

Da er Nachschub benötigte, führte Hannibal seine Armee nach **Cannae**, ein wichtiges Nahrungsdepot an der Südostküste Italiens und zugleich Kornkammer Roms. 216 v. Chr. stand Hannibals Heer dem größten römischen Heer gegenüber, das je aufgestellt worden war. Die Taktik, den überlegenen Feind in die Falle zu locken und zu umzingeln – später als Umfassungsschlacht bezeichnet –, führte für Rom jedoch zu einer beschämenden Niederlage; seitdem wird die Schlacht von Generationen von Heeresführern studiert. Trotz seines militärischen Erfolges war Hannibal unfähig, den Sieg über Rom zu vollenden. In der »Spitze« des italienischen Stiefels geriet er in einen Hinterhalt; als römische Streitkräfte 203 v. Chr. seine Heimatstadt angriffen, wurde er schließlich nach Karthago zurückgerufen. Nachdem ihn der römische General Scipio in der Schlacht beim nahegelegenen **Zama** besiegt hatte, ging Hannibal ins Exil, wo er schließlich Selbstmord beging.

Im Dritten Punischen Krieg (146 v. Chr.) wurde Karthago schließlich von Rom endgültig besiegt. Die Römer machten die Stadt dem Erdboden gleich, pflügten sie unter und führten die Überlebenden in die Sklaverei. Danach wurde Nordafrika Teil der Provinz Afrika im expandierenden Römischen Reich.

Hastings: 1066 rückte Wilhelm der Eroberer (1027-1087), ein entfernter Verwandter des englischen Königs, Eduard des Bekenners, von der Normandie aus in England ein. Wilhelm beanspruchte für sich den Thron, den Harold Godwin, der mächtigste angelsächische Adlige des Landes, bestiegen hatte. Dieser hatte bereits eine Bedrohung des Throns abgewehrt, als er den König Norwegens in einer Schlacht getötet hatte.

Wilhelm landete mit seiner Streitmacht, bestehend aus Rittern zu Pferde und Fußsoldaten, und zog nach Hastings an Englands Südostküste. Dort ließ er als Stützpunkt eine Pfahlburg errichten. Als die normannischen Bogenschützen am 14. Oktober Pfeile auf die Angelsachsen regnen ließen, näherte sich die hitzige, tagelange Schlacht, die im berühmten Wandteppich von Bayeux dargestellt wird, ihrem Ende. Im folgenden Kampf, der Mann gegen Mann geführt wurde, wurde König Harold erschlagen, die führerlosen angelsächsischen Streitkräfte wurden zersprengt. Am 1. Weihnachtstag 1066 krönte man William in der Westminster-Abtei zum König von England. So begann ein Jahrhundert der normannischen Herrschaft über England, die sich über einen großen Teil Europas erstreckte und eine große Rolle in den Kreuzzügen zur Wiedereroberung des Heiligen Landes spielen sollte.

Acre, Arsuf: Die Kreuzzüge begannen 1095, nachdem die vorausgehende Eroberung Jersusalems durch die Seldschuken einen Aufruf des Papstes nach sich gezogen hatte, das heilige Land Palästina von den Moslems zurückzuerobern. Zunächst waren die Europäer erfolgreich und eroberten Jerusalem zurück. Doch 1187 fiel es an den kurdischen Feldherrn Saladin (1138-93), der einen großen Teil Nordafrikas und des Nahen Ostens beherrschte. In Europa war Saladin bekannt als Förderer der Schönen Künste und berühmt wegen seiner Ritterlichkeit. Gleichwohl galt der Moslem als Heide, der die heilige Stadt Jerusalem und das Wahre Kreuz, die heiligste Reliquie des Christentums, in seinen Besitz bringen wollte.

1189 erging der Aufruf zum Dritten Kreuzzug. Nach mehreren »Fehlstarts« wurde er von König Richard I. von England (der Richard Löwenherz (1157-99) aus der Robin Hood-Legende) und von Philip II. von Frankreich angeführt, die sich damals selbst im Krieg miteinander befanden. Sie ließen ihre Differenzen so lange beiseite, bis sie **Acre** (**Akko**), eine Hafenstadt im Gebiet der heutigen nordwestlichen Küste Israels, erobert hatten. Richard I. nahm rund 2 500 Zivilisten als Geiseln und ließ die Gefangenen enthaupten. Dieser Mord an Frauen und Kindern stimmt so gar nicht mit der glorifizierten Vorstellung vom »edlen König Richard« überein.

Anschließend zog Richard südwärts entlang der Küste bis zur Hafenstadt Jaffa (Yafo). Dabei wurde er von Saladins Truppen verfolgt, bis die beiden Armeen **Arsuf** erreichten, einen Küstenort, der sich einige Kilometer nördlich vom heutigen Tel Aviv befindet. Bei großer Hitze standen sich die beiden Armeen schließlich gegenüber, Richards Kreuzzügler mit dem Rücken zum Meer. Richard hielt diszipliniert seine Verteidigungsstellung, bis er zum Gegenangriff blies. So konnte er rasch die Kontrolle über die Schlacht gewinnen und Saladins Heer aus dem Feld schlagen.

Da Richard Jerusalem nicht zurückerobern konnte, schloß er mit Saladin einen Vertrag, der den christlichen Pilgern freien Zugang zu den Heiligtümern der Stadt gewähren sollte. Dem englischen König erging es auf seinem Nachhauseweg weniger gut. Der österreichische König nahm ihn gefangen und hielt ihn auf Lösegeld fest, das seine englischen Untertanen am Ende bezahlten.

Saratoga: Möglicherweise sind die frühen Schlachten der Amerikanischen Revolution im Staate Massachusetts nahe Lexington und Concord – mit dem berühmten »Schuß, den die ganzen Welt vernahm« – oder diejenige bei Bunker (tatsächlich Breed's) Hill in Boston am bekanntesten. Doch für den tatsächlichen Ausgang des Krieges waren die Schlachten, die zwischen der aufständischen nordamerikanischen Armee und den britischen Truppen im Herbst 1777 in **Saratoga** (New York) geschlagen wurden, weitaus bedeutsamer.

Die britischen Truppen, die von Kanada aus nach Süden zogen, sollten sich mit einer weiteren Streitmacht vereinigen, die von New York den Hudson hinaufkam. Sie hatten vor, Neuengland, das Zentrum des kolonialen Aufstands, vom Rest der amerikanischen Kolonien abzuschneiden. Doch nachlässige Planung und schlechte Nachrichtenverbindungen vereitelten die Strategie der Briten. Die erste der beiden regelrechten Schlachten fand am 19. September 1777 bei Saratoga, 40 Kilometer nördlich von Albany, New York, statt. Dort hatten sich ungefähr 7 000 Amerikaner verschanzt. Unter ihnen waren 500 Scharfschützen aus Pennsylvania unter dem Befehl Daniel Morgans, die aus ihren versteckten Stellungen mühelos auf die im traditionellen europäischen Schlachtquadrat vorrückenden britischen Soldaten schießen konnten. Auch die britischen Offiziere in ihren auffälligen Uniformen mit Goldtressen boten den amerikanischen Scharfschützen ein leichtes Ziel. Die erste Schlacht endete ergebnislos; die Briten mußten schwere Verluste hinnehmen, konnten aber immerhin Erdwälle zur Verteidigung errichten.

Am 7. Oktober kam es zur zweiten Schlacht von Saratoga. Unter der Führung des flamboyanten Benedict Arnold – der später die antikoloniale Sache verriet – wurden die Briten von den Amerikanern geschlagen. Zehn Tage später kapitulierte der britische General Burgoyne; er vermied eine Großoffensive gegen die kolonialen Aufständischen, wodurch er sein 8 000 Mann starkes Heer außer Gefecht setzte. Neben dem unmittelbaren strategischen Sieg hatten die amerikanischen Rebellen nun die Kontrolle über den Hudson errungen. Noch bedeutender war aber: Fast unmittelbar nach der Schlacht von Saratoga spürten Amerikaner wie Engländer zum erstenmal, daß ein Sieg der Aufständischen möglich war. Dieser Eindruck verdichtete sich auch in Frankreich, dem Hauptrivalen Großbritanniens, das sich mit der amerikanischen Sache verbündete und letztlich den Krieg zugunsten der aufständischen Kolonisten entschied.

Trafalgar, Austerlitz, Borodino und Waterloo: Im Anschluß an den amerikanischen Sieg über Großbritannien geriet das kontinentale Europa in einen Strudel kriegerischer Auseinandersetzungen. Diese Konflikte setzten mit der Französischen Revolution 1789 ein, aus der die Französische Republik hervorging, die jedoch nach dem Aufstieg Napoleon Bonapartes (1769-1821) rasch wieder aufgelöst wurde. Nach mehreren Siegen über die Armeen Österreichs, Rußlands und Preußens, die anstrebten, die französische Monarchie wiedereinzusetzen, kehrte Napoleon nach Frankreich zurück und kam mit einem Staatsstreich an die Macht, der ihn 1799 praktisch zum Alleinherrscher Frankreichs machte. 1804 wurde er mit dem Segen des Papstes zum Kaiser gekrönt. Doch seine Ziele gingen über Frankreich hinaus: Er strebte ein kontinentales Europa unter der Vorherrschaft Frankreichs an und plante eine Invasion Englands. Seine hochfliegenden Pläne führten zu jahrelangen Kämpfen, den Napoleonischen Kriegen, die zwischen 1804 und 1815 auf dem Kontinent wüteten.

Die Seeschlacht am 21. Oktober 1805 vor dem **Kap Trafalgar** an der südwestlichen Küste Spaniens nahe der Straße von Gibraltar war das entscheidende Seegefecht in den Napoleonischen Kriegen. Nachdem der englische Admiral Nelson, der in der Schlacht fiel, die französische Marine Napoleons geschlagen hatte, war die Seeherrschaft der Briten gesichert und sollte bis ins nächste Jahrhundert erhalten bleiben.

Nachdem diese Niederlage gegen seinen unerbittlichsten Feind Napoleon einen empfindlichen Schlag versetzt hatte, wandte der französische Kaiser sein Interesse und seine Armee dem Kontinent zu. Er marschierte von Frankreich nach Mitteleuropa und trat den alliierten Armeen des Zaren Alexander I. von Rußland und des Kaisers Franz I. von Österreich entgegen. Die entscheidende Schlacht fand beim Dorf **Austerlitz** statt, nahe dem heutigen Brno (Brünn) in der Tschechischen Republik.

Die dort von Napoleon im Dezember 1805 ausgetragene Schlacht gilt als taktisch perfekt geführt. Die alliierte Armee, der sich Napoleon gegenübersah, war zwar sehr viel größer, zwischen den einzelnen Gruppen gab es jedoch Verständigungsschwierigkeiten, da ihre Führer und Truppen verschiedene Sprachen beherrschten. Noch schlimmer war, daß der junge Zar Alexander I. von dem erfahrenen Feldmarschall Kutusow den Oberbefehl übernahm. Napoleon lockte die überlegene feindliche Armee von ihren Stellungen auf eine strategische Anhöhe. Nachdem er die Hügel erobert hatte, konnte er einen Großteil der Armee, die entsandt worden war, ihn vernichtend zu schlagen, mühelos auslöschen. Einen Tag nach der Schlacht schlossen die Österreicher und Russen mit Napoleon einen Friedensvertrag. Während der nächsten beiden Jahre beherrschte der französische Kaiser den größten Teil des kontinentalen Europas und brachte die Mitglieder seiner Familie auf die meisten Throne.

Den ersten Rückschlag an Land erlitt er in den Kriegen, die um die Herrschaft über Spanien und Portugal ausgetragen wurden. Die Kämpfe dort begannen 1808 und zogen sich sechs Jahre lang hin. 1812 traf Napoleon, als er in Spanien und Portugal vor einer Niederlage stand, eine Entscheidung mit katastrophalen Folgen: Er marschierte in Rußland ein. Mit einer halben Million Soldaten verließ er Frankreich und zog nach Moskau. Auf dem Weg dorthin mußte er Truppen zurücklassen, um die eroberten Gebiete zu sichern. Als er Rußland erreicht hatte, befand sich seine geschrumpfte Armee ohne gesicherten Nachschub in der Fremde.

Beim Dorf **Borodino**, 110 Kilometer westlich von Moskau, stellte sich ihm die Russische Armee unter dem Befehl von Feldmarschall Kutusow in den Weg, dessen vernünftige Ratschläge der Zar sieben Jahre zuvor bei Austerlitz in den Wind geschlagen hatte. In einer Schlacht, die Tolstoi in seinem Roman *Krieg und Frieden* verewigte, brach Napoleon durch: der Weg nach Moskau war frei. Er belagerte die Hauptstadt Rußlands, doch zu einem hohen Preis. Der Ausbruch des strengen russischen Winters forderte einen enormen Tribut von seiner Armee. Die große Entfernung von Paris zwang Napoleon, Moskau den Rücken zukehren und nach Frankreich zurückzumarschieren, wobei ihm Kutusow mit seinem Heer unerbittlich nachsetzte. Als Napoleon in Paris eintraf, war die Zahl der Soldaten aufgrund der Kälte in Rußland und der grausam geführten Kämpfe von einer halben Million auf dreißigtausend geschrumpft. 1814 wurde Frankreich von einer neuen Allianz, bestehend aus Rußland, Österreich, Preußen und Großbritannien angegriffen. Da Napoleon die Invasion nicht zurückschlagen konnte, mußte er abdanken. Man verbannte ihn auf die Insel Elba vor der Küste Italiens, wo er das erste seiner zwei Exile verbrachte.

Doch während die Alliierten begannen, die französische Monarchie wiederherzustellen, entkam Napoleon von Elba und kehrte nach Frankreich zurück. Man empfing ihn wie einen Heilsbringer; auf seinem Marsch nach Paris schlossen sich ihm immer mehr Anhänger an. Obgleich er Frieden versprach, erklärten ihm seine Feinde im Ausland doch sofort den Krieg. Napoleon hatte seinen Zenit überschritten. Obwohl er bei schlechter Gesundheit war, versammelte er eine Armee von 125 000 schlachterprobten Veteranen um sich und rückte in Belgien ein. Dort suchte er die militärische Konfrontation mit dem britischen General Lord Wellington.

Am 18. Juni 1815 trafen sich die Armeen nahe **Waterloo**, einem belgischen Dorf südlich von Brüssel. Napoleons letzte Armee kämpfte auf Ackerland und bei strömendem Regen, wobei das Land in einen blutdurchtränkten Morast verwandelt und Napoleon vernichtend geschlagen wurde. Daraufhin wurde er zum zweiten Mal ins Exil geschickt, diesmal nach St. Helena, eine unwirtliche Vulkaninsel im Südatlantik. Dort starb der ehemalige Kaiser von Frankreich und Herr über Europa einsam und isoliert.

Gettysburg: Die Schlacht von Gettysburg (Pennsylvania), die sich über drei Tage im Juli 1863 hinzog, bildete den Wendepunkt in dem langen, verlustreichen Sezessions- oder Bürgerkrieg zwischen den Nord- und den Südstaaten der Vereinigten Staaten von Amerika. Der General der Konföderation der Südstaaten Robert E. Lee (1807-1879) wußte, daß seine zahlenmäßig unterlegenen Truppen einen sich lang hinziehenden Krieg gegen die Union der wohlhabenderen, bevölkerungsreicheren, industrialisierten Nordstaaten nicht gewinnen konnte und versuchte daher, den Krieg in den Norden zu tragen. Nach mehreren Siegen gegen wenig bedeutende Befehlshaber der Union führte Lee seine 75 000 erfahrenen Soldaten von Virginia durch das fruchtbare Shenandoah-Tal bis nach Pennsylvania. Dabei hoffte er, die Armee der Union in der Flanke zu umfassen, dann nach Süden zu drängen, Washington, D. C. zu erobern, den Feind zu demoralisieren und mit der Anerkennung der Konföderierten Staaten durch Europa den Krieg rasch zu beenden.

Eher durch Zufall als mit Absicht begegnete eine Vorhut der Konföderierten, die angeblich nach Fährten suchte, einer Patrouille der Armee der Nordstaaten. Sie trafen sich nahe der kleinen Stadt Gettysburg, dem Kreuzungspunkt einer Eisenbahnlinie und mehreren Straßen, die in alle Himmelsrichtungen führten. Nach diesem ersten zufälligen Gefecht führten beide Kommandeure ihre Truppen in die Stadt, wobei die Soldaten der Union als erste und in ausreichender Stärke eintrafen und das hochgelegene Gelände einnahmen. Das erwies sich in dieser langen, grausigen Schlacht als kriegsentscheidend. Lee war ein brillanter Kommandeur, der widerstrebend die Armee der Vereinigten Staaten verlassen hatte, als sich sein Heimatstaat Virginia von der Union getrennt hatte. Ihm war klar, daß ein Sieg den Weg für einen schnellen Schlag gegen die Hauptstadt der Nation freimachen würde. Er besaß das Selbstvertrauen eines Generals, dessen Soldaten die Truppen der Union in fast jeder Schlacht besiegt hatten.

Drei Tage lang tobte der Kampf, oft Mann gegen Mann. Gegen die Angriffswellen der Infanterie der Konföderierten hielten die Streitkräfte der Union ihre Stellung, bis sich Lee gezwungen sah, sich zurückzuziehen. Auf beiden Seiten starben Zehntausende; Lees Armee, die einen nahezu tödlichen Schlag erlitten hatte, zog sich schwer angeschlagen nach Virginia zurück. Daß der Kommandant der Union die demoralisierten Südstaatler nicht verfolgte und entscheidend besiegte, war ein umstrittener Entschluß, der den Krieg möglicherweise um einige Jahre voll erbitterter Kämpfe verlängert und den Süden am Ende in rauchende Ruinen verwandelt hatte.

Mit dem Sieg der Union schrumpften die Hoffnungen der Konföderierten auf Anerkennung und Beistand aus Europa über Nacht. Danach hatten Lees Eliteeinheiten, die ihre Aura der Unbesiegbarkeit verloren hatten, der enormen Überlegenheit der Union hinsichtlich Truppenstärke, Nachschub und Kriegsproduktion nichts mehr entgegenzusetzen.

Little Big Horn: Zu denen, die in Gettysburg dabeigewesen waren, gehörte auch ein ehrgeiziger 23 Jahre junger General, dessen Kavallerie die Verstärkungstruppen der Konföderierten unter Jeb Stuart, einem der befähigsten Generäle Lees, aufgehalten hatte. Dieser Kavallerist der Nordstaaten war George Armstrong Custer (1839-1876). Später erlangte Custer, der für seine Erfolge in der Schlacht bei Gettysburg ausgezeichnet worden war, so etwas wie Unsterblichkeit wegen seiner Rolle in einem anderen blutigen Fiasko, nämlich in »Custers letztem Gefecht«. Custer, ein exzentrischer, ichbezogener Mann, trug selbstentworfene schwarze Samtuniformen und schulterlanges blondes Haar; weshalb ihn die Indianer »Langes Haar« nannten.

Nachdem die Indianer der »Plains«, der großen Ebene in der Mitte des Kontinents, das Abschlachten der großen Büffelherden miterlebt hatten, während gleichzeitig die Eisenbahnen nach Westen zogen, wehrten sie sich mit aller Kraft. Denn sie wollten das Land behalten, das man ihnen aufgrund von Friedensverträgen mit der Regierung der Vereinigten Staaten zugesichert hatte. Als Custer einige Prospektoren in die Black Hills von Süddakota führte und Gold fand, was zu einem Goldrausch und zur Annexion des Landes der Indianer führte, war die Bühne frei für eine Machtprobe zwischen den Plains-Indianern und den »Pony-Soldaten«.

Custer ignorierte die Hinweise der Scouts, die berichteten, nahe dem Tal des Little Big Horn-Flusses im Staat Indiana hätten sich Indianer in großer Zahl zusammengezogen. Statt dessen unterteilte er sein Kommando und gab den Befehl zum Angriff. Obwohl er keine ausreichende Erkundung vorgenommen hatte, war er überzeugt, daß seine Truppen die – wie er meinte – 1 000 Indianer mühelos besiegen würden. Am 25. Juni 1876 hatten die etwa 3 000 Sioux-Krieger sein zahlenmäßig hoffnungslos unterlegenes Kommando nach rund anderthalbstündigem Kampf niedergemetzelt.

Die Nachricht von der Niederlage erreichte den Osten, während die amerikanische Nation ihr hundertjähriges Bestehen feierte, und führte zur Forderung nach massiver Vergeltung gegen die Indianer. Diese Schlacht, eine der wenigen Siege der Indianer in ihrem 300 Jahre langen Kampf gegen die unüberwindbare europäische Invasion, machte Custer in den folgenden Jahren zu einem verehrten Volkshelden. Erst in jüngster Zeit hat man seine Tollkühnheit, seine Egozentrik und seinen übermäßigen Ehrgeiz als die wahren Ursachen für sein grausames Ende erkannt.

Port Arthur: Bis zur Ankunft Matthew C. Perrys 1853 hatte sich Japan dem Westen verschlossen und sich aus europäisch-amerikanischen Angelegenheiten herausgehalten. Doch die Öffnung nach Westen in der zweiten Hälfte des 19. Jahrhunderts führte in Japan zu einer rasanten Modernisierung und zu ehrgeizigen Plänen, an der bedeutenden europäisch-amerikanischen kolonialen Expansion in Asien teilzuhaben. Um die Jahrhundertwende waren die bis dahin zurückgezogen lebenden Japaner bereit, eine Rolle auf der Bühne der Welt zu übernehmen. Da das einst so mächtige Chinesische Reich in Unordnung war und europäische Staaten Teile Chinas erworben und zu »Einflußgebieten« erklärt hatten, konzentrierte sich Japan zuerst auf die Inbesitznahme Koreas und der Mandschurei. Dieses Ziel führte zu einem frontalen Zusammenstoß mit Rußland im Russisch-Japanischen Krieg in den Jahren 1904 und 1905.

Japans wichtigstes militärisches Ziel war das von Rußland besetzt gehaltene **Port Arthur**, ein strategischer Tiefwasserhafen an der Spitze der Halbinsel Lioadong auf dem Gebiet des heutigen China. Damals war Port Arthur Rußlands einziger eisfreier Hafen am Pazifik, dessen Kontrolle die Herrschaft über die östlichen Meere bedeutete. Der Angriff der Japaner auf die befestigte Stadt, bei dem die ganze Maschinerie eines hochgerüsteten Industriestaates des 20. Jahrhunderts zum Einsatz kam, dauerte von Mitte August 1904 bis Januar 1905. Als der russische Befehlshaber schließlich kapitulierte, hatten die Japaner 60 000 Tote und Verletzte zu beklagen, die Russen 30 000 Tote und Verletzte.

Der Fall von Port Arthur zwang die Russen, um Frieden zu ersuchen, dessen Bedingungen vom amerikanischen Präsidenten

Theodore Roosevelt in Portsmouth, New Hampshire, ausgehandelt wurde. Rußland trat Port Arthur und einen Teil der Insel Sachalin ab und mußte sich aus der Mandschurei zurückziehen. Japan blieb die vorherrschende Macht im ostasiatischen Raum und strebte während der nächsten drei Jahrzehnte danach, seine militärische Macht und seinen Einfluß im Pazifik auszuweiten. Diese Politik führte schließlich zur Konfrontation mit den Vereinigten Staaten im Zweiten Weltkrieg.

Marne, Tannenberg, Ypern, Gallipoli, Verdun, die Somme: Als der Erste Weltkrieg im Sommer 1914 ausbrach, hatte das Deutsche Reich einen einfachen Plan: schnell durch Belgien ziehen und Frankreich einen vernichtenden Schlag versetzen. Anschließend wollte man die Aufmerksamkeit gen Osten richten und den Kampf mit Rußland aufnehmen. Der erste Teil dieses Angriffs verlagerte das Kriegsgeschehen in die Ebenen Belgiens und Frankreichs, die ein Jahrhundert zuvor der Schauplatz der Napoleonischen Kriege gewesen waren.

Das Vorhaben der Deutschen, der sogenannte Schlieffen-Plan, war zunächst erfolgreich: Die Armee des deutschen Kaisers zog in breiter Front durch Belgien in Richtung Paris, bis sie an der **Marne**, einem Fluß in Zentralfrankreich, etwas nördlich von Paris, auf ein Heer der Alliierten traf. Die ersten beiden Schlachten wurden im September 1914 ausgefochten. Nachdem die Deutschen ihre erste Niederlage erlitten hatten, zogen sie sich zurück, und das lange, entsetzliche Patt des Grabenkrieges begann.

Einige Wochen zuvor hatten die Russen – die Gegner an der Ostfront – den Deutschen einen schweren Schlag versetzt. In Gefechten nahe **Tannenberg**, einem kleinen Dorf auf dem Gebiet des heutigen Polens, schlugen die Deutschen einen Einmarsch der Russen zurück: Dieses Vorgehen sollte Deutschland schwächen, da nun ein Zweifrontenkrieg eröffnet war. Doch die russischen Truppen waren schlecht befehligt, schlecht ausgerüstet und schlecht ausgebildet. Die Soldaten liefen in ihr Verderben, als sie auf die moderne, kompakte Armee der Deutschen trafen. Nachdem Tausende verhungernder russischer Soldaten kapituliert hatten, beging der russische Befehlshaber Selbstmord. Der Krieg an der Ostfront ging bis 1917 weiter, bis durch die Russische Revolution der Zar entthront wurde und sich Lenins bolschewistische Regierung aus dem Krieg zurückzog.

An der Westfront wollten die Deutschen durch Belgien marschieren und die Hafenstädte am Ärmelkanal einnehmen. Ein Ziel war die Textilstadt Ypern, zugleich Zentrum des Nachrichtenwesens und strategischer Kreuzungspunkt. In den folgenden vier Jahren wurden um **Ypern** drei Schlachten ausgetragen, in denen ingesamt auf beiden Seiten eine Million Tote und Verletzte zu beklagen waren. Viele der Toten sind auf den 40 Friedhöfen begraben, die sich überall in der Region finden und der Stadt schließlich ihren grausigen Beinamen verliehen, »Ypern, Stadt des Todes«. Mit der ersten Schlacht im Oktober 1914 begann der sich lang hinziehende Grabenkrieg, der so sinnlos eine ganze Generation junger europäischer Männer vernichten sollte.

Im Frühjahr 1915 geriet der Krieg in Europa in eine schreckliche, verlustreiche Sackgasse. Unbändiger nationalistischer Stolz und der Glaube an die Überlegenheit der eigenen Armee hielten beide Kriegsparteien davon ab, ein Friedensabkommen zu unterzeichnen. Ein Plan der Briten, mit dem sie der Pattsituation entfliehen wollten, sah eine neue Offensive gegen das Osmanische Reich (heute Türkei) vor, den damaligen Verbündeten Deutschlands. Der Angriffspunkt war die schmale Halbinsel **Gallipoli** (heute Gelibolu) zwischen dem Golf von Saros und den Dardanellen, der Meerenge, die das Mittelmeer mit dem Schwarzen Meer verbindet. Der Plan hatte etwas für sich, doch die Briten setzten ihn nicht rechtzeitig in die Tat um. Als sie schließlich angriffen, hatten die Türken und Deutschen die Gegend bereits mit starken Befestigungsanlagen gesichert. Der vereinte Angriff der britischen, französischen, australischen und neuseeländischen Truppen begann im August 1915. Statt als brillanter strategischer Streich erwies sich der Angriff auf Gallipoli jedoch als Desaster, denn er eröffnete eine weitere Front, an der beide Seiten enorme Verluste erlitten und die Briten und Franzosen nicht den Vorteil errangen, den sie sich erhofften hatten.

Der Stillstand an der Westfront blieb bis 1916 bestehen. Beide Kriegsparteien starteten ehrgeizige Offensiven, die dem Krieg ein Ende setzen sollten. Im Februar 1916 griffen die Deutschen die Festungsstadt **Verdun** an der Maas im östlichen Frankreich an. Die – äußerst verlustreichen – Kämpfe tobten monatelang, ohne daß die eine oder andere Seite einen entscheidenden Sieg erringen konnte. Im Juni waren bei Verdun über 300 000 französische und 281 000 deutsche Soldaten gefallen.

Größerer Wahnsinn und weitere Verluste standen bevor, als die Franzosen und die Verbände der Alliierten im Juli 1916 in der Schlacht an der **Somme**, einem Fluß im Norden Frankreichs, einen Gegenangriff starteten. Als die Kämpfe im November vorüber waren, hatte der Erschöpfungskrieg über eine Million Tote und Verletzte gefordert.

Die Nachwirkungen der Schlacht an der Somme bestanden in einer Fortführung des mörderischen Stellungskrieges, der zu keiner Entscheidung führte. Als die Deutschen eine allerletzte Offensive begannen, erneut an der **Marne**, wehrten die Alliierten sie ab. Erschöpfung, nicht gesunder Menschenverstand obsiegte schließlich. Die Vereinigten Staaten hatten sich mit den Briten und Franzosen verbündet und eine Zeitlang frisches Kanonenfutter bereitgestellt. 1918 rückten die Alliierten schließlich auf deutsches Territorium vor, und Deutschland und seine Verbündeten waren zu Friedensverhandlungen bereit.

Stalingrad, El Alamein, Normandie, Iwo Jima: Den Ersten Weltkrieg hatte man als Großen Krieg bezeichnet, ja sogar als den Krieg, der alle Kriege beenden sollte. Zu der Zeit wußte man noch nicht, daß eine Fortsetzung kurz bevorstand.

Da Deutschland durch seine Gebietsverluste geschwächt war und sowohl europäisches Territorium als auch überseeische koloniale Besitzungen aufgeben mußte, herrschte im Land große Unruhe. Während der Zeit der Weltwirtschaftskrise der dreißiger Jahre, die große soziale Unruhen auslöste, kam Adolf Hitler (1889-1945) an die Macht. Hitler gab den angeblich ungerechten Reparationszahlungen, die Deutschland zu entrichten hatte, sowie allgemein den Ausländern, vor allem den Franzosen und den Juden – letztere die Sündenböcke mit dem tragischsten Schicksal – die Schuld an den Problemen Deutschlands. Er fand eine gläubige Zuhörerschaft, die wollte, daß Deutschland seinen »rechtmäßigen« Platz unter den europäischen Nationen wieder einnahm.

Nachdem Hitlers Armeen 1939 die Tschechoslowakei und Polen im Eiltempo erobert hatten, marschierten sie im Frühling 1940 durch Dänemark und Norwegen. Deutschland wiederholte die Kriegsstrategie von 1914; es überrollte Belgien, die Niederlande und Luxemburg und dann Frankreich, bis die deutschen Truppen schließlich nach schwachem Widerstand Paris besetzten. Die Briten deuteten ihren Rückzug aus der französischen Hafenstadt Dünkirchen in ein heldenhaftes Geschehen um. Hitlers Deutschland und Mussolinis Italien hatten jetzt unbestritten die Herrschaft über Europa; wieder einmal schienen die deutschen Armeen unbesiegbar.

Hitlers geheimer Nichtangriffspakt mit dem Sowjetführer Stalin sorgte dafür, daß Rußland vorübergehend aus dem Krieg herausgehalten wurde. Außerdem erlaubte er Stalin, die Hälfte Polens und die drei baltischen Staaten Litauen, Estland und Lettland zu besetzen. Als ihm der Sieg der Briten in der »Luftschlacht um England«, dem monumentalen Luftkrieg am Himmel über Großbritannien, einen Strich durch die Rechnung zu machen drohte, beging Hitler den gleichen Fehler, den Napoleon und dann 1914 die deutschen Feldherren begangen hatten. 1941 marschierte er in Rußland ein. Nun lernten auch die Deutschen, was es bedeutete, Landtruppen in Rußland zu binden. Die deutsche Offensive kam in der monumentalen Schlacht von **Stalingrad**, ein Industriezentrum (früher Zarizyn genannt und 1961 in Wolgograd umbenannt) am Zusammenfluß des Dons und der Wolga, zum Stillstand. Die Schlacht dauerte von August 1942 bis Anfang 1943, wobei beide Kriegsparteien schwere Verluste hinnehmen mußten, doch markierte der Sieg der Sowjetunion das Ende der deutschen Offensive im Osten.

Im Dezember 1941 traten die Vereinigten Staaten nach dem Angriff Japans, das mit Deutschland verbündet war, auf den Marinestützpunkt Pearl Harbor in den Krieg ein. Zunächst planten die alliierten Streitkräfte der USA und Großbritanniens einen Gegenangriff. Doch statt Europa direkt anzugreifen, wollten sie zunächst Nordafrika zurückerobern. 1940 waren die Italiener in Libyen und Algerien einmarschiert – in dem Versuch, das Mittelmeer zu kontrollieren und Ägypten, den Suezkanal und den Nahen Osten zu besetzen. Ziel war natürlich das Erdöl, ohne das keine moderne Militärmaschinerie in Gang gehalten werden kann. Doch Mussolinis Truppen gelang es nicht, den Eroberungsfeldzug erfolgreich zu beenden. Sie wurden aus Ägypten und Ostlibyen vertrieben. Daraufhin marschierten die Deutschen unter dem Kommando eines ihrer fähigsten Generäle, des Feldmarschalls Erwin Rommel (1891-1944), nach Nordafrika ein.

Die von Ende Oktober bis November 1942 ausgefochtene Schlacht von **El Alamein** gilt als einer der Wendepunkte des Zweiten Weltkriegs. El Alamein war ein kleiner Eisenbahnknotenpunkt westlich von Alexandria, Ägypten, in der Wüste an der

Mittelmeerküste. Die Briten unter Bernard Montgomery (1887-1976) hielten eine Verteidigungslinie, die sich auf einer Länge von 64 Kilometern von El Alamein bis in die Sahara hineinzog. Bei dem Versuch, den Suez-Kanal einzunehmen, hätte Rommel diese Linie überschreiten müssen. Doch Rommels Angriff wurde zurückgeschlagen, und Montgomery ging in die Offensive, um die Deutschen nach Westen zu drängen, dorthin, wo die neu eingetroffenen Amerikaner unter Dwight Eisenhower und George Patton in Algerien und Marokko landeten. Mit einem Zangenangriff hofften die Alliierten, die Deutschen und Italiener aus Nordafrika herauszudrängen und sich auf eine Invasion Europas über Italien vorbereiten zu können. Zwölf Tage heftigster Kämpfe in einer stark verminten und mit Stacheldraht übersäten Wüste endeten mit einem Sieg der Briten; es war der erste Sieg in einer Landschlacht über die zuvor unbesiegbaren Deutschen, die sich nun aus Nordafrika zurückziehen mußten. Das Erdöl des Nahen Ostens war gesichert, und so bot sich den Alliierten eine Bühne für ihren nächsten Feldzug, den Angriff auf Sizilien von 1943, die Insel im Mittelmeer, deren Besetzung ihnen die Seeherrschaft sichern und danach, 1944, den Einmarsch in Italien ermöglichen sollte.

Zwei Tage nachdem Rom an die Alliierten gefallen war, griff die größte Invasionsstreitmacht der Geschichte die Küste der **Normandie** an der französischen Ärmelkanalküste zwischen den Hafenstädten Cherbourg und Le Havre an. Am 6. Juni 1944 – dem sogenannten D-Day – begannen 4 000 Invasionsschiffe, 600 Kriegsschiffe, 10 000 Flugzeuge und über 175 000 Infanteristen mit dem Angriff. Nach vier Tagen hatten die Alliierten den Brückenkopf errichtet, von dem aus sie die Gegenoffensive gegen Deutschland starten wollten. Fast ein Jahr dauernde, heftige Kämpfe in Frankreich, Belgien und schließlich Deutschland folgten, bevor Berlin im Mai 1945 von den Russen eingenommen wurde.

Nach dem Desaster bei Pearl Harbor kämpften die Vereinigten Staaten zunächst im Pazifik und entsandten eine Bomberflotte zum Kriegsschauplatz in Europa. Doch die Kämpfe gegen Japan im Pazifik dauerten an, wobei die Militärmaschinerie Japans bis weit ins Jahr 1942 praktisch ungehindert tätig sein konnte. Zu der Zeit okkupierten die Streitkräfte Japans fast zehn Prozent der Erdoberfläche.

Als die Amerikaner schließlich im Sommer 1942 in die Offensive gingen, begann ein erschöpfender, zermürbender und entbehrungsreicher Feldzug. Ziel war die Rückeroberung einiger kleiner pazifischer Inseln, die als Ausgangspunkt für die anschließende Invasion Japans dienen sollten. Die erste dieser Inseln war Guadalcanal; die immensen Verluste auf beiden Seiten lieferten einen grausigen Hinweis auf den fürchterlichen Krieg, der in den folgenden Jahren im Pazifik fortgesetzt werden sollte. Auf den Inseln – Tarawa, Saipan, Guam, Tinian und den Philippinen – tobten gnadenlose Schlachten zwischen den US-Marinesoldaten und den japanischen Soldaten in den Abwehranlagen, die sie in den Jahren zuvor errichtet hatten.

Die mörderischen Kämpfe im Pazifik fanden ihren Höhepunkt in der Invasion von **Iwo Jima** im Februar 1945. Auf Iwo Jima, einem 20 Quadratkilometer großen Felseneiland, ragte der Suribachi, ein erloschener Vulkan, empor. Zudem befand sich dort ein Militärflughafen, von dem aus die Japaner die bevorstehenden Luftangriffe der Amerikaner überwachten und Kampfflugzeuge entsandten, um die Bomber der Alliierten auf ihrem Weg zum Festland anzugreifen. Die Insel war ein gut geschütztes, aber entscheidendes Hindernis für die Militäroperationen der Amerikaner. Wenn die Amerikaner den japanischen Luftwaffenstützpunkt eroberten, hätten sie einen Flughafen, von dem aus ihre Kampfflugzeuge den Bombern Geleitschutz bieten und auf dem die eigenen, beschädigten Flugzeuge nach dem Angriff auf Japan sicher landen könnten.

Drei Monate lang wurde die Insel rund um die Uhr bombardiert, dann schickte man die Marinesoldaten in den Kampf. Aber die Japaner hatten sich in ihren Betonbunkern und in den gut bestückten Tunneln unterhalb der harten vulkanischen Oberfläche der Insel eingegraben. Nach wochenlangen heftigen Kämpfen nahmen die Amerikaner Iwo Jima schließlich ein. Dieses Ereignis, das durch eine Photographie unsterblich wurde, auf dem die amerikanische Flagge auf dem Suribachi gehißt wird, war jüngeren Enthüllungen zufolge inszeniert. Die amerikanischen Marinesoldaten hatten fast 7 000 Tote und 15 000 Verletzte zu beklagen; nur 1 000 der 21 000 japanischen Verteidiger überlebten. Ein weiterer verlustreicher Angriff auf Okinawa, eine große Insel südlich von Japan, stand bevor. Nach ihrer Eroberung im Juni 1945 war Japan abgeschnitten und taumelte unter den ständigen Angriffen der amerikanischen Bombergeschwader, die bei ihren Angriffen nun fast keine Gegenwehr mehr erfuhren. Zum Beispiel kamen bei den Bombardierungen im März 1945 100 000 Menschen ums Leben, und Tokio stand in Flammen. Einige Monate später, im August 1945, war der Krieg mit dem Abwurf der Atombomben auf die japanischen Städte Hiroshima und Nagasaki endlich beendet. Ob dieses Vorgehen berechtigt war, ist bis heute umstritten.

Dien Bien Phu: Mit dem Ende des Krieges gegen Japan beeilten sich Europa und Amerika, die asiatischen Besitzungen Japans schnell unter ihre Kontrolle zu bringen. Die Franzosen versuchten, ihre Herrschaft über die ehemaligen Kolonien in Südostasien – Laos, Kambodscha und Vietnam – wiederzuerlangen. Doch unter der Führung ihres kommunistischen Führers Ho Chi Minh und des brillanten Generals Vo Nguyen Giap leisteten die Vietnamesen, die ein unabhängiges Vietnam wollten, Widerstand. 1946 brach der Krieg aus, als die Vereinigten Staaten offen die Bemühungen der Franzosen unterstützten, das Land in ihre Gewalt zu bringen. In den folgenden sieben Jahren entwickelte sich ein großangelegter Guerillakrieg, während dem die Franzosen zwar die Städte besetzt hielten, die Viet Minh-Guerillas jedoch das Land kontrollierten. Das französische Heereskommando, das gegen eine weitgehend unsichtbare Armee kämpfte, hoffte, die Viet Minh in eine Entscheidungsschlacht locken zu können; als Ort der Falle wählte man Dien Bien Phu, ein kleines Dorf 320 Kilometer westlich von Hanoi.

Aber die Viet Minh kehrten die Rollen um. Bei Dien Bien Phu begannen sie eine lange, tödliche Belagerung der französischen Stellungen. Während der Westen zusah, wurde die französische Garnison in der sechsmonatigen Belagerung aufgerieben. Die Vereinigten Staaten erwogen ein militärisches Eingreifen. Präsident Eisenhower dachte sogar darüber nach, Atomwaffen gegen die Viet Minh einzusetzen. Im Mai 1954 ergaben sich die Franzosen. Man schloß einen Friedensvertrag, der Vietnam in zwei Staaten teilte, in das kommunistische Nordvietnam und die antikommunistische Republik Südvietnam.

Fast augenblicklich nahmen die Vereinigten Staaten die Stelle der Franzosen ein. Sie hatten aus den desaströsen Erfahrungen der Franzosen nichts gelernt und fürchteten die Auswirkungen des »Domino-Effekts« im Rest der Region, sollte auch Südvietnam an die Kommunisten fallen. Sie stellten zivile Hilfe zur Verfügung und schickten anschließend Truppen nach Südvietnam. Das führte in den 60er und frühen 70er Jahren schließlich zu dem katastrophalen militärischen Engagement der Vereinigten Staaten in Vietnam.

Land, Nation, Republik, Staat: ein geopolitischer Grundkurs

Seit der ehemalige US-Präsident George Bush eine »Neue Weltordnung« verkündet hat, herrscht mehr Chaos auf dem Globus als das schönfärberische Bild einvernehmlicher Zusammenarbeit erkennen läßt, wie es sich der damalige amerikanische Präsident in seinem Wunschdenken ausmalte. Bushs Verlautbarung zum Trotz ist an der Lage der Welt nichts neu, und geordnet geht es darin erst recht nicht zu. Im Anschluß an den Niedergang der Sowjetunion ist es in mehreren ehemaligen Sowjetrepubliken zu blutigen Bürgerkriegen gekommen. Und Jugoslawien – das man nach dem Ersten Weltkrieg willkürlich aus den Überresten Österreich-Ungarns herausgelöst hatte – erschütterte ein Ausbruch ethnischer und nationalistischer Kämpfe, die das Land in viele Teile zersplitterten. Doch offenkundig gibt es kein Erdöl in Sarajewo, und deshalb fühlte sich die »Koalition«, die Kuwait »befreite«, durch den Anblick des Blutvergießens auf dem Balkan nicht in gleicher Weise zu Heldentaten inspiriert. Als neue ethnische »Säuberungen« durch die Serben im Kosovo durchgeführt wurden, griff die NATO im Frühjahr 1999 jedoch militärisch ein.

Abgesehen von der Tragödie in Jugoslawien, hat sich das Bild der Welt, wie es nach dem Zweiten Weltkrieg bestand, durch die außergewöhnlichen Ereignisse in Europa in der jüngsten Vergangenheit grundlegend gewandelt. In dem fast ein halbes Jahrhundert währenden Kalten Krieg kämpften zwei miteinander verfeindete Lager, angeführt von den Vereinigten Staaten und der Sowjetunion, um die Vorherrschaft. Jeder örtliche Buschfeuerkrieg auf dem Globus wurde zu einer Krise der Supermächte angefacht. Kuba, Vietnam, Korea, der Nahe Osten und Nicaragua waren nur einige der Lunten, die drohten, sich zu sehr viel größeren Bränden auszuweiten, wobei im Hintergrund stets die Gefahr eines Atomkrieges lauerte. Ironischerweise ignorierten die USA und die Sowjetunion die Bürgerkriege in Jugoslawien und in den ehemaligen Sowjetrepubliken. Ein, zwei Jahrzehnte zuvor hätten diese Konflikte noch dazu geführt, daß Panzer über Grenzen gerollt und Zehntausende Soldaten in Alarmbereitschaft versetzt worden wären und sich in Moskau und Washington unruhige Finger den roten Knöpfen genähert hätten.

Doch inzwischen gibt es die Union der Sozialistischen Sowjetrepubliken nicht mehr. Die ehemalige UdSSR ist heute eine Gemeinschaft Unabhängiger Staaten (GUS). Jeden Tag bewerben sich neue Nationen um die Mitgliedschaft in den Vereinten Nationen. In einer Reihe zögerlicher, jedoch unzweifelbar historisch bedeutungsvoller Nahostgespräche – die vor einigen Jahren noch undenkbar gewesen wären – drängen die Palästinenser, die durch die Gründung Israels ihre Heimat verloren haben, auf ein unabhängiges Heimatland. Ebendies hat die Regierung Kanadas den einheimischen Inuit (wie sie sich selbst nennen) oder Eskimos (wie man sie allgemein nennt) gewährt. Nunavut (bedeutet in der Sprache der Inuit »unser Land«) wird ein autonomes Heimatland werden, das aus einem riesigen Gebiet, den Nordwest-Territorien Kanadas, abgetrennt wird.

Täglich sind die Zeitungen voll von geopolitischen Begriffen, die vermutlich viele Leser im unklaren darüber lassen, worin der Unterschied – wenn es denn einen gibt – zwischen einer Nation, einem Land und einem Staat eigentlich besteht. Das folgende Glossar soll die Bedeutung einiger dieser weitverbreiteten, aber falsch und mißbräuchlich benutzten Begriffe erklären.

Commonwealth: Es ist nicht allzu lange her, da bedeutete dieses Wort nur eines: das Britische Commonwealth. Dieses war vor 1931 die offizielle, höfliche Bezeichnung für das Britische Empire. Nach den Verwüstungen des Zweiten Weltkriegs und nach dem Verlust der ausgedehnten überseeischen Kolonien während der Unabhängigkeitsbewegungen in den 1960er Jahren ging die Sonne schließlich über dem Empire unter. Doch die Briten bemühten sich, das einst so mächtige Reich durch das Britische Commonwealth zu erhalten, als eine Art Wirtschafts- und Handelspartnerschaft, wenn auch mit lockeren Bindungen. Heute nennt es sich Commonwealth of Nations und bildet eine Partnerschaft der vielen ehemaligen britischen Kolonien, die inzwischen zwar weitgehend unabhängig sind, aber eine besondere wirtschaftliche Beziehung mit Großbritannien beibehalten haben.

Das Wort Commonwealth bedeutet wörtlich »öffentliches Wohl« oder »Gemeinwesen« und wird noch heute von mehreren staatlichen Gemeinschaften auf der ganzen Welt im amtlichen Namen geführt. Australien, die Bahamas und der Inselstaat Dominikanische Republik nennen sich offiziell Commonwealth, ebenso wie einige amerikanische Bundesstaaten sowie das Territorium von Puerto Rico. Das wichtigste Commonwealth ist dasjenige, das sich aus den Überresten der Sowjetunion gebildet hat. Das Commonwealth of Independent States (CIS) bzw. die Gemeinschaft Unabhängiger Staaten (GUS) ist eine Staatengruppe, deren Aufgabe noch nicht klar definiert ist und deren Zukunft im besten Fall unklar ist.

Zwar mag eine strenge Definition eines Commonwealth etwas schwierig sein, doch läuft sie letzten Endes auf eine Vereinigung auf der Basis gemeinsamer Interessen hinaus.

Coup d'état: Dieses französische Wort bedeutet soviel wie »Staatsstreich« und bezeichnet den plötzlichen, gewaltsamen Sturz einer Regierung. Wenn es nicht so gewalttätig zugeht, spricht man oft von einem »unblutigen Staatsstreich«. Doch das ist ein relativer Begriff, je nachdem, wessen Blut geflossen ist.

Fürstentum: Das ist ganz einfach. Es ähnelt einem Königreich, nur wird es von einem Fürsten regiert. Die vier bestehenden Fürstentümer sind die europäischen Kleinstaaten Andorra, Liechtenstein und Monaco sowie das Großherzogtum Luxemburg. Sie sind konstitutionelle Monarchien, in denen tatsächlich eine gewählte Regierung regiert. Neben den Königtümern und Fürstentümern gibt es noch andere Nationen, denen eine andere Art königliche Familie vorsteht. Dazu gehören die Sultanate Oman und Brunei, das Emirat Kuwait und die Vereinigten Arabischen Emirate.

Imperialismus: Jahrelang haben Kommunisten auf der ganzen Welt Amerikaner als »Imperialisten« verhöhnt. Und als der ehemalige amerikanische Präsident Reagan genau ausdrücken wollte, was er von der Sowjetunion halte, nahm er kein Blatt vor den Mund, sondern nannte es das »Imperium des Bösen«.

Imperialismus ist eine zu oft verwendete und leichthin ausgesprochene Beleidigung und bedeutet den Erwerb oder die Kontrolle eines Gebietes durch einen Staat zum Zweck der Ausbeutung der Naturressourcen der Region. Für dieses Vorhaben gibt es einen einfachen Grund: Die beherrschende Nation beutet die Rohstoffe ihrer Kolonien aus, erzeugt Endprodukte und verkauft diese dann mit großem Gewinn, und zwar oft an die Kolonie, aus der die Grundstoffe kamen. Das vielleicht bedeutendste historische Beispiel eines imperialistischen Systems baute Großbritannien in Indien auf. Damals beherrschte eine flächenmäßig kleine imperialistische Nation eine riesige Kolonie. Die in Indien angebaute Baumwolle wurde mit dem Schiff nach England transportiert, wo sie in den Spinnereien von Manchester zu Textilien verarbeitet und zu Kleidung genäht und dann zum Verkauf wieder nach Indien verschifft wurde. Da die Kosten des Enderzeugnisses sehr viel höher lagen als der Preis für das Rohmaterial, profitierte England in jedem Fall von diesem Handel.

Der indische Freiheitskämpfer Mahatma Gandhi (1869-1948) begriff diesen Zusammenhang und nutzte ihn zur Formulierung eines einfachen, aber wirksamen Protestes. Er flehte die Inder an, im Ausland hergestellte Kleidung zu meiden und »in der Heimat handgesponnene« zu tragen bzw. Kleidung, die sie selbst hergestellt hatten. Diese Politik der Gewaltlosigkeit stellte sowohl eine symbolische Geste der Unabhängigkeit als auch einen erheblichen ökonomischen Schlag gegen die Briten dar. Sie war zudem eine der wirksamen Vorgehensweisen, die Gandhi bei seinem friedlichen Streben wählte, um die Unabhängigkeit Indiens zu erreichen. Diese wurde schließlich 1947 gewährt.

Kolonie: Das Wort leitet sich vom lateinischen »colere« her, zu deutsch: »ansiedeln, bebauen« Ursprünglich galten Kolonien als Ansiedlungen von Menschen, die in eine neue, häufig unentwickelte oder spärlich bevölkerte Region verpflanzt wurden. Beispielsweise gründeten die Wikinger, die um 1000 nach Nordamerika kamen, und die Puritaner, die die Massachusetts-Bay-Kolonie gründeten, sowie die ersten Briten, die ausgeschickt wurden, um Australien zu besiedeln, echte Kolonien. Wenn Erdlinge jemals auf dem Mars landen, werden sie dort eine Kolonie gründen.

Die ursprüngliche Bedeutung des Wortes trifft zwar immer noch zu, doch hat sich eine andere Bedeutung durchgesetzt. Mit der Zeit bezeichnete der Begriff »Kolonie« das Territorium, das eine ferne und normalerweise stärkere Macht eroberte und kontrollierte. Zum Beispiel besaß das British Empire während seiner Blütezeit in fast allen Erdteilen »Kolonien«, darunter auch ganz Indien und große Teile Afrikas und des Nahen Ostens. Zwar wurden britische Diplomaten, Soldaten und Beamten ausgesandt, um die Kolonien zu verwalten, aber sie blieben stets eine Minderheit, die eine große einheimische Bevölkerung beherrschte. Es handelte sich nicht um Siedler, die man ausgeschickt hatte, ein weitgehend menschenleeres Territorium zu erschließen.

Konföderation oder Bund: Die Schweiz ist die einzige Nation, die sich selbst als Bund oder Eidgenossenschaft bezeichnet; normalerweise bezieht sich der Begriff auf eine Gruppe von Staaten, die sich zur Verwirklichung eines gemeinsamen Zieles zusammengeschlossen haben.

Im Anschluß an die Amerikanische Revolution wurde die neu gegründete Nation Amerika kurz, aber nicht sehr erfolgreich unter den »Artikeln der Konföderation« regiert. Diese stellte eine schwache Zentralregierung; als sie gescheitert war, verbanden sich die dreizehn ehemaligen Kolonien und schrieben die amerikanische Verfassung. Eine zweite amerikanische Konföderation entstand nach der Sezession der elf Südstaaten und der Ausrufung der »Konföderierten Staaten von Amerika«, was 1860 zum Ausbruch des Bürgerkrieges führte.

Die Vereinigten Staaten von Amerika sind eine föderative Republik und damit im wesentlichen eine Gemeinschaft oder Gruppe von Staaten, die eine bestimmte Macht und Autonomie beibehalten und von der Zentralregierung nicht überstimmt werden können.

Königreich: Länder, die von einem Monarchen regiert werden, wirken wie Relikte aus längst vergangenen, märchenhaften Zeiten. Aber gar nicht so wenige Nationen haben einen Monarchen an ihrer Spitze, der das Land pro forma oder de facto regiert. Die Liste der bestehenden Königreiche schließt Belgien, Bhutan, Dänemark, Thailand, Jordanien, Lesotho, Marokko, Nepal, die Niederlande, Norwegen, Saudi-Arabien, Spanien, Schweden, Swasiland, Tonga und natürlich Großbritannien ein; der gegenwärtige König, Elizabeth II., ist allerdings eine Königin. Bei fast all diesen Königreichen handelt es sich um konstitutionelle Monarchien, in denen die tatsächlichen Machtbefugnisse des Monarchen weitgehend symbolischer Natur sind und die politische Macht bei einer gewählten Körperschaft, wie etwa dem britischen Parlament, liegt. Doch in etlichen Ländern, insbesondere Jordanien und Saudi-Arabien, hat der Monarch eine erhebliche, wenn nicht die totale, Regierungsgewalt inne.

Land: Strenggenommen ist dies ein geographischer Begriff, der das Territorium einer Nation bezeichnet, doch wird er oft im erweiterten Sinn von »Nation« verwendet, ob sie nun abhängig oder unabhängig ist. Wenn man also fragt: »Aus welchem Land kommen Sie?«, will man in Wahrheit wissen: »Welche Nationalität haben Sie?«

Nation: Generell bezeichnet man als Nation eine vergleichsweise große Gruppe von Menschen, die sich unter einer einzigen, normalerweise unabhängigen Regierung zusammenschließen wollen. Oft sind die Mitglieder dieser Gruppe auch durch gemeinsame Eigenschaften der Kultur eng verbunden – das heißt, sie haben nicht nur einen gemeinsamen Ursprung, eine gemeinsame Geschichte und häufig auch Sprache, sondern auch gemeinsame Sitten und Gebräuche, Wertvorstellungen und Ziele. Eine solche Gruppe, die sich ihres eigenen Nationalgefühls bewußt ist, will frei von politischem Einfluß von außen bleiben.

Nationalstaaten, wie zum Beispiel die Mitgliedsstaaten der Vereinten Nationen, kann man auf unterschiedliche Weise bezeichnen: als Republik, Fürstentum, Königreich oder Bund.

Aber es gibt noch eine andere Bedeutung von Nation, wie in den Begriffen »Bund« oder »Volk«. Diese gilt zum Beispiel, wenn man sich auf die Gruppen von Indianern Nordamerikas bezieht, wie die Nation der Cherokee oder der Sioux.

Es gibt aber auch Nationen, die kein Staat sind. Die 21 Millionen Kurden, die über große Teile der Türkei, des Iraks und des Irans verteilt leben – eine gewisse Zahl lebt in Syrien und der ehemaligen Sowjetrepublik Armenien –, bilden die größte Nation der Erde ohne ein eigenes Territorium, das sie als ihr Staatsgebiet bezeichnen könnten. Die Kurden, die von der türkischen Regierung unterdrückt und vom irakischen Regime unter Saddam Hussein erbarmungslos verfolgt werden, ohne daß die westlichen Nationen dagegen mit Nachdruck protestieren und Konsequenzen androhen, bleiben ein unbeständiger Faktor in einem bereits spannungsreichen Teil der Welt. Sie haben eine lange Geschichte von Stammeskonflikten und keine gemeinsame kurdische Sprache und sind im Inneren durch ihre eigene Geschichte und ihre Geographie gespalten. Die Berge im sogenannten Kurdistan schränken die Fähigkeit der Kurden ein, sich zu einer nationalen Bewegung zusammenzuschließen.

Republik: Der Begriff kommt vom Lateinischen *res publica* (»Gemeinwesen«). Die meisten unabhängigen Nationen bezeichnen ihren Staat als Republik. Im Gegensatz zur Monarchie steht dieser Staatsform ein vom Volk gewähltes Staatsoberhaupt vor. Das Staatsvolk wird als Träger der Staatsgewalt gesehen. In einigen Fällen sind jedoch die gewählten Repräsentanten nicht immer am Volkswillen interessiert und richten sich auch nicht danach.

Staat: Das ist in der Tat ein recht verwirrender Begriff, denn er läßt sich auf zweierlei Weise verwenden. Den Begriff Staat kann man auf eine ganze Nation anwenden, zum Beispiel wenn man vom »Staat Israel« oder von den »osteuropäischen Staaten« spricht, oder auf eines der Territorien und eine der politischen Einheiten, die eine Gemeinschaft unter einer souveränen Regierung bilden (wie im Fall der Vereinigten Staaten von Amerika oder der verschiedenen Staaten Indiens). Im ersteren Sinn ist ein Staat gleichbedeutend mit Nation, ein Land mit klar definierten Grenzen, das eine international anerkannte rechtliche Unabhängigkeit besitzt.

Von Afghanistan bis Zentralafrikanische Republik: Wie viele Nationen gibt es auf der Erde?

Nach der Neuordnung Osteuropas, dem Niedergang der Sowjetunion sowie den vielen weiteren Veränderungen auf der Landkarte der Erde sind heute 178 Länder Mitglied in den Vereinten Nationen (vgl. Anhang II: Die Nationen der Welt).

Aber werfen Sie nicht gleich den Taschenrechner weg. Das Tempo, in dem neue Länder entstehen, hat sich in den 90er Jahren nicht verlangsamt. Die neuentstandenen Republiken Kroatien, Slowenien, Bosnien-Herzegowina sowie Mazedonien haben sich vom ehemaligen Jugoslawien abgespalten, das zwar Republik bleibt, aber nur noch ein Schatten seiner selbst ist.

In dieser Gesamtzahl ist auch Grönland nicht enthalten, ein recht bedeutendes Stück Land und »autonomer« Teil Dänemarks. Auch die vier sogenannten Republiken Botswana, Ciskei, Transkei und Venda sind in dieser Zählung nicht eingeschlossen. Diese »homelands« der schwarzen Bevölkerungsgruppe liegen innerhalb der Grenzen Südafrikas und werden nur von Südafrika als unabhängige Republiken anerkannt. aufgrund ihrer eingeschränkten Souveränität werden sie immer noch von Johannisburg aus regiert.

Und wenn das Ziel im Golfkrieg gegen den Irak darin bestand, das Land seinem rechtmäßigen Besitzer zurückzugeben, warum soll man dann bei Kuwait aufhören? Da die Entscheidungsbefugnisse im Sicherheitsrat der UNO weitgehend in den Händen der »Großen Fünf« liegen, sollte man einmal deren Invasionen, Annexionen, Übergriffe und ihr allgemein schlechtes Benehmen auflisten:

Großbritannien: Kaum eine Nation reagierte mit derart lautstarker Empörung auf die Invasion Kuwaits wie Großbritannien. Da die Mitglieder des britischen Parlaments den Irak böse anfunkelten, konnte es natürlich geschehen, daß sie dabei den eigenen Hinterhof übersahen. Denn es gibt immer noch Nordirland, und britische Truppen halten nach wie vor ein Gebiet besetzt, das offenkundig einem anderen Land gehört. Während das übrige Irland 1922 die Unabhängigkeit erlangte, hat Großbritannien dieses rudimentäre Stück Kolonie aufgrund einer jahrhundertealten Eroberung behalten. Die Briten besitzen auch noch einige andere Juwelen, Zacken ihrer zerbrochenen imperialen Krone. Darunter sind Gibraltar, die Cayman Islands, Bermuda und die Falkland-Inseln; letzteres ist ein Fleckchen Erde vor der Küste Argentiniens, das Argentinien 1982 durch einen Krieg zurückerobern wollte. Wenigstens Hongkong wurde 1997 den Chinesen zurückgegeben.

Frankreich: Die Franzosen sind da schon geschickter. Daß sie bei der Wahl ihrer territorialen Besitzungen einen schlechten Geschmack bewiesen hätten, kann man ihnen nicht vorwerfen. Die wunderschönen Karibikparadiese Guadelupe und Martinique sind bis heute in französischem Besitz. Zu einem pazifischen Archipel gehört auch Französisch-Polynesien – ein Anspruch, den der Aufenthalt des Malers Gauguin auf Tahiti wohl noch verstärkt hat. Die Franzosen besitzen zudem Französisch-Guyana, die letzte europäische Kolonie in Südamerika, von der aus französische (und andere europäische) Weltraumsatelliten ins All geschickt werden, sowie Neu-Kaledonien, wo sich bedeutende Nickelvorkommen finden.

Die Vereinigten Staaten von Amerika: In chronologischer Reihenfolge kann man mit Texas und einem großen Teil des Südwestens und Kaliforniens beginnen. Diese Gebiete wurden nach dem Krieg mit Mexiko zwischen 1846 und 1848 vertragsgemäß »erworben«. General Ulysses S. Grant hat ihn als einen der ungerechtesten Kriege bezeichnet, »die je eine stärkere gegen eine schwächere Nation geführt hat«. (Ein solcher »Erwerb« ist das diplomatische Gegenstück zu einem »Angebot« des Paten Don Corleone, »das man nicht zurückweisen darf«.) Ein halbes Jahrhundert später kam im Zuge der Nachwirkungen des Spanisch-Amerikanischen Krieges 1898 der Erwerb von Puerto Rico, heute ein mit der USA assoziierter Staat, hinzu. Aber anders als etwa im Bundesstaat Massachusetts kann man in Puerto Rico nicht den amerikanischen Präsidenten wählen, die Puertoricaner haben auch keine Vertretung im US-Kongreß. Während sich die Frage der Unabhängigkeit Puerto Ricos ganz langsam auf eine Lösung zubewegt, bleibt sie doch in den Händen des US-Senats, statt in denen der Puertoricaner. Ebenfalls in der Karibik liegt die Besitzung der USA auf den Jungferninseln sowie der Militärstützpunkt in der Guantánamobucht auf Kuba – letzteres zweifellos ein Ärgernis für Fidel Castro. Im Südpazifik gibt es überdies einige wunderschöne Inseln – allesamt Überbleibsel aus dem Krieg gegen Japan –, die die USA zu ihren »Besitzungen« zählen. Darunter sind die Marshallinseln, die derzeit als Müllkippe genutzt werden.

China: Peking (chin. Beijing), das sich bei der Abstimmung über das Ultimatum gegen den Irak enthalten hatte, konnte so dem Vorwurf unverhüllter Heuchelei entgehen. Aber man sollte Tibet dennoch nicht vergessen, eine ehemalige Kolonie Chinas, die die Chinesen 1958 annektierten und deren geistigen Führer, den Dalai Lama, sie ins Exil zwangen. China erkennt nicht die nationale Einheit des kleinen Tibet an; seine Truppen haben ein strenges Kriegsrecht eingeführt und unterdrücken die Unabhängigkeitsbestrebungen der Tibeter mit brutaler Gewalt.

Rußland: Auch wenn es immer noch »autonome« Nationen innerhalb Rußlands gibt, ist die Mehrzahl der ehemaligen sowjetischen Kolonien, vor allem die drei baltischen

Staaten, inzwischen autonom. Umstritten sind einige Inseln, um deren Besitz Russen und Japaner seit der Jahrhundertwende streiten. Aber diese Meinungsverschiedenheiten scheinen auf eine friedliche Lösung hinauszulaufen. Andere Probleme des inneren Zusammenhalts Rußlands sind dagegen noch ungeklärt.

Das Zeitalter des Kolonialismus ist zwar weitgehend abgeschlossen, doch erinnert uns das Schicksal dieser Länder, die in fremden Händen bleiben, daran, daß es in der Geschichte immer wieder zu Annexionen gekommen ist. Es ist klug – und ernüchternd –, im Gedächtnis zu behalten, daß es die Sieger sind, die die Geschichte schreiben und die Karten neu zeichnen.

Wo liegt die »Dritte Welt«?

»Arm, bürgerkriegsähnliche Zustände, chaotisch.«

Ist dies eine Beschreibung Rußlands oder Jugoslawiens in den letzten Jahren? Oder eine Charakterisierung der innerstädtischen Kriegsgebiete von Los Angeles während der blutigen Unruhen im Mai 1992?

Weder das eine noch das andere. Wir versuchen statt dessen zu bestimmen, was es bedeutet, der Dritten Welt anzugehören. Diesen Maßstab setzte 1969 Singapurs Premierminister Lee Kuan Jew. Bedeuten die zitierten Worte, daß Rußland oder Los Angeles der Dritten Welt angehören? Das ist kein Witz, sondern eine betrübliche und berechtigte Frage.

»Dritte Welt« ist eine klassische Redewendung der 50er Jahre und wurde von französischen Intellektuellen erfunden. Die Menschen brauchten einen klaren Bezugspunkt für die neu entstehenden unabhängigen Nationen in Asien und Afrika. Diesen meist verarmten und politisch instabilen Kolonien verlieh man den kollektiven Namen *le tiers monde*, der sie durch das definierte, was sie nicht waren. Die Erste Welt, das war der Westen, beherrscht von den Vereinigten Staaten, Westeuropa und ihren Verbündeten mit überwiegend freien Marktwirtschaften. Die Zweite Welt, das waren die Sowjetunion und ihre osteuropäischen Satellitenstaaten, eine Welt sozialistischer Systeme mit Planwirtschaften. Und das Etikett »Dritte Welt« wandte man auf die angeblich bündnislosen und sich entwickelnden Nationen Afrikas, Lateinamerikas und Asiens an. In diesen sich damals entwickelnden Ländern lag das Durchschnittseinkommen viel niedriger als in den Industrienationen, die Wirtschaft beruhte auf einigen wenigen Feldfrüchten für den Export, und die Landwirtschaft befand sich auf dem Selbsterhaltungsniveau.

Ein Blick auf die folgende Liste von Staaten, deren Namen sich in den Jahren nach der Erlangung der Unabhängigkeit änderte, ist erhellend. Die meisten sind Teil dessen, was man traditionellerweise als Dritte Welt betrachtet. Viele von ihnen haben zudem unter der unglücklichen »Auszeichnung« zu leiden, daß die Vereinten Nationen sie immer noch zu den ärmsten Ländern der Welt zählen. Von den einundvierzig Staaten, die die UNO als die ärmsten der Erde auswählte, befinden sich 28 in Afrika, weitere acht in Asien, vier sind Inselgruppen im Pazifik und einer liegt in der Karibik.

Doch die Zeit und die Ereignisse haben den Ausdruck »Dritte Welt« zu einem mißbräuchlich benutzten Anachronismus werden lassen. Von Anfang an ergab die Idee, es gebe eine monolithische Dritte Welt, die irgendwie getrennt und anders ist als der Osten oder der Westen, wenig Sinn. Schon die Vorstellung von der Bündnislosigkeit war einigermaßen lächerlich, da kaum eine der Nationen jemals frei von der Neigung zu einem der beiden Gesellschaftsmodelle war.

Bedeutsamer ist jedoch, daß der Begriff »Dritte Welt« die großen kulturellen, religiösen und ethnischen Unterschiede ignorierte. Die verarmten Länder Mittelamerikas hatten wenig gemein mit den afrikanischen Staaten südlich der Sahara. Und was hatte das äquatoriale Afrika mit Afghanistan zu tun? Und um das Ganze noch komplizierter zu machen, führte jemand bei den Vereinten Nationen noch den Begriff »Vierte Welt« ein, der zunehmend zur Charakterisierung der ärmsten Nationen verwandt wird.

Ein enormer Wandel in den geopolitischen Zuordnungen der Welt hat diese Etiketten obsolet gemacht. Zunächst einmal gibt es keine Zweite Welt mehr, die mit einer Ersten Welt konkurriert und mit der man wiederum eine dritte kontrastieren muß. Aufgrund des Niedergangs des Kommunismus in der Sowjetunion und in Osteuropa ist diese Unterscheidung überholt.

Ebenso bedeutsam ist die rasante wirtschaftliche Expansion in vielen der Länder, auf die ehemals die Beschreibung »Dritte Welt« zutraf. Laut Angaben der Weltbank werden die sich entwickelnden Nationen in den neunziger Jahren doppelt so schnell wachsen wie die sieben größten Industrieländer. Das Singapur der 1990er Jahre ist nicht mehr die »arme, von bürgerkriegsähnlichen Unruhen geprägte, chaotische« Insel, die es zur der Zeit war, als der Ausdruck geprägt wurde. Südkorea, Taiwan und Hongkong haben allesamt schnell wachsende Wirtschaften. In vielen anderen Nationen entsteht überdies eine immer größer werdende Kluft zwischen arm und reich.

Insofern bezog und bezieht sich der Begriff »Dritte Welt« auf etwas Reales, fast eine Art Daseinszustand, und nicht auf eine definierbare Region. Wenn man »Dritte Welt« sagt, verweist man damit auf enorme soziale Probleme, wie Krankheit, Hunger und schlechte Wohnverhältnisse. Aber keine Gruppe, kein Land hat ein Monopol auf diese zweifelhaften Merkmale. Die Mißstände, die man mit der Dritten Welt in Zusammenhang bringt, sind überall auf dem Globus gegenwärtig. Sie sind normalerweise besonders stark ausgeprägt in den Großstädten Lateinamerikas, Asiens und Afrikas –

von Mexiko-Stadt und Rio de Janeiro über Lagos (Nigeria) bis Kalkutta. Nachrichtenberichte über die Verhältnisse in den Republiken der ehemaligen Sowjetunion schildern diese als »Dritte Welt«; die Russen bitten sogar Südkorea um Hilfe. Andernorts in Europa, beispielsweise in Jugoslawien, werden die ethnischen Auseinandersetzungen so grausam geführt wie ein »Stammeskrieg« in Afrika. Selbst die Vereinigten Staaten besitzen Enklaven der Dritten Welt, entweder in den Innenstädten oder in ländlichen Regionen. In ihnen haben amerikanische Staatsbürger eine Lebenserwartung, die zum Beispiel charakteristisch für Bangladesh ist, und es herrscht eine Kindersterblichkeitsrate, die höher liegt als jene in vielen Ländern der sogenannten Dritten Welt.

»Und wie heißt es jetzt?«: Wandel der Namen im 20. Jahrhundert

Bevor sich die ehemaligen Ostblockländer hinter dem Eisernen Vorhang durch die europäischen Unabhängigkeitsbewegungen der 1990er Jahre grundlegend wandelten, erschütterte – hauptsächlich während der 1960er Jahre – eine andere Welle von Unabhängigkeitsbewegungen die Welt.

In Afrika, Asien und Südamerika schüttelten nämlich die ehemaligen Kolonien die Überreste der europäischen und amerikanischen Herrschaft ab. Daraus ergaben sich außerordentlich viele Veränderungen der Ländernamen, was die allgemeine Verwirrung in Fragen der Geographie oftmals noch verstärkte. Nach Erlangung der Unabhängigkeit legten die Einwohner dieser Länder – wie geschiedene Frauen, die ihren Mädchennamen wieder annehmen – ihre von den Europäern diktierten Namen ab und kehrten zu ihren traditionellen Namen zurück, weil sie ihre neugewonnene Unabhängigkeit zum Ausdruck bringen wollten.

Im Zuge dieser eiligen Umbenennungen verschwanden die Länder, die man von den Landkarten der Vergangenheit kennt. Die Tab. 3 ist nach Kontinenten untergliedert und bezeichnet die Länder mit ihrem heutigen und dem – vielleicht vertrauteren – kolonialen Namen. Die mit einem Sternchen (*) versehenen Staaten zählen nach Angaben der Vereinten Nationen zu den ärmsten der Welt. (Ein kurzer Führer durch das neue Europa findet sich in Kapitel 2, S. 145 ff.)

Zu den anderen ärmsten Nationen bzw. der von den UN so genannten »Vierten Welt« zählen die auf der nächsten Seite in Tabelle 4 aufgeführten Nationen.

Tab. 3: Ländernamen im Vergleich

Gegenwärtiger Name (Datum der Unabhängigkeit)	Kolonialer Name
Afrika	
Äquatorialguinea (1968)	Spanisch-Guinea
* Benin (1960)	Dahomey
* Botswana (1966)	Bechuanaland
* Burkina Faso (1960)	Obervolta
* Burundi (1962)	Deutsch-Ostafrika; Ruanda-Urundi
* Dschibuti (1977)	Französisches Somaliland
* Kongo (1960)	Französisch-Äquatorial-Afrika oder Mittlerer Kongo
Ghana(1957)	Goldküste
* Guinea (1958)	Französisch-Westafrika
* Guinea-Bissau (1974)	Portugiesisch-Guinea
* Lesotho (1966)	Basutoland
* Malawi (1964)	Britisches Protektorat von Njassaland
* Mali (1960)	Französischer Sudan
Namibia (1990)	Deutsch-Südwestafrika
Rwanda (1962)	Deutsch-Ostafrika; Ruanda-Urundi
* Tansania (1964)	Tanganjika und Sansibar
Zaire (1960)	Belgisch-Kongo
Sambia (1964)	Nord-Rhodesien
Simbabwe[1])	Rhodesien
* Tschad (1960)	Französisch-Äquatorial-Afrika
* Zentralafrikanische Republik (1960)	Französisch-Äquatorial-Afrika

Asien	
* Bangladesh (1971)	Ostpakistan
* Myanmar (1948)	Burma
Sri Lanka (1948)	Ceylon
Vietnam[2])	Französisch-Indochina
Pazifische Inseln	
* Kiribati (1975)	Gilbert Islands
* Tuvalu (1978)	Ellice Islands
* Vanuatu (1980)	Neue Hebriden
Südamerika	
Belize (1964)	Britisch-Honduras
Guyana (1970)	Britisch-Guyana
Surinam (1975)	Holländisch-Guyana

1) 1965 erklärte Rhodesien seine Unabhängigkeit von Großbritannien und setzte eine Minderheitsregierung von Weißen ein. Nach einem längeren Guerrillakrieg stimmte die Regierung der weißen Bevölkerungsgruppe für eine demokratische Verfassung. Dies führte 1978 zu einer schwarzen Mehrheitsregierung. Später wurde der Name in Simbabwe geändert; 1980 wurde die Unabhängigkeit offiziell anerkannt. Das Land ist heute unter dem Namen Simbabwe bekannt.

2) Vietnam wurde 1954 in Nord- und Südvietnam geteilt. Nach dem Vietnamkrieg fiel Saigon an die Nordvietnamesen, und 1975 wurde das Land unter kommunistischer Herrschaft vereinigt.

Tab. 4: Ärmste Länder der Welt

Afrika	**Asien**
Äthiopien	Afghanistan
Gambia	Bhutan
Kap Verde	Laos
Komoren	Nepal
Mauritanien	Jemen
Moçambique	Malediven
Nigeria	
São Tomé und Príncipe	**Karibik**
Sierra Leone	Haiti
Somalia	
Sudan	**Pazifik**
Togo	Westliches Samoa
Uganda	

Imaginäre Orte: Gibt es Transsilvanien wirklich?

> In London hatte ich vor meiner Abreise noch einige Zeit zur Verfügung gehabt und war ins Britische Museum gegangen, um mir dort in der Bibliothek Bücher und Landkarten herauszusuchen, die sich mit Transsilvanien befaßten. Ich hatte mir gedacht, daß eine gewisse Kenntnis des Landes sehr nützlich wäre, wenn ich mit einem Edelmann dieses Landes zu verhandeln hätte. Ich fand heraus, daß der Distrikt, den er mir genannt hatte, im äußersten Osten des Landes liegt und an die Grenzen dreier Länder stößt, nämlich Transsilvanien, Moldau und Bukowina; außerdem liegt er in der Mitte der Karpaten und ist eines der wildesten und am wenigsten bekannten Gebiete von Europa. Auf keiner Karte jedoch und in keinem Buch hatte ich die genaue Lage des Schlosses Dracula angegeben gefunden. Es gibt von dieser Gegend keine Karten, die mit unseren Meßtischblättern zu vergleichen sind. Ich fand jedoch heraus, daß Bistritz, die Poststation also, die Graf Dracula erwähnt hatte, ein ziemlich bekannter Ort ist.

Kaum eine andere literarische Erzählung weckt so unmittelbar das Gefühl der Angst, des Geheimnisses und des Bösen wie Bram Stokers Beschreibung der düster-bedrohlichen Landschaft Transsilvanien. In seinem Roman *Dracula* (1897) reist der junge Jonathan Harker von England in diesen entlegenen Teil Europas und damit in die Heimat des Grafen Dracula, eine der furchterregendsten und faszinierendsten Gestalten der Literatur. Doch gibt es überhaupt eine Region wie Transsilvanien, oder handelt es sich um die Ausgeburt der lebhaften und düsteren Vorstellungskraft des Autors?

Transsilvanien ist tatsächlich auf den Landkarten zu finden. Es ist eine geschichtsträchtige Gegend im zentralen und nordwestlichen Rumänien. Sie liegt in einer Ebene, die im Süden vom übrigen Rumänien durch die Transsilvanischen Alpen und im Norden und Osten von den Karpaten begrenzt wird. Die Karpaten bilden die natürliche Grenze zwischen Rumänien und Moldawien (Moldau), eine der ehemaligen und mittlerweile unabhängigen Sowjetrepubliken.

Transsilvanien liegt entlang einer natürlichen Invasionsroute für Armeen, die zwischen Asien und Osteuropa hindurchführt, und hat daher in seiner Geschichte immer wieder Kriege erlebt. Im Laufe dieser langen, stürmischen Geschichte sind viele Armeen – von den Hunnen bis zu den osmanischen Türken, den Habsburgern und Österreich-Ungarn – in Transsilvanien einmarschiert, haben es umkämpft und beherrscht. Während des Zweiten Weltkriegs verbündete sich Rumänien mit Hitler-Deutschland. Nach dem Einmarsch der Sowjetunion wurde Rumänien, einschließlich Transsilvanien, Teil des Warschauer Paktes und in den sogenannten Ostblock eingegliedert. Neben seiner Lage als leichtes Einfallstor für Eroberungsarmeen zeichnet sich Transsilvanien aber auch durch reiche Mineralvorkommen, große Wälder und fruchtbare Ebenen aus. Transsilvanien gibt es also wirklich, aber wie steht's mit dem Grafen Dracula? Der Name bedeutet soviel wie »Dämon« und wurde erstmals auf Vlad IV. (das IV. steht für »den Vierten«, nicht für »intravenös«) angewandt, der auch als der »Pfähler« bekannt war. Stokers Darstellung der berühmten Romangestalt basiert auf diesem lokalen Fürsten des 15. Jahrhunderts. Die von Vlad, der in der Walachei von 1456 bis 1462 regierte, begangenen Greueltaten sind nahezu unaussprechlich. So marschierte er 1459 in eine Kleinstadt ein und ließ aus unbekannten Gründen Tausende ihrer Bewohner auf spitze Pfähle spießen. Anschließend soll er inmitten dieser grotesken Szenerie des Massenmordes ein feuchtfröhliches Festgelage veranstaltet haben. Eine andere ihm zugeschriebene Greueltat war, Bettler aus der Umgebung einzuladen, sie an einem Fest teilnehmen zu lassen, sie anschließend in einer

Burg einzusperren und diese dann bis auf die Grundmauern niederbrennen zu lassen. Die Zahl der Opfer des Fürsten Vlad ist nicht genau bekannt, aber möglicherweise erreichte sie 100 000, bis man ihn schließlich absetzte und köpfte.

Vlad war nicht der einzige örtliche Fürst, der Transsilvanien dieses blutrünstige Image verlieh. 1514 wurde in Siebenbürgen ein Aufstand der Bauern mit grausamer Gewalt niedergeschlagen. Der Anführer György Dózsa wurde der Legende nach gezwungen, sich auf einen Thron aus Eisen zu setzen, der erhitzt wurde, und bekam dann eine rotglühende Krone auf den Kopf gesetzt. Während dieser unglückliche Rebellenfürst langsam starb, zwang man seine Anhänger, Stücke seines gebratenen Fleisches zu essen. Transsilvaniens Vampir-Image wurde durch die Taten der Gräfin Elizabeth Bathori noch verstärkt. Einer Legende zufolge glaubte sie, das Baden im Blut von Jungfrauen werde sie zu einer Schönheit machen. Etwa 650 junge Bauernmädchen sollen ermordet worden sein, damit die Adlige ihrer Eitelkeit frönen konnte.

Zusammen mit dem Rest Rumäniens wurde Transsilvanien bis vor kurzem durch einen kommunistischen Diktator regiert, der offenbar einen Tropfen transsilvanischen Irrsinn im Blut hatte. Nicolai Ceauşescu kam in Rumänien 1967 an die Macht und führte ein Regime grausamer Unterdrükkung ein, das sich in die blutrünstige Vergangenheit der Gegend einfügte. Er füllte die Gefängnisse mit politischen Gefangenen, die moderne Formen der Folter erlitten und starben, und ließ ganze Dörfer niederwalzen, so daß die Bewohner in trostlose Gebäude in staatlichem Besitz umziehen mußten, während er für sich selbst einen großartigen Palast bauen ließ. 1989 führte ein Aufstand der Armee zum Sturz Ceauşescu. Er wurde schnell zum Tode verurteilt und zusammen mit seiner Frau durch ein Erschießungskommando hingerichtet. Eine tragische, bitter-ironische Fußnote in diesem neueren Kapitel der traurigen Geschichte Rumäniens ist die furchtbare Folge eines fehlgeschlagenen Experiments:

Um ihren Gesundheitzustand zu verbessern, erhielten rumänische Kinder des Ceauşescu-Regimes unwissentlich Bluttransfusionen mit aidsinfiziertem Blut. Dies brachte eine Generation rumänischer Aidsbabys hervor.

Wie hat Japan es gemacht?

Wenn man lediglich die üblichen geographischen Faktoren in Betracht zieht, dürfte Japan eigentlich nicht eine der mächtigsten Nationen der Erde sein – mit einer Wirtschaft, die zu den führenden der Welt gehört. Geographisch gesehen spricht so gut wie alles gegen Japan. Doch in weniger als einem Jahrhundert – nachdem Kommodore Matthew Perry 1854 zum zweitenmal in die Tokiobucht gesegelt war – verwandelte sich Japan von einem isolierten, im Grunde mittelalterlichen Feudalstaat in eine moderne, innovative wirtschaftliche Supermacht.

Japan ist klein und besteht aus rund hundert bergigen Inseln, die sich auf einer Länge von über 2 400 Kilometern erstrecken. Japan verfügt über keine Naturressourcen – vor allem fehlt es an Land und Erdöl. Vier Fünftel des Landes sind gebirgig. Wälder, die als heilig gelten, bedecken zwei Drittel der Fläche, mehr als in jedem anderen industrialisierten Land. Nur auf 15 Prozent der Fläche kann man Landwirtschaft betreiben. Da es auf dem sogenannten »Feuergürtel« des Pazifischen Ozeans liegt, ist es regelmäßig schweren Erdbeben, Vulkanausbrüchen und zerstörerischen Tsunamis ausgesetzt. Überdies liegt es in der Taifunzone im westlichen Pazifik, in der häufig extrem heftige tropische Wirbelstürme und verheerende Überschwemmungen in den Küstengebieten vorkommen.

Doch in einer Weise, die man als typisch asiatisch bezeichnen könnte, hat Japan mit einer Art Judo-Griff seine geographischen Nachteile besiegt. Es hat Schwächen in Stärke umgewandelt. Auf alle geographischen Mängel hat man positive Antworten gefunden. Statt den kleinen Inselstaat einzuschränken, haben die geographischen Verhältnisse die Regierung und das Volk gezwungen, kulturelle Einstellungen und nationale Strategien zu übernehmen, die einen höheren Lebensstandard ermöglichen. Zum Beispiel haben japanische Architekten für Japans Städte Hochhäuser entworfen, die Erdbeben von großer Stärke überstehen können. In Städten, die nahe einem tätigen Vulkan liegen, werden regelmäßig genauestens geplante Evakuierungsübungen durchgeführt, in denen das japanische Genie – oder die Besessenheit – für soziale Organisation und Ordnung deutlich zum Ausdruck kommt.

Die Tatsache, daß Japan eine Insel ist, nötigte seine Bewohner, sich auf die Entwicklung des Handels zu konzentrieren. Heute beruht Japans Reichtum in erster Linie auf seinen internationalen Handelsbeziehungen. Historisch gesehen ist Japan in dieser Hinsicht nicht einzigartig. Auch andere große Reiche in der Geschichte der Menschheit hatten ihr Zentrum auf kleinen Inseln oder in landarmen Nationen, die den Blick nach Übersee richteten und so ihre geographisch begrenzte heimische Wirtschaft stärkten. Dabei sammelten sie technische, landwirtschaftliche, künstlerische und kulturelle Kenntnisse und Know-how von den Ländern, mit denen sie in Kontakt kamen. Das trifft sicherlich auf das alte Griechenland zu. Griechenland ist zwar keine Insel, aber es bestand aus mehreren Ägäischen Inselstaaten, die zusammen mit den Stadtstaaten auf dem Festland über wenig Land verfügten. Gezwungen, sich nach außen zu wenden, wurden die Griechen bedeutende Seeleute, die den Handel und das Mittelmeer beherrschten. Aus jedem Land, das sie erreicht hatten, brachten sie bedeutende Erkenntnisse für die Mathematik, Astronomie, Philosophie und Kunst zurück, die ihre eigene Zivilisation bereicherten und dann in verschiedene Teilbereiche des Staates integriert wurden.

Auf ähnliche Weise gilt dies ebenso für Holland, obwohl es auch keine Insel ist. Doch obgleich die Holländer an einem Meer lebten, das ständig drohte, das Land zu überfluten, und obgleich sie nicht genügend Land und Ressourcen besaßen, gründeten sie ein riesiges überseeisches Kolonialreich. Im 16. und 17. Jahrhundert, seinem goldenen Zeitalter, breitete sich das Holländische Seehandelsreich mit dem Zentrum Amsterdam bis über den Pazifik aus. Schließlich wurde auch Großbritannien, eine Insel mit wenig Naturressourcen, die im 18. und 19. Jahrhundert die Weltmeere beherrschte und Kolonien gründete, die Rohmaterialien und Märkte für die Endprodukte lieferten, zu einem der größten Reiche der Geschichte.

All diese früheren Großreiche lassen sich auch mit den Vereinigten Staaten vergleichen, die große Vorteile hinsichtlich Größe und Naturressourcen besitzen. Doch gerade weil das Land so groß ist, ließen es viele amerikanische Unternehmen zu, daß die Entwicklung einer progressiven Welthandelspolitik gegenüber den Wünschen des heimischen Marktes vernachlässigt wurde. Die amerikanischen Firmen waren zufrieden, einen starken heimischen Markt zu bedienen, und gestatteten so anderen Ländern – vor allem Japan und Deutschland, den im Zweiten Weltkrieg besiegten Nationen – effektiver und effizienter Kunden in Übersee anzuwerben. Dieser »wirtschaftliche Isolationismus« hat die Vereinigten Staaten heute eingeholt, und das Land muß nun hinsichtlich so grundlegender Industrien wie Stahl, Automobil- und Schiffbau sowie Konsumgüter teuer dafür bezahlen, daß es in der Vergangenheit versäumt hatte, auf dem Weltmarkt mit seinen Produkten in Wettwerb zu treten.

In seinem seit 1854 bestehenden Streben nach Macht hat Japan nicht – wie so viele andere Länder, ob sie nun im Hinblick auf räumliche Ausdehnung oder Ressourcen benachteiligt waren oder nicht – den Fehler begangen, sich nach innen zu wenden. Die japanische Regierung und Industrie haben im vergangenen Jahrhundert den Blick aggressiv ins Ausland gerichtet. Das geschah vor allem in den ersten vierzig Jahren des 20. Jahrhunderts, als der militärisch-industrielle Komplex mit Hilfe der Regierung versuchte, sich durch Eroberungen das zu nehmen, was es brauchte – Land und Rohstoffe. Im Krieg gegen Rußland im Jahr 1904 okkupierte Japan die Halbinsel Korea, und während der 1930er Jahre besetzte es nach und nach die Innere Mongolei, die Mandschurei und Teile Chinas. Um 1940 war es bereit, einen kühnen Vorstoß zur Kontrolle des Reichtums und der Ressourcen in der ostpazifischen Region zu wagen. Dieser Schritt führte zur Konfrontation mit den Interessen der USA und schließlich zum Angriff auf Pearl Harbor. 1945, nach der Niederlage im Zweiten Weltkrieg, war Japan eine ruinierte, besetzte Nation. Außerdem hätten die verheerenden Verluste an Menschen, Eigentum und überseeischen Territorien das Ziel, den Status einer globalen Supermacht zu erlangen, wohl sowieso zum Scheitern gebracht. Wie erklärt sich also das japanische Wirtschaftswunder?

Zunächst einmal konnte sich Japan ungeachtet des großen Landmangels mehr oder weniger selbst ernähren. Der Mangel zwang das Land dazu, sich eine gute Kost zu verschreiben. Die Viehwirtschaft – sowohl für Fleisch- als auch für Milchprodukte ist raumintensiv, da das Vieh große Flächen zum Grasen benötigt. Überdies frißt es ungeheure Mengen an Getreide und verbraucht große Mengen an Wasser. In Japan bedeutet der fehlende Raum, daß nur wenig Vieh gehalten wird – die Japaner essen keine Milchprodukte; die vergleichsweise geringen Mengen Rindfleisch, die sie verzehren, werden importiert. Reis, Soja und Fisch sind seit jeher die Grundnahrungsmittel. Fische werden in Teichen »gehalten«, in den Küstengewässern gefangen oder von Japans riesiger international operierender Fischereiflotte eingeholt. Was die Reisproduktion betrifft, war Japan in der Vergangenheit autark. Das warme, feuchte Sommerklima im Süden eignet sich ideal zum Anbau von Reis. Die japanische Regierung nimmt zudem großen Einfluß, indem sie den Reisanbau stark subventioniert. Reisbauern aus Übersee, wie die der Vereinigten Staaten, haben erfahren, wie stark dieser Einfluß ist. Unlängst wurde auf einer japanischen Landwirtschaftsmesse der unbedingte Wille der Regierung, ihre Reisbauern zu schützen, eindrucksvoll unter Beweis gestellt, als man einen Vertreter der amerikanischen Landwirtschaft verhaftete, weil er eine Schale mit Reis ausstellte, der in den USA angebaut worden war. Damit hatte er gegen ein japanisches Gesetz verstoßen, das die Einfuhr von Reis verbietet. Um ihre Bauern zu unterstützen, hält die japanische Regierung den Reispreis im eigenen Land auf dem vierfachen Niveau des Weltmarktpreises.

Weitere Faktoren des wirtschaftlichen Aufstiegs sind die kulturellen Einstellungen, bei deren Formung die Geographie eine entscheidende Rolle spielt. Die traditionelle japanische Vorstellung des *kaoku* (wörtlich »Familie« oder »Harmonie«) wurde über Jahrtausende gepflegt. Sie blieb unbeeinflußt von anderen Ideen, einschließlich derjenigen der westlichen Religionen oder der europäischen Aufklärung, die der Freiheit des Individuums weitaus größeren Wert beimessen. Die japanische Tradition der Treue und Loyalität gegenüber der Autorität liegt dem Verhältnis zwischen japanischen Unternehmen und ihren Angestellten zugrunde. Sie stärkt die Produktivität und fördert eine hochkooperative Beziehung zwischen allen am Wirtschaftsprozeß Beteiligten, statt zur Gegnerschaft zwischen Angestellten und Management aufzufordern, die das Verhältnis zwischen Unternehmen und Mitarbeitern im Westen kennzeichnet.

Paradoxerweise gehört zu den Folgen des Sieges Amerikas über Japan, daß die japanischen Konzerne enorme Gewinne einstreichen konnten. Die japanische Verfassung, die nach dem Krieg während der Besetzung durch die Amerikaner geschrieben wurde, verlangt, daß der Staat für Verteidigung und Militär nicht mehr als ein Prozent des Bruttosozialprodukts ausgeben darf. Als alle anderen Länder, angeführt von den Vereinigten Staaten und der Sowjetunion, riesige Anteile ihres Staatshaushaltes für das massive Wettrüsten im Kalten Krieg und die Beteiligung an kostspieligen lokalen Kriegen von Vietnam bis Afghanistan aufbrachten, investierten die Japaner das Geld, das sie nicht für Panzer und Flugzeugträger ausgeben durften, in Wissenschaft und Technik.

Diese Investitionen führten zu einem bemerkenswerten wirtschaftlichen Aufschwung, der drei gesonderte Phasen durchlief. Zunächst erfolgte die Entwicklung der Schwerindustrie, die bezüglich der Exporterträge schon bald Japans traditionelle Textilproduktion übertraf. 1956 überflügelte Japan Großbritannien als größte Schiffbaunation. Die zweite Phase war der Boom in der Konsumelektronik und im Automobilbau. Auch hier spielten die geographischen Gegebenheiten eine große Rolle. Da die japanische Industrie über begrenzte Naturressourcen und wenig Raum verfügte, konzentrierte man sich darauf, die Produkte zu miniaturisieren; dies erklärt auch ihre Vorherrschaft auf dem Gebiet der Herstellung von Transistoren. Bei den japanischen Autoherstellern, die völlig vom überseeischen Erdöl abhängig sind, führte die Entwicklung zu benzinsparenden Autos. Die amerikanische Automobilindustrie dagegen produzierte weiter ihre »Benzinfresser«. Diese waren beliebt, als die Erdölproduktion noch nicht in den Händen der OPEC lag, einem Kartell, das den Ölhahn nach freiem Ermessen zudrehen konnte. In der Mitte der siebziger Jahre stellte Japan 21 Prozent der Autoproduktion der Welt, wobei es nur von den drei großen Automobilkonzernen der USA übertroffen wurde. Die dritte und jüngste Phase ist gekennzeichnet durch forschungsintensive Produkte. Derzeit werden in der

Computerherstellung und der Biotechnologie hinsichtlich Forschung und Entwicklung große Anstrengungen unternommen. Die Japaner haben High-Tech-Produkte mit der Anwendung computergesteuerter Herstellungstechniken verbunden und erzielen so eine enorme Steigerung im Hinblick auf Produktivität sowie Zuverlässigkeit der Produkte.

Während Japan dieses Terrain zu Hause ausbaute, investierte es zugleich in die Niedriglohn-Wirtschaften der asiatischen Staaten. Diese Strategie senkte nicht nur die Produktionskosten – die Preise sanken, die Gewinne blieben hoch –, sondern erschloß auch überseeische Märkte, auf denen man die Waren verkaufen konnte. Ein gewitzter amerikanischer Hersteller hat dieses Konzept schon vor langer Zeit umgesetzt. Als Henry Ford zu Beginn des Jahrhunderts in seinen Fabriken Fließbänder installieren ließ, um das Modell T zu bauen, verdoppelte er gleichzeitig das Durchschnittsnettoeinkommen der Fabrikarbeiter. Nun konnten sie losgehen und eines der von ihnen gebauten Autos kaufen. Die Japaner haben auch als erste den Beweis angetreten, daß die wirtschaftliche Entwicklung weitaus bedeutender für die politische Stabilität eines Landes ist als die Anwendung von Waffengewalt. Daß die südostasiatischen Nationen während der Konfrontation der beiden Großmächte in den sechziger und siebziger Jahren vielen Bauern Arbeitsplätze und ökonomische Sicherheit beschert haben, hat die gesamte Region politisch stabilisiert. Selbst Vietnam, eines der tragischsten Symbole für die Sinnlosigkeit des Kalten Krieges, ist unauffällig zu einer Konsumgesellschaft geworden, in der die Konfrontation zwischen den USA und den kommunistischen Staaten dem elementareren Wunsch nach einem höheren Lebensstandard Platz gemacht hat.

In den 1990er Jahren konnten die Japaner zudem feststellen, daß es leichter ist, eine industrielle Supermaschine aufzubauen, als sie bei stetigem Tempo in Schwung zu halten. Weil Japans Wirtschaft heute stark mit dem Rest der

Welt verbunden ist, hat das Land unter der internationalen Rezession während der frühen neunziger Jahre leiden müssen. Wenn die amerikanischen und europäischen Konsumenten die neuen Produkte nicht mehr kaufen, fügen sie der japanischen Wirtschaft schweren Schaden zu. Die Anhäufung des Reichtums in Japan hat die Preise für alles, von Land bis zu Aktien an den japanischen Börsen, auf ein unvernünftig hohes Niveau getrieben. Auch in Japan treffen die Gesetze der ökonomischen Schwerkraft immer noch zu. Was steigt, muß auch fallen. Deshalb macht sich Unmut unter den Ärmeren und den Arbeitern Japans breit, die nicht am großen Boom der letzten vierzig Jahre teilhatten, und es zeigen sich die ersten Anzeichen einer Klassenteilung, zumal in den Beziehungen zwischen Arbeitgebern und Arbeitnehmern. Zudem sehen sich die Japaner der Konkurrenz seitens einiger anderer asiatischer Nationen ausgesetzt, deren Wirtschaften sich in der gleichen wichtigen Aufschwungsphase befinden, in der sich Japan vor gar nicht allzu langer Zeit selbst befand.

Stimmen der Geographie: Marcel Junod, der Hiroshima am 9. September 1945 besuchte. Aus: *Warriors Without Weapons* (1951)

> Ungefähr einen Kilometer vom Zentrum der Explosion entfernt war kein Stein auf dem anderen geblieben. Alles war verschwunden. Eine Steinwüste war zu sehen, übersät mit Trümmern und verbogenen Brückenträgern. Der glühende Hauch des Feuers hatte alle Hindernisse davongefegt; übriggeblieben waren lediglich einige Fragmente von Steinmauern und ein paar Öfen, die merkwürdigerweise in ihren Schächten standen.
>
> Wir stiegen aus dem Auto und gingen langsam durch die Ruinen in das Zentrum der toten Stadt. Überall in dieser Totenstadt herrschte reglose Stille.

Meilensteine der Geographie VI

1950 bis zur Gegenwart

1950: Die Zahl der Weltbevölkerung beträgt rund 2,3 Milliarden.

1951: Der Koreakrieg beginnt mit dem Einmarsch der Armee des kommunistischen Nordkorea in Südkorea. Die Kämpfe dauern bis **1953**; per Vertrag bleibt die Koreanische Halbinsel in Nord- und Südkorea geteilt.

1953: Der Neuseeländer Sir Edmund Hillary und der Nepalese Tenzing Norgay erreichen den Gipfel des Mount Everest.
Ägypten wird unabhängige Republik unter einer Militärregierung.

1955: Die Bundesrepublik Deutschland wird zum souveränen Staat.
Gründung des Warschauer Paktes. Die Sowjetunion verbindet sich mit den Staaten in Osteuropa, die zusammen ein militärisches Bündnis gegen den Westen eingehen.

1956: Der Sudan erlangt Unabhängigkeit.

1958: In London werden die ersten Parkuhren aufgestellt.

1959: Der britische Anthropologe Louis Leakey (1903-1972) entdeckt bei Ausgrabungen in Olduvai, Kenia, fossile Überreste eines frühen Hominiden aus der Zeit vor 1,75 Millionen Jahren. Er tauft ihn auf den Namen *Zinjanthropus,* später wird er *Australopithecus robustus* bzw. *A. bosei* genannt.
Im Anschluß an eine Revolution wird Kuba zu einem marxistischen Staat unter der Führung Fidel Castros.

1960: Belgisch-Kongo erlangt Unabhängigkeit (später in Zaire umbenannt).
Zypern wird unabhängige Republik.

1961: Louis Leakey und seine Frau Mary Leakey finden die ersten Fossilienreste des *Homo habilis,* des »Menschen mit handwerklichem Geschick«.

Bau der Berliner Mauer. Sie teilt das kommunistische Ostberlin vom übrigen Berlin, das nun eingeschlossen in der kommunistisch regierten DDR liegt.

1962: Uganda und Tanganjika erlangen Unabhängigkeit.
Frankreich entläßt Algerien in die Unabhängigkeit.

1964: Fertigstellung des Assuanstaudamms am Nil. Der dadurch entstandene riesige Nassersee wird zur Bewässerung und zur Produktion von Wasserkraft genutzt. Er deckt die Hälfte des Elektrizitätsbedarfs des Landes, verursacht allerdings auch weitreichende Umweltveränderungen. Die Überschwemmungen düngen nun nicht mehr den Boden, was zum Anstieg des Bedarfs an chemischen Düngemitteln führt. Die Sardinenfischerei des Mittelmeers geht durch den Verlust der Nährstoffe zugrunde. Ohne den fruchtbaren Schwemmsand erodiert das Nil-Delta stark und zieht sich zurück. Nahe den Bewässerungskanälen und entlang des Nassersees breitet sich die Parasitenkrankheit Schistosomiasis stark aus.
Kenia wird Republik; Tanganjika und Sansibar vereinigen sich und bilden Tansania; Nord-Rhodesien wird zur unabhängigen Republik Sambia.

1965: Gambia erlangt Unabhängigkeit.
Unter einer weißen Minderheitsregierung erklärt Rhodesien seine Unabhängigkeit von Großbritannien.

1966: Die Kolonie Britisch-Guyana an der Nordküste Südamerikas wird zur unabhängigen Republik Guyana.

1967: Im arabisch-israelischen Sechstage-Krieg besetzt Israel die ägyptische Sinai-Halbinsel, die syrischen Golan-Höhen und das Westjordanland. Außerdem wird ganz Jerusalem, früher teilweise Jordanien gehörend, unter israelischer Verwaltung vereinigt.

1968: Sowjetische Truppen marschieren in der Tschechoslowakei ein und setzen die reformkommunistische Regierung ab.

1970: Feier des ersten »Earth day«. Er soll das Bewußtsein der Öffentlichkeit für die drohenden Umweltgefahren steigern.
Nach einem langen, erfolglosen Unabhängigkeitskrieg, kapituliert die Provinz Biafra in Nigeria, nachdem Millionen Menschen während des Bürgerkriegs Not und Hunger litten.

1971: Bangladesh, das ehemalige Ostpakistan, wird unabhängig. Die Vereinten Nationen nehmen das kommunistische China als Mitglied auf und schließen Nationalchina (Taiwan) aus.

1973: Der Yom-Kippur-Krieg. Arabische Armeen greifen Israel am höchsten jüdischen Feiertag an. Ägypten erobert einen Teil der Halbinsel Sinai zurück. Ein israelischer Gegenangriff auf ägyptisches Gebiet führt zu einem Waffenstillstand.

1974: Ein Forscherteam unter der Leitung von Donald Johanson und Maurice Taieb entdeckt in der Afar-Region in Äthiopien 40 Prozent der Skelettreste eines Vormenschen, der über drei Millionen Jahre alt ist. Man nennt ihn Lucy, da zur Zeit der Entdeckung der Song der Beatles »Lucy in the Sky With Diamonds« im Radio lief. Die Überreste stellen eine bis dahin unentdeckte Art dar, die Johanson *Australopithecus afarensis* nennt.

1975: Die Weltbevölkerung erreicht Schätzungen zufolge die Zahl von vier Milliarden.

1976: Nach 22 Jahren der Trennung werden Nord- und Südvietnam unter kommunistischer Herrschaft wiedervereinigt. Hanoi ist die neue Hauptstadt, Saigon wird in Ho Chi Minh-Stadt umbenannt.
Die ehemalige französische Kolonie Zentralafrikanische Republik wird von Kaiser Bokassa I., der sich in einer verschwenderisch teuren Zeremonie feiern läßt, in Zentralafrikanisches Reich umbenannt. Bokassa wird später entthront, das Land heißt danach wieder Zentralafrikanische Republik.

1979: Mit dem vom amerikanischen Präsidenten Jimmy Carter ausgehandelten Friedensabkommen von Camp David endet der dreißigjährige Krieg zwischen Ägypten und Israel. Es ist der erste arabisch-israelische Friedensvertrag. Er schreibt vor, daß die Halbinsel Sinai, die Israel seit 1967 besetzt hält, an Ägypten zurückgegeben wird.
Nach dem Sturz des von den USA unterstützten Schahs wird der Iran unter der Führung Ayatollah Khomeinis zur islamischen Republik.
Die linksgerichteten sandinistischen Rebellen übernehmen die Herrschaft im mittelamerikanischen Staat Nicaragua. US-Präsi-

dent Ronald Reagan, der **1980** gewählt wird, verpflichtet seine Regierung zum Sturz der »Sandinistas« und unterstützt die Rebellen, die sogenannten »Contras«.

1980: Der Irak greift den Iran an. Es beginnt ein blutiger, zehnjähriger Krieg, der ohne endgültigen Sieg einer der beiden Seiten endet.

1982: Der Falkland-Krieg. Argentinische Streitkräfte besetzen die kleinen, der Küste vorgelagerten Inseln, deren Besitz sie reklamieren, werden jedoch von britischen Truppen besiegt.

1983: In Kenia findet Dr. Meave G. Leakey einen fossilen Kieferknochen, den er versuchsweise auf die Zeit vor 16 bis 18 Millionen datiert und als *Sivapithecus* bezeichnet.

1984: Über der Antarktis wird erstmals ein »Loch« in der Ozonschicht der Atmosphäre entdeckt.
Eine Expedition in Kenia unter der Leitung von Andrew Hill findet den Kieferknochen eines *Australopithecus afarensis.* Das Alter dieses Vormenschen wird auf fünf Millionen Jahre geschätzt, womit er der älteste bekannte Repräsentant der Linie dieser frühen Menschen ist.
Auf der Halbinsel Kola in Sibirien bohren sowjetische Forscher das tiefste Loch der Welt, das bis zu einer Tiefe von 12 Kilometern führt, und stoßen dabei auf die Erdkruste.

1986: Präsident Ferdinand Marcos flieht von den Philippinen, nachdem er 20 Jahre regiert hat; seine Nachfolgerin wird die neu gewählte Präsidentin Corazón Aquino.
Die Paläontologen Tim White und Donald Johanson finden 302 Stücke eines weiblichen *Homo habilis*, der den Namen »OH62« erhält und 1,8 Millionen Jahre alt ist.

1987: Das *Airborne Antarctic Ozone Experiment* deutet darauf hin, daß Fluorkohlenwasserstoffe (FCKWs) für das Ozonloch verantwortlich sind. Dies führt zu Forderungen nach internationalen Maßnahmen gegen den Einsatz dieser chemischen Verbindungen.

1988: Französische und israelische Wissenschaftler entdecken in einer Höhle in Israel die fossilen Überreste eines 92 000 Jahre alten modernen *Homo sapiens.* Damit hat sich die Zeitspanne mehr als verdoppelt, seit der es Vermutungen zufolge moderne Menschen auf der Erde gibt.

1989: Auf dem »Platz des himmlischen Friedens« in Peking demonstrieren Zehntausende Studenten für mehr Demokratie und gegen die autoritäre Herrschaft der chinesischen Obrigkeit, bis diese Proteste gewaltsam unterdrückt werden.
In der Tschechoslowakei beendet das Parlament die dominierende Rolle der Kommunistischen Partei in Staat und Gesellschaft.

1990: Die kommunistische Partei Jugoslawiens gibt ihr Machtmonopol auf.
Nelson Mandela wird in Südafrika aus dem Gefängnis entlassen; der südafrikanische Präsident de Klerk fordert ein Ende des Apartheidsystems.
Irakische Truppen marschieren in Kuwait ein; die USA entsenden Truppen, um Saudi-Arabien vor einem Angriff zu schützen.
Wiedervereinigung der beiden deutschen Staaten.
Der Arbeiterführer Lech Walesa wird zum polnischen Präsidenten gewählt.

1991: Die USA und ihre Verbündeten greifen den Irak an; die irakischen Truppen werden aus Kuwait vertrieben.
Der Warschauer Pakt löst sich auf. Damit endet das militärische Bündnis der osteuropäischen Staaten.
Die drei baltischen Republiken Estland, Litauen und Lettland gewinnen ihre Unabhängigkeit von der Sowjetunion.
Die verbleibenden zwölf Sowjetrepubliken erklären ihre Unabhängigkeit. Damit hört die UdSSR auf zu existieren.

1992: Ein *Homo erectus*-Kieferknochen, den man in der ehemaligen sowjetischen Republik Georgien findet, ist vermutlich 1,6 Millionen Jahre alt. Das deutet darauf hin, daß die Vorfahren des Menschen Afrika möglicherweise mehrere hunderttausend Jahre früher verlassen haben, als bisher angenommen. Sollte sich das frühe Datum bestätigen, wäre dies der erste sichere Hinweis, daß sich die Vorfahren des Menschen vor mehr als einer Million Jahren von Afrika ausgehend ausbreiteten.
Zerrissen durch einen Bürgerkrieg nach dem Ende der kommunistischen Herrschaft, spaltet sich Jugoslawien in die Republiken Slowenien, Kroatien, Bosnien-Herzegowina und Mazedonien.

Die Regionen Serbien und Montenegro behalten den Namen Jugoslawien.
Ein 25 Jahre zuvor gefundenes Schädelfragment nahe dem Baringosee, Kenia, wird von Dr. Andrew Hill auf ein Alter von 2,4 Millionen Jahre geschätzt. Nach diesem Datum verlängert sich das Alter der Spezies, die zum modernen Menschen führt und ihn einschließt, um eine halbe Million Jahre.

5

DAS VERLORENE PARADIES? DIE GEOGRAPHIE, DAS WETTER UND DIE UMWELT

Wenn man die Erde vom Mond aus betrachtet, ist das Erstaunliche, ja Atemberaubende, daß es dort Leben gibt. Die Aufnahmen zeigen im Vordergrund die trockene, zerfurchte Mondoberfläche, die völlig tot wirkt. Darüber steigt die Erde empor: Sie schwebt zwischen der feuchten, glänzenden Membran des hellblauen Himmels, das einzige in diesem Teil des Kosmos, das den Betrachter in Hochstimmung versetzt. Wenn man lange genug hinschauen könnte, würde man das Gewirbel der großen, breiten Wolkenbänder sehen, die die halb verborgenen Landmassen verdecken und wieder enthüllen. Hätte man einen langen, geologischen Zeitraum hingeschaut, hätte man erkennen können, wie die Kontinente sich bewegen und – während das Feuer darunter sie oben hält – auf ihren Krustenplatten auseinandertreiben. Die Erde hat das zufriedene Antlitz eines Lebewesens, das sehr viel weiß und großen Geschick im Umgang mit der Sonne beweist.

Lewis Thomas, *The Lives of a Cell*

Wer, was oder wo ist Gaia?
Wenn Physiker Physik studieren, studieren dann Meteorologen Meteore?
Was ist an einem Aphel so heiß?
Weshalb ist es am Äquator so heiß?

Wenn es am Äquator so heiß ist, warum gibt es dort keine Wüsten?
Die größten Wüsten der Erde
Wo ist es kälter, in der Arktis oder in der Antarktis?
Wer ist El Niño?
Namen: Zyklon, Hurrikan, Taifun, Tornado
Was ist ein Monsun?
Was ist wahrscheinlicher – eine weitere Eiszeit oder ein Schmelzen der Gletscher?
Der »Antarktische Doughnut«
Was ist saurer Regen?
Was sind Feuchtgebiete?
Wo liegt die bevölkerungsreichste Stadt der Erde?
Kann sich die Menschheit selbst ernähren?

Alle reden vom Wetter, aber niemand unternimmt etwas dagegen.«

Als Charles Dudley Warner (1829-1900) dies in einem Leitartikel für den *Hartford Courant* im Jahr 1897 schrieb, hatte er offenbar nicht verstanden, daß Menschen seit Urzeiten Einfluß auf das Wetter nehmen. Unter den Millionen Arten, die auf der Erde leben, ist der *Homo sapiens* die einzige, die es versteht, die Erde zu formen und ihr Klima in großem Maßstab zu ändern. Menschen sind, wie Vulkanausbrüche, Erdbeben oder ein tödlicher Asteroid aus dem All, eine Katastrophe für die Natur.

In diesem Kapitel untersuche ich die enge Beziehung zwischen der Geographie, dem Wetter und der Umwelt. Ich möchte außerdem die Auswirkungen der Handlungen von Menschen auf das Wetter und die Umwelt betrachten.

Von der Aushebung der ersten Bewässerungsgräben – und -kanäle –, um das Wasser zu regulieren und die Fähigkeit der Natur, den Boden fruchtbar zu machen, zu steigern – bis hin zur Dezimierung der Regenwälder der Erde zu unseren Lebzeiten hat der Mensch die Natur zu beherrschen und zu verändern versucht. Dies wirkte sich immer auf die Erde aus, manchmal mit guten, manchmal mit schlimmen Folgen. Doch folgende einfache Tatsache bleibt bestehen: Wir sind die einzige Spezies, die nicht nur das Schicksal anderer Arten, sondern auch die eigene Zukunft in Händen hält. In einem, geologisch gesehen, extrem kurzen Zeitraum hat der Mensch den Naturressourcen der Erde großen Schaden zugefügt. Heute befinden wir uns sehr nahe dem Punkt, an dem wir nicht mehr umkehren können.

Der Natur- oder Umweltschutz begann nicht mit dem ersten »Earthday« vor 20 Jahren. Die erste Generation von Menschen mit einem leidenschaftlichen Interesse an der Bewahrung der Ressourcen der Erde und an der unberührten

Natur war bereits im 19. Jahrhundert aktiv. Umweltschutzorganisationen wie der *Sierra Club* in den USA oder die amerikanische *National Geographic Society* sind über 100 Jahre alt. Der »saure Regen« wurde erstmals 1872 beschrieben, der »Treibhauseffekt« 1896 identifiziert. In den letzten vierzig Jahren haben Wissenschaftler und besorgte Umweltschützer ihre Warnungen hinsichtlich des irreparablen Schadens, den man der Erde und ihren empfindlichen Ökosystemen zufügt, die für den Erhalt des Lebens notwendig sind, allerdings immer eindringlicher formuliert. Leider blieben die Warnungen größtenteils unbeachtet und wurden durch kurzfristige politische Erwägungen, das Profitstreben und die Rivalität der Supermächte in den Hintergrund gedrängt.

Nur langsam erkennt der Mensch, daß er die Art und Weise ändern muß, mit der er Naturressourcen ausnutzt. Im Juni 1992 kamen zahlreiche Staaten in Rio de Janeiro zu einer globalen Umweltschutzkonferenz zusammen. Ihre ehrgeizigen Hoffnungen, einen gemeinsamen Weg zum Schutz der Naturressourcen zu finden und gleichzeitig die weltweite wirtschaftliche Entwicklung zu fördern, wurde durch die höchst einflußreichen Interessen von Regionen und Nationen kompliziert, die allesamt ihren eigenen Vorstellungen folgten. Kein Land kommt den Vereinigten Staaten nahe, was die Emission von Kohlendioxid und von anderen bedrohlichen Gasen betrifft. Der Pro-Kopf-Verbrauch an Energie und die Kohlenstoffemissionen der USA liegen weit über denen aller anderen Länder. Doch möglicherweise überholt bald China die Vereinigten Staaten, was die Emission von Treibhausgasen betrifft – ein Ergebnis des massiven Gebrauchs der riesigen Kohlereserven Chinas. Die Chinesen, die man drängt, den Verbrauch ihrer Kohle zu reduzieren, behaupten, es bleibe ihnen keine andere Wahl, solle sich das Land zu einer modernen Industrienation entwickeln. Es müsse über eine Milliarde Münder ernähren; deshalb meint die chinesische Regierung, daß der Bedarf der nationalen Wirtschaft an Kohle vor einer möglichen künftigen Schädigung der Umwelt Vorrang haben müsse. Ihrer Meinung nach hat die Anhebung des Lebensstandards Priorität vor der Sauberhaltung der Umwelt.

China ist aber nicht der einzige Umweltsünder; es befindet sich vielmehr in guter Gesellschaft. Jeder ernsthafte Versuch, Probleme wie die Ausdünnung der Ozonschicht, das Zurückgehen der Regenwälder, die reale Wahrscheinlichkeit einer globalen Erwärmung oder das internationale Unheil des sauren Regens anzugehen, sieht sich einem Labyrinth verschiedener Interessengruppen und einer Koalition mächtiger Staaten gegenüber. In fast jedem Staat der Welt gibt es einflußreiche Personen, die das Ohr leitender Regierungsbeamten haben. Dabei handelt es sich um Leute, die häufig nicht weiter als bis zum nächsten Aktionärsbericht sehen wollen. Selbst die ernsthaftesten und konservativsten Umweltschützer hat man erfolgreich als »Rettet die Wale«-Verrückte hingestellt, die sich eher um einige seltene Vogel- oder Insektenarten sorgen als um die Arbeitsplätze von Tausenden von Arbeitern. Es sind dieselben Lobbyisten und Politiker, die die Forschung und Entwicklung erneuerbarer Energiequellen und verbesserter, umweltorientierter Technologien behindern. Die einfache Wahrheit ist, daß die Entwicklung dieser neuen Forschungsfelder und Technologien Tausende neuer Arbeitsplätze in Hochtechnologie-Industrien mit großem Wachstum schaffen würde – was besser ist, als eine relativ kleine Zahl von Arbeitsplätzen in sterbenden Industriezweigen zu erhalten.

Vor 20 Jahren, als sie sich der ersten OPEC-Ölkrise gegenüber sahen, bot sich den Vereinigten Staaten und den westlichen Industrieländern eine Gelegenheit zum Handeln: Sie hätten sich zu großangelegten Programmen zur Entwicklung alternativer Brennstoffe verpflichten können, die in ihrem Umfang den Bemühungen vergleichbar gewesen wären, durch die Menschen innerhalb eines Jahrzehnts auf dem Mond gelandet waren. Zwar wurden einige zögerliche Schritte in Richtung Umweltschutz eingeleitet, und einige Länder haben auch ehrgeizige Programme zur Energieeinsparung entworfen, doch ein großer Wurf kam nicht zustande. Er fiel der kurzsichtigen Ausrichtung an raschen Lösungen zum Opfer, weil man die arabischen Staaten zur Senkung des Erdölpreises veranlassen wollte.

Nachdem die Iran-Krise die Ölpreise abermals in die Höhe getrieben hatte, rief der damalige amerikanische Präsident Carter in den Vereinigten Staaten ein ehrgeiziges Programm zur Entwicklung von synthetischen Treibstoffen und von Sonnenenergiesystemen ins Leben. Die späteren Regierungen höhlten diese Programme jedoch aus. Die Republikaner erwarteten, daß die Privatindustrie die Führung übernähme, und verließen sich auf die »Kräfte des Marktes«, die Anreize zur Forschung und Entwicklung liefern würden. Selbstverständlich sind seitdem zwanzig Jahre vergangen, in denen die Chance weitgehend verspielt wurde. Die amerikanische Automobilindustrie hat sich mit Händen und Füßen gegen jeden Versuch gewehrt, benzinsparende Motoren zu entwickeln oder die Produktion auf Automobile mit alternativen Energien umzustellen. Ein effizientes, schnelles Massentransportsystem rangiert auf der Liste der Prioritäten der Regierung ganz unten. Auch in den neunziger Jahren bleiben die Industrienationen, allen voran die USA, in höchstem Maße abhängig von ausländischen Energiequellen, wodurch sich der Treibhauseffekt noch verstärkt und die Wirtschaft einer weiteren regionalen Konfliktsituation wie der Invasion des Iraks in Kuwait schutzlos preisgegeben wird.

Gleichzeitig gibt es – auf der anderen Seite des Spektrums – Menschen auf der ganzen Welt, die kaum genug zum Überleben haben. Es besteht ein sichtbarer Unterschied zwischen den reichen Industrienationen, die versuchen, den Lebensstandard aufrechtzuerhalten, und den armen Nationen, die ums Überleben kämpfen. Für Familien in den ärmsten Ländern geht es darum, den nächsten Tag zu überstehen. Sie haben keine Zeit, sich über das Ozonloch und das Ende der Regenwälder Sorgen zu machen bzw. über die Tatsache, daß die Abholzung von Bäumen zur Gewinnung von Brennholz die Ausbreitung von Wüsten beschleunigt und die Wahrscheinlichkeit verheerender Überschwemmungen erhöht.

In der Wissenschaft herrscht heute Einvernehmen, daß die Erde ein eng verknüpftes Netz von Organismen darstellt. Mit jedem Glied, das entfernt oder verändert wird, wird die Kette des Lebens ein wenig schwächer. Wenn wir als Gattung überleben wollen, ohne dabei allzuviel der Schöpfung zu zerstören, sollten wir allmählich diesen Zusammenhang verstehen lernen und darauf hinarbeiten, unser Handeln danach auszurichten.

Wer, was oder wo ist Gaia?

Die Vorstellung, daß die Erde nicht nur ein Ort ist, an dem das Leben zufällig entstand, sondern selbst ein Lebewesen, ist uralt. In fast allen Kulturen findet sich die Auffassung von der Erde als einem lebendigen, empfindungsfähigen Geschöpf. In Ermangelung eines treffenderen Begriffs hat man es »Mutter Natur« genannt.

1972 verlieh der britische Wissenschaftler James Lovelock, der für die NASA an Mond- und Marsprojekten mitgearbeitet hatte, diesem Organismus einen anderen Namen: Gaia, nach der griechischen Göttin der Erde. In seinen Büchern *Gaia: Die Erde ist ein Lebewesen* und *The Ages of Gaia: A Biography of the Living Earth* vertritt Lovelock die These, daß die Erde ein immenser lebendiger Organismus sei, statt lediglich ein großes Stück Fels, umgeben von Gasen. Lovelocks Gaia ist selbstregulierend und ändert sich selbst. So schreibt er in *The Ages of Gaia*: »Die Gaia-Theorie zwingt uns zu einer planetaren Perspektive. Es ist die Gesundheit des Planeten, auf die es ankommt, nicht die irgendeiner individuellen Spezies von Organismen [...]. Die Gesundheit der Erde wird am nachhaltigsten durch größere Veränderungen in den Ökosystemen der Natur bedroht.«

Lovelocks Gaia-Hypothese findet im Hauptstrom der Wissenschaft keine allgemeine Zustimmung. Aber wann hat die etablierte Wissenschaft schon je eine neue Theorie auf der Stelle akzeptiert? Die Auffassung, daß die Erde, in Lovelocks Worten, »ein komplexes System ist, das man als Organismus ansehen kann und das die Fähigkeit besitzt, unseren Planeten als geeigneten Ort zur Erhaltung des Lebens zu bewahren«, läßt sich als Außenseiterwissenschaft, als kühne neue Vision der Beziehung aller Lebewesen untereinander oder einfach als zutreffende Metapher für die Beschreibung der Erde und ihrer komplexen Systeme betrachten. Die Fähigkeit Gaias zur »Selbstheilung« ist heute mehr denn je erforderlich. Auch eine andere wichtige Schlußfolgerung Lovelocks scheint unausweichlich – in seinen Worten: »Wir brauchen einen Allgemeinmediziner für planetare Medizin. Ist hier irgendwo ein Arzt?«

Wenn Physiker Physik studieren, studieren dann Meteorologen Meteore?

Meteore sind Bruchstücke fester Materie, die in die obere Erdatmosphäre eintreten und sichtbar werden, wenn sie infolge der Reibung des Luftwiderstandes verglühen. Erblickt man sie am Nachthimmel, nennt man sie »Sternschnuppen«. Die meisten Meteore sind kleiner als ein Sandkorn und treffen täglich auf unsere Atmosphäre. Nur sehr wenige gelangen bis zum Boden. Geschieht dies, bezeichnet man sie als Meteoriten. Wenn es ein Meteorit allerdings bis zur Erde schafft, trifft er mit enorm hoher Geschwindigkeit auf, mit über 145 000 Kilometern pro Sekunde!

Was haben also Steine, die vom Himmel fallen, mit dem Wetter zu tun? Schließlich heißt die Wissenschaft, die das Wetter und das Klima in der Erdatmosphäre untersucht, ja Meteorologie. (Als Wetter bezeichnet man die von Tag zu Tag sich ändernden atmosphärischen Bedingungen zu einer bestimmten Zeit und an einem bestimmten Ort, als Klima die sich täglich ändernden Wetterverhältnisse über einen längeren Zeitraum hinweg.) Die Leute, die die Bahn eines Meteors verfolgen, sind meist Astronomen. Die Verbindung von Meteor und Meteorologie liegt im Ursprung beider Wörter. Meteor kommt aus dem Griechischen und bedeutet »astronomisches Phänomen« oder »oben in der Luft«. Meteorologie ist demnach die »Erörterung oder das Studium eines astronomischen Phänomens«, speziell der Erscheinung, die wir als Wetter bezeichnen.

Das Wetter ähnelt einem Eintopf, den man über ein Kochfeuer hängt. Man verändere die Zutaten nur ein wenig oder ändere die Kochtemperatur, und man erhält einen ganz anderen Eintopf. Der »Wetter-Eintopf« der Erde hat fünf Hauptzutaten: die Sonne, die Gestalt und die Position der Erde im Raum, ihre Drehungen, die Atmosphäre und die Meere. Die örtlichen geographischen Verhältnisse liefern quasi die Gewürze, die diesem »Wetter-Eintopf« seinen regionalen »Geschmack« verleihen.

Das wichtigste ist die Sonne, denn sie liefert die Hitze für den Kochvorgang. Die solare Wärme ist aber nicht nur das Feuer unter dem Kochtopf, sondern auch der Löffel, mit dem man im Topf rührt. Denn das Sonnenlicht, das bis zur Erde gelangt, wird entweder von der Atmosphäre absorbiert oder zurück ins All reflektiert. Geographische Faktoren haben viel mit der absorbierten Wärmemenge zu tun. Schnee und Eis speichern sehr wenig Wärme: Sie werfen

75 Prozent des Sonnenlichts ins All zurück – das ist einer der Gründe, warum es in den Polarregionen so kalt ist. Trockener Sand hingegen absorbiert 75 Prozent dieser Sonnenwärme. Deswegen kann man an einem heißen, sonnigen Tag nicht barfuß in einer Sandwüste oder am Strand spazierengehen.

Die Luft in der Erdatmosphäre erwärmt sich durch den Kontakt mit der erwärmten Erdoberfläche. Dabei steigt die Luft wie ein Heißluftballon empor und wird durch die darunter strömende kühlere Luft ersetzt. Auch dieser Strom kalter Luft erwärmt sich und steigt allmählich empor. Dadurch beginnt eine endlose Kreislaufbewegung der Luft, die sogenannte Konvektion. Dieser Kreislauf verursacht die örtlichen Winde und Brisen. Natürlich wird die Luft unterschiedlich erwärmt, je nachdem, welche lokalen Verhältnisse – Meere, Land und Höhe beeinflussen allesamt den Grad der Erwärmung – auf der Erdoberfläche herrschen. Auch auf diesem Wege beeinflussen die geographischen Faktoren das Wetter.

Wenn sich die Erde nicht drehte, würden die Winde weiter in kleinen Kreisen und mit der gleichen Geschwindigkeit zurück zum Äquator ziehen. Doch die Energie der Erdrotation, die sogenannte Coriolis-Kraft, beugt die Winde und verleiht ihnen ihre charakteristischen Bewegungsmuster. Winde in unterschiedlichen Breitengraden folgen vorhersehbaren und regelmäßigen Bewegungen in Zonen, die in beiden Hemisphären ähnlich sind. Die Passate wehen beständig in den Hochdruckgürteln der Subtropen in nordöstlicher und südöstlicher Richtung zum Äquator. Die europäischen Seefahrer konnten sich auf den »Nordostpassat« verlassen, der ihnen vorhersehbare Winde lieferte, mit deren Hilfe sie den amerikanischen Doppelkontinent erreichten. Dort, wo sich diese beiden Zonen über dem Äquator treffen, erwärmt sich die Luft und steigt auf. So entsteht eine Region der Windstille, die die Seeleute als den Kalmengürtel kennen. Ein weitere charakteristische ruhige, windlose Zone findet sich nahe dem 30. Breitengrad. Diese tauften die Seeleute auf den Namen Roßbreiten, da die Schiffe, die Pferde aus Spanien an Bord hatten, oft wochenlang in der Flaute festsaßen. Wenn das Fressen für die Tiere ausgegangen war, verendeten sie und wurden über Bord geworfen, wodurch zahlreiche Pferdekadaver im Meer trieben. Nahe der Roßbreiten gibt es einen zuverlässigen Windgürtel, die »braven« Westwinde. Sie ziehen von West nach Ost zwischen dem 30. und dem 60. Breitengrad um die Erdkugel, sowohl nördlich als auch südlich des Äquators. Sie sind nicht so konstant und stark wie die Passatwinde und lassen sich mit einem mäandernden Luftstrom vergleichen. Das dritte grobe Windmuster, das sich ebenfalls im Norden wie im Süden der Erdkugel wiederholt, sind die polaren Ostwinde, kalte, trockene Winde, die auf dem 60. Breitengrad von Osten nach Westen ziehen.

Diese Winde, die Rotation der Erde sowie die Lage der Kontinente verursachen zudem die großen Meeresströme. Diese Strömungen bewegen riesige Wassermengen – manchmal kalte, manchmal warme – von Region zu Region und entfalten dabei großen Einfluß auf das Klima. Deshalb hat Großbritannien, das vom Nordatlantischen Golfstrom mit seinem Ursprung vor Florida erwärmt wird, ein milderes Klima als die kanadische Halbinsel Labrador, die auf demselben Breitengrad liegt, jedoch durch eine Strömung aus dem Nordpolarmeer gekühlt wird.

Ein anderer Faktor der örtlichen Geographie mit großen Auswirkungen auf das Klima ist das Zusammentreffen von Bergen mit einer benachbarten Küste. An der windwärts gelegenen Seite des Gebirges steigen warme, feuchte Winde auf. Dabei weiten sie sich aus und kühlen ab, wobei die mitgeführten Wasserdämpfe kondensieren und als Regen zur Erde fallen. Die trockene, kühle Luft strömt auf der anderen Seite des Gebirges hinunter, wobei sie sich verdichtet und erwärmt. Der so entstehende trockene, warme Wind schafft ein deutlich anderes Klima und eine ganz andere Vegetation, wie zum Beispiel in der Sierra Nevada Kaliforniens oder in Tibet, einer trockenen Region, die nur 160 Kilometer von einem sehr regenreichen Gebiet entfernt ist. Auf der einen Seite des Gebirges, der Küstenseite, fällt zumeist viel Regen. Aber auf der anderen Seite ist das Land trocken und unfruchtbar.

Was ist an einem Aphel so heiß?

Wäre die Erde tatsächlich eine Kugel – was sie nicht ist – und wäre sie glatt – was sie ebenfalls nicht ist – und neigte sie sich nicht zu einer Seite – was sie tut –, dann wäre sie ein völlig anderer Lebensraum. Doch alle diese Besonderheiten tragen zur Einzigartigkeit der Erde als einem Ort bei, auf dem Leben möglich ist. Wenn man auch nur eine dieser Wirkkräfte leicht verändern würde, hätte man es mit einer ganz anderen Erde zu tun.

Der bedeutsamste Faktor – nicht nur unseres Wetters, sondern auch unserer Existenz – ist natürlich die Sonne, dieser explosive, etwa 150 Millionen Kilometer von der Erde entfernte Gasball. Aber es gibt noch eine andere Besonderheit. Wir sind nicht immer 150 Millionen Kilometer von der Sonne entfernt. Wenn sich die Erde in einem Jahr einmal um die Sonne dreht, beschreibt sie keinen perfekten Kreis, sondern eine elliptische Bahn. Manchmal sind wir näher an der Sonne, manchmal weiter von ihr entfernt. Die naheliegende Schlußfolgerung, die man daraus ziehen kann, lautet: Es ist Sommer, wenn wir näher an der Sonne sind, und Winter, wenn wir weiter entfernt sind. Das scheint logisch. Es verhält sich aber genau umgekehrt. Im Aphel (Sonnenferne), das Wort für die Zeit, in der die Umlaufbahn eines Planeten am weitesten von der Sonne entfernt ist, herrscht

Sommer, zumindest auf der Nordhalbkugel. (Aphel leitet sich von den griechischen Worten *apo* »fern, weg von« und *helios* »Sonne« ab)

Dieser der Logik scheinbar widersprechende Umstand beruht darauf, daß sich die Erdachse von einer Parallele mit der Sonne fortneigt. Diese 23,5-Grad Neigung ruft die Jahreszeiten hervor. Die Strahlen der Sonne treffen stets die eine Erdhälfte. Im Laufe eines Jahres, wenn sich die Nordhalbkugel der Sonne zuneigt, treffen die Sonnenstrahlen diese Erdhälfte direkter. Die Erde ist während dieser Zeit, vom Frühlingsäquinoktikum im März – wenn die Sonne direkt über dem Äquator steht und der Erde eine gleichlange Zeitspanne von Tag und Nacht verschafft – durch die »Sommer«-monate Juni, Juli und August bis zum Herbstäquinoktikum im September – wenn die Sonne erneut direkt über dem Äquator steht –, von der Sonne weiter entfernt.

Nach der herbstlichen Tagundnachtgleiche kehrt die Erde ihre jährliche Umlaufbahn um. Die Nordhalbkugel beginnt ihre Neigung fort von der Sonne und empfängt nicht mehr soviel direkte Sonneneinstrahlung. Dadurch entstehen die kürzeren Tage im Winter auf der Nordhalbkugel – doch nun ist es auf der Südhalbkugel Sommer. Aufgrund dieser Neigung fort von der Sonne ist der Nordpol bzw. die Arktis in fast völlige Dunkelheit getaucht, während in der Antarktis beinahe ständig Tageslicht herrscht – also die sog. Mitternachtssonne scheint. Natürlich kehrt sich das Ganze um, Jahreszeit um Jahreszeit, jahrein, jahraus.

Weshalb ist es am Äquator so heiß?

Das läßt sich leicht beantworten. Der Äquator ist das Gebiet auf der Erde, in dem die Sonnenstrahlen nicht von der Erdneigung betroffen sind. Der Äquator ist beständig der Sonne ausgesetzt und empfängt, ungeachtet der Jahreszeiten, das ganze Jahr über direkte Sonneneinstrahlung.

Das bedeutet, daß sich die Luft am Äquator stärker erwärmt als an den Polen. Die äquatoriale Luft ist warm und feucht. Deswegen befinden sich auch so viele Regenwälder in der Äquatorzone.

Warum kann es also am Äquator schneien? Ganz einfach, weil der Wetter-Eintopf auch von der Höhe beeinflußt wird. Zwar ist es am Äquator auf Meereshöhe heiß, doch wenn man in die Berge hinaufsteigt, kann es eisig kalt werden. Einige äquatoriale Berge, wie der Kilimandscharo in Ostafrika oder die Andengipfel in Ecuador, sind das ganze Jahr über schneebedeckt.

Wenn es am Äquator so heiß ist, warum gibt es dort keine Wüsten?

Der Äquator erhält also am meisten Sonnenschein. Das heißt doch, daß sich dort die meisten Wüsten befinden, oder? Viele Leute hören das Wort Wüste und stellen sich einen alten Film über die französische Fremdenlegion vor. Ein Soldat in zerrissenen Khakihosen und mit aufgesprungenen, ausgedörrten Lippen schleppt sich langsam durch die Dünenlandschaft und krächzt das Wort »Wasser«. Oder wir denken an Comics mit Figuren, die in der Wüste festsitzen und sich eine verheißungsvolle Fata Morgana mit Mineralwasserquellen und Wasserfällen ausmalen.

Zwar denken die meisten Menschen bei »Wüste« an »heiß«, aber das ist keine zutreffende Assoziation. Fachlich gesehen ist eine Wüste ein Landgebiet fast ohne Leben, in der Regen oder andere Formen von Niederschlag so selten oder unregelmäßig sind, daß dort außer äußerst dürrem Gras oder Buschwerk kaum etwas wächst. Im besonderen ist eine Wüste ein Gebiet, in dem weniger als 30 Zentimeter Niederschlag pro Jahr fallen. Mit anderen Worten: Wüsten sind unter Umständen nicht heiß, aber sie sind trocken.

Zwar gibt es am Äquator tiefliegende »Wüsten«-Inseln, über die regentragende Winde hinwegziehen, aber die wichtigsten Wüstenzonen liegen in zwei Gürteln beidseits des Äquators. Die warme, feuchte äquatoriale Luft, die die Regenwälder feucht hält, strömt zu den Polen. Während die Luft ansteigt, kühlt sie ab und wird trockener. Wenn diese kühle, trockene Luft den 30. Breitengrad erreicht – sowohl nördlich als auch südlich des Äquators –, beginnt sie sich allmählich zu erwärmen und strömt zum Äquator zurück. Diese Zellen trockener Luft lassen die Wüstengürtel und die Trockengebiete im Gebiet der Wendekreise des Krebses und des Steinbocks entstehen.

Die Trockengebiete der Erde lassen sich in die Wüsten der Subtropen – wie die Sahara und die arabischen Wüsten – einteilen und in die Wüsten der mittleren Breiten, wie die Wüste Gobi in der Mongolei. Weniger bekannt ist die Vorstellung von einer kalten Wüste, in der kein Wasser zur Verfügung steht, weil es in Form von Eis gebunden ist. Das bedeutet, daß die Schneegebiete der Antarktis und Grönlands tatsächlich als Wüsten gelten.

Ob die Wüsten nun zu kalt oder zu heiß sind, hoch im Gebirge oder unterhalb des Meeresspiegels liegen, sie sandig oder felsig sind – ihnen allen sind Bedingungen gemeinsam, die dem Leben sehr abträglich sind. Dürre und extreme klimatische Verhältnisse machen die Landwirtschaft und die Viehzucht nahezu unmöglich; es sei denn, man wendet ausgeklügelte Bewässerungsverfahren an. Tatsächlich nehmen die spärlich bevölkerten und abgelegenen Wüsten ein Drittel der Erdoberfläche ein. Ja, mehr noch: Sie breiten sich aus, mit furchterregenden Folgen für die Menschheit.

Die größten Wüsten der Erde

Die **Sahara** (arabisch für »Wildnis«) ist das bei weitem größte, einsamste und heißeste Trockengebiet der Erde. Die höchste Temperatur, die je gemessen wurde, betrug 58 Grad Celsius in Al'Aziziya, Libyen. In der östlichen Sahara, nahe Kairo, scheint die Sonne durchschnittlich elf Stunden und 47 Minuten pro Tag. Die Sahara erstreckt sich über Nordafrika, vom Atlantischen Ozean bis zum Roten Meer, und bedeckt ein Gebiet von über neun Millionen Quadratkilometern, ein Gebiet, neben dem die anderen großen Wüsten der Erde klein erscheinen. Und so seltsam es erscheinen mag: Einst war die Sahara ein weites Grasland, in der die Art Tierwelt lebte, die man mit den Ebenen Afrikas in Verbindung bringt. In der Sahara entdeckte Höhlenmalereien zeigen Elefanten und Giraffen sowie Viehhirten, die in einer grünen Sahara umherstreifen.

Lange Zeit hielt man die Sahara für eine Ödnis, doch das hat sich seit der Entdeckung von Erdöl-, Erdgas- und Eisenerzvorkommen nach dem Zweiten Weltkrieg geändert. Die Sahara ist ein riesiges Gebiet. Sie umfaßt die Libysche Wüste, die sich über Libyen, Ägypten und den Sudan erstreckt; die Nubische Wüste im nordöstlichen Sudan, die sich vom Nil bis zum Roten Meer ausbreitet, der ehemaligen Heimat des alten Reiches der Kusch, das Ägypten im Jahr 750 v. Chr. überrannte; und die Arabische Wüste, die sich in Ägypten vom Nil bis zum Roten Meer hinzieht.

Die **Kalahari** ist die andere große Wüstenregion Afrikas, doch unterscheidet sie sich grundlegend von der Sahara. Sie umfaßt ein Gebiet von 310 000 Quadratkilometern und erstreckt sich über die Länder Botswana, Namibia und Südafrika. Anders als die Sahara ist die Kalahari fast völlig mit Gras und Waldland bedeckt; nicht-bewachsene Sandgebiete gibt es nur in den trockensten Abschnitten im Südwesten der Kalahari, wo die Niederschlagsmenge sehr gering ist. In der Kalahari finden sich zwar einige wildlebende Tiere, es leben dort aber nur wenige Menschen, die nomadischen Buschmänner.

Eine kleine afrikanische Wüste ist die **Namib** an der Atlantikküste Afrikas in Namibia. Dort findet sich die größte Sanddüne der Welt, eine sichelförmige »Barchan«-Düne.

Das Rote Meer trennt die nordafrikanische Wüstenzone von den anderen großen Wüstengürteln des Nahen Ostens. Auf der anderen Seite des Suezkanals liegt die Halbinsel Sinai, eine kleine Wüste, die sowohl im Altertum als auch in neuerer Zeit als Schlachtfeld bedeutsam war. Sie war der Schauplatz der vierzig Jahre, die Moses und die Stämme Israels in der Wüste verbrachten. Hier befindet sich auch der Berg Sinai, der heilige Berg, auf dem Moses die Zehn Gebote empfing. Man nimmt an, daß es sich um einen Gipfel im Sinaigebirge handelt, den Djebel Serbal oder den Djebel Musa.

Weiter im Osten, in Saudi-Arabien, befinden sich zwei große Tockengebiete, die **Nafud** (Rote Wüste) und die **Rub al-Khali** (arab. »Leeres Viertel«): rund 650 000 Quadratkilometer trokkener, heißer, windgepeitschter Dünen. Zwei maßgebende Faktoren haben die dünn besiedelte und sengendheiße feudale Monarchie zu einer der bedeutendsten Regionen der Erde gemacht: Zum einen liegen unter dem Wüstensand die größten Erdölreserven der Welt; zum anderen ist die saudi-arabische Wüste der Geburtsort des Islam (arabisch »Unterwerfung unter Gott«). Dies macht Saudi-Arabien zum Zentrum der islamischen Welt.

Die Wüstengebiete des Nahen Ostens erstrecken sich weiter Richtung Norden – mit der **Syrischen** oder **Al Hamad-Wüste**, die die östliche Region Syriens bedeckt und sich bis in den Irak hineinzieht. Zwei weitere große Trockengebiete finden sich im Iran, Iraks östlichem Nachbarn: die **Dasht-e-Kavir** (Große Salzwüste) und die **Dasht-e-Lut** (Große Sandwüste).

Im Norden des Iran liegt die **Kara Kum**, eine Wüste mit einer Fläche von über 250 000 Quadratkilometern, die fast 80 Prozent der Fläche von Turkmenistan bedeckt, sowie die benachbarte **Kyzyl Kum**, eine weitere Wüste, die mehr als 250 000 Quadratkilometer in den Republiken Usbekistan und Kasachstan umfaßt.

Weiter im Osten, jenseits des Tien-Shan-Gebirges, das die natürliche Grenze zwischen Rußland und China bildet, liegt die **Takla Makan**, eine 250 000 Quadratkilometer große Wüste im großen Becken zwischen der Tien-Shan-Bergkette und den Gebirgen Altan Shan und Kunlun Shan, die bis nach Tibet hineinragen.

Das andere große Trockengebiet Ostasiens ist die **Wüste Gobi** in der Mongolei und im nördlichen China. Die Gobi ist mit einer Größe von über 1 300 000 Quadratkilometern die zweitgrößte Wüste der Erde. Sie war lange Zeit Heimat der umherziehenden Mongolen, die einst ein Großreich gründeten, das sich von China bis nach Vietnam und Polen erstreckte, und hat sich als riesiges Lagerhaus prähistorischer Funde erwiesen. Sie ist nicht nur der Ort bedeutender Entdeckungen fossiler Überreste von Dinosauriern, sondern auch vieler Werkzeuge der frühen Menschen, die dort vor 100 000 Jahren lebten.

Wenn sie an Indien denken, stellen sich die meisten Menschen dampfende Regenwälder oder hektisch-betriebsame Städte wie Kalkutta vor. Doch befindet sich dort auch eine größere Wüste, die **Große Indische** oder **Thar** genannt, die das nordwestliche Indien und das östliche Pakistan umfaßt.

Auf der Südhalbkugel gibt es weniger Land und daher weniger Trockengebiete. Aber ungefähr die Hälfte Australiens ist eine Wüstenebene. Zwar heißt sie **Große Australische Wüste**, in Wirklichkeit aber besteht das weite, unfruchtbare Landesinnere aus vier getrennten Wüsten. Dies sind die **Simpson**, die **Große Victoria**, die **Große Sand-Wüste** und die **Gibson**.

In Südamerika befindet sich in Chile die kleine **Atacamawüste**. Sie wird begrenzt von den Anden, die den Wind und den Regen fernhalten. Die Atacama ist der trockenste Ort auf der Erde. 1971 fiel dort erstmals seit vierhundert Jahren Regen.

Im Vergleich mit diesen größten Wüsten sind die Trockengebiete in den Vereinigten Staaten nicht besonders imposant. Die Wüsten des Südwestens sind zudem recht klein, wenn man sie einzeln betrachtet. Eindrucksvoller sind sie, wenn man sie als Teil eines Gebietes ansieht, das man als das **Große Becken** kennt. Diese riesige Region verläuft vom südlichen Oregon bis nach Idaho, bedeckt den Großteil Nevadas und das westliche Utah und reicht bis zum Südosten Kaliforniens. Das Gebiet wird durch die Rocky Mountains (Felsengebirge) trockengehalten, die verhindern, daß die warme, feuchte Luft des Pazifiks die Bundesstaaten erreicht, die im »Regenschatten« in der Mitte des Kontinents liegen.

Die **Mojave-Wüste**, ein Trockengebiet aus Steppen und Wüstentälern in Südkalifornien, in dem pro Jahr weniger als 15 Zentimeter Niederschlag fallen, ist mit knapp 40 000 Quadratkilometern die größte Wüste der USA. Außerdem verfügt die Wüste über reiche Mineralvorkommen und umfaßt auch das Death Valley, den niedrigsten Ort in der westlichen Hemisphäre (86 Meter unter dem Meeresspiegel).

Die **Colorado-Wüste** liegt südlich der Mojave-Wüste in Kalifornien und erstreckt sich bis Niederkalifornien. Sie wird im Osten vom Colorado-Fluß begrenzt und umfaßt den Saltonsee, einen flachen Salzsee, der entstand, als der Colorado-River 1905 über die Ufer trat.

Die **Große Salzsee-Wüste** in Utah verläuft westlich vom Großen Salzsee bis zur Grenze zu Nevada. Den flachen Teil nahe der Grenze zu Nevada bilden die berühmten Bonneville Salt Flats, eine Salztonebene, in der häufig Rekordversuche für Autos und Motorräder durchgeführt werden.

Die **Black-Rock-Wüste** und die **Smoke-Creek-Wüste** liegen im nordwestlichen Nevada nahe der Grenze zu Kalifornien.

Die andere berühmte amerikanische Wüste, die nicht zum Großen Becken gehört, ist die in Arizona gelegene **Painted Desert**, eine hellfarbige Region mit Tafelbergen und Hochebenen. Hier haben Jahrhunderte der Erosion die roten, braunen und violetten Gesteinsoberflächen freigelegt, die der Gegend ihren Namen verliehen.

Die Wüsten der Erde breiten sich aus und nehmen immer mehr Land ein. Dieses Vordringen der Trockengebiete aufgrund menschlicher Tätigkeit bezeichnet man als Desertifikation. Seit Beginn des Ackerbaus vor zehntausend Jahren sind durch das Wirken des Menschen Wüsten entstanden. Das einst fruchtbare halbmondförmige Gebiet zwischen den Flüssen Euphrat und Tigris ist heute weitgehend verödet. Doch in der Antike sorgte die Region für den Lebensunterhalt von Zehntausenden von Menschen und ernährte einige der ersten wahren Städte. Jahrhunderte der übermäßigen Nutzung, verbunden mit ungenügenden Bewässerungsverfahren, haben das Land unfruchtbar gemacht. Dieser Umstand zählte zu den Hauptursachen des Zusammenbruchs einiger früher Hochkulturen.

Die Beteiligung des Menschen an der Desertifikation, der Ausbreitung von Wüsten in Wüstenrandgebieten, rührt einfach daher, daß er zu überleben versucht. Die Randgebiete werden gerodet und gepflügt, weil man sich verzweifelt bemüht, Feldfrüchte anzubauen. Dabei werden Bäume abgeholzt. Zudem werden Bäume und Holzpflanzen zur Brennstoffgewinnung gefällt, wodurch sich die mit der Entwaldung einhergehenden Probleme noch verstärken. Doch die Bäume halten den Wind ab, der die Ackerkrume fortbläst. Durch Fehler in der Bewässerung wird das Erdreich unfruchtbar, da Salze und Laugensalze in den bereits nährstoffarmen Boden eindringen. Ziegen, Schafe, Rinder und Kamele dürfen allzu viel von der Vegetation fressen und zertrampeln, die dazu beiträgt, daß die obere Erdschicht nicht fortweht.

Schätzungen zufolge würden die Kosten für die Sanierung der abgetragenen Landstriche und den Stopp der Ausbreitung der Wüsten nicht mehr als rund vier Milliarden Mark pro Jahr betragen – das ist ein Bruchteil der Kosten, die durch den Verlust von landwirtschaftlichen Flächen und ihren Erträgen entstehen. Doch werden die Geldmittel, die für diese Gebiete zur Verfügung gestellt werden, zunehmend für Notmaßnahmen aufgewendet. Die »Heilverfahren« sind nicht besonders exotisch, sondern ganz einfach, wie zum Beispiel das Anpflanzen von Bäumen oder die Verhinderung einer übermäßigen Abholzung. Das funktioniert auch bereits. Inzwischen werden Trockengebiete wieder aufgeforstet.

So hat man in Nordchina eine Mauer aus Bäumen errichtet, die die voranschreitende Wüste aufhalten und das stark erodierte Hochland stabilisieren soll. In Rajasthan, Indien, benutzt man aus dem Nahen Osten eingeführte Akazien, um 24 000 Hektar Sanddünen zu festigen. In Haiti wurden 35 Millionen Bäume angepflanzt. In Teilen Westafrikas wurden ausgewählte Bäume angepflanzt, um ausgelaugtes Ernteland und Weideflächen neu zu beleben. In der Trockenzeit spendet das Blattwerk Schatten, wenn er besonders nötig ist. Außerdem dienen die Bäume als Windschutz und befördern den Stickstoff aus der Luft in den Boden, was zur Erhöhung der Ernteerträge führt. Die Pollen und Samen liefern proteinreiches Futter für Rinder und Schafe. In Kenia hat man in den siebziger Jahren die *Green Belt Movement* (Grüngürtel-Bewegung), gegründet und Hunderte von Baumschulen aufgebaut. Bauern – zumeist Frauen – haben in Erntegebieten mehr als sieben Millionen Bäume gepflanzt, um die Erosion durch den Wind zu verringern. In Niger, wo der Wind die Hauptursache für die Erosion ist, hat man im Rahmen eines anderen Projektes Baumreihen angepflanzt, die heute einen Windschutz von über 300 Kilometern Länge bilden.

Es gibt sogar noch einfachere Methoden. Im armen Burkina Faso im Nordwesten Afrikas setzen Bauern eine uralte Technik ein. Sie schichten in den Feldern einfache Steinreihen auf, die die Ackerkrume festhalten sollen, die sonst fortgeschwemmt würde. Zugleich dienen die Steinmauern als Dämme, die das Regenwasser zurückhalten. Die Ernteerträge sind dadurch um 50 Prozent gestiegen.

Wo ist es kälter, in der Arktis oder in der Antarktis?

»Wie kalt ist es, Johnny?«

In den beiden Polargebieten ist es so kalt, daß Menschen nur unter den größten Sicherheitsvorkehrungen längere Zeit dort überleben können. Aufgrund des Eises sind die Gebiete schwer zugänglich und den Großteil des Jahres unpassierbar. In der Vergangenheit zählten sie zu den am wenigsten bekannten Orten der Erde. Heute weiß man mehr über den Mond als über die beiden Pole. Aber das ändert sich. Seit die Energie- und Mineralölkonzerne sehnsüchtig nach den Naturressourcen schielen, die sich möglicherweise unter den eisigen Wüsten verbergen, ist die Bühne frei. Vielleicht wird der bekannte Konflikt zwischen der Ausbeutung eventueller wertvoller Ressourcen und der Erhaltung dieser Gebiete die Zukunft beherrschen. Bislang hat die Wissenschaft die Oberhand behalten, da die meisten wissenschaftlichen Projekte, die an den beiden Polen durchgeführt werden, überwiegend eine Art Naturforschung darstellen statt eine Schatzsuche nach reichen Mineralvorkommen. Das kann sich jedoch jederzeit ändern.

Wir neigen dazu, uns die beiden Polargebiete ähnlich vorzustellen. Aber sie sind sehr unterschiedlich. Es gibt bislang noch keine Hinweise, daß am Nordpol eine einheimische Bevölkerung lebt. Aber das bedeutet nicht, daß es dort keinen Weihnachtsmann gäbe. Daß man ihn nicht sehen kann, heißt ja nicht, daß es ihn nicht gibt.

Die Antarktis ist eine mit Eis bedeckte Landmasse; sie ist doppelt so groß wie Westeuropa und von einem riesigen, offenen Meer umgeben (vgl. in Kapitel 2: »Wem gehört die Antarktis?«, S. 139). Der Weltrekord der kältesten Temperatur wurde mit minus 88,3 Grad Celsius in der Forschungsstation Wostok der Sowjetunion in der Antarktis verzeichnet. An einem durchschnittlich warmen Sommertag in der Antarktis herrscht eine Temperatur von etwa minus 17 Grad Celsius. Die durchschnittliche Tagestemperatur des sechs Monate währenden antarktischen Winters beträgt minus 55 Grad Celsius.

Land ist wegen seiner Dichte zumeist kälter als Wasser. Deswegen ist es in der Antarktis im allgemeinen kälter als im nördlichen Polarmeer. Aber es bestehen charakteristische jahreszeitliche Unterschiede zwischen den Gebieten. Im Regelfall ist die Polregion der Ant-arktis im Juli der kälteste Ort der Erde. Im Januar dagegen findet man die niedrigsten Temperaturen in Sibirien, Kanada sowie Grönland, hunderte Kilometer südlich des Nordpols.

Wer ist El Niño?

Die Kurzform für »El Niño de Navidad« oder »das Christkind« bezeichnet eigentlich ein »Was«, nicht ein »Wer«. El Niño, ein mächtiger Strom besonders warmen Meerwassers, der in einer zungenähnlichen Strömung aus dem tropischen östlichen Pazifischen Ozean fließt, scheint einmal im Jahrzehnt mit ungewöhnlicher Stärke vorzukommen. Das geschieht normalerweise in der Weihnachtszeit – daher der Name. Aber El Niño bringt keine Geschenke mit. Stattdessen richtet dieser regelmäßige Besucher große Schäden an und ist für einen bedeutenden Rückgang des Sardinenfangs verantwortlich, wodurch die Preise für Pizza in die Höhe schnellen. Seine Auswirkungen sind also überhaupt nicht lustig ...

1982-83 – und wieder 1997 – war El Niño ungewöhnlich ausgeprägt. Die Meeresströmung lag 7 Grad Celsius über der normalen Wassertemperatur, so daß ein Überschuß an Wärmeenergie in die Atmosphäre gepumpt wurde. Das damalige ungewöhnliche Wettergeschehen hat man als das verheerendste in der überlieferten Geschichte bezeichnet. Auf drei Vierteln der Erdkugel änderten sich die Wettermuster. Das verursachte Überschwemmungen entlang der westlichen Küste von Süd- wie Nordamerika und Dürren im südlichen Afrika, in Südostasien und Australien. Es kam zu einem Massensterben von Fischen, Seevögeln und Korallen; die Zahl der Verletzten und Toten, die El Niño auf dem Gewissen hat, wurde auf über 1 000 beziffert.

In den 1990er Jahren scheint El Niño freundlicher und sanfter mit den Menschen umzugehen. Dennoch hat dieses Klimaphänomen immer noch merkwürdige Auswirkungen auf das Wetter der Erde. Zudem verzeichnen einige Gebiete höhere Niederschläge als üblich. In anderen haben sich die Dürreperioden verschlimmert. Obgleich man El Niño erstmals bereits 1726 registrierte, wird dieses Wetterphänomen bis heute noch kaum verstanden. Es gibt bislang keine allgemein akzeptierte Theorie, die erklärt, warum es alle zehn Jahre zu einer solchen Erwärmung des Meerwassers kommt.

Namen: Zyklon, Hurrikan, Taifun, Tornado

»Es ist ein Wirbelsturm.« Das schon, aber was für einer?

Doch wie man diesen Sturm auch nennt – er kann verheerende Folgen haben. Im April 1991 forderte ein *Zyklon* in Bangladesh 138 868 Todesopfer, Millionen verloren ihr Zuhause. Durch *Hurrikan* Gilbert, der 1988 die Karibik und die Golfküste der USA verwüstete, kamen mindestens 260 Menschen ums Leben. 1984 fegte *Taifun* »Ike« über die Philippinen – über 1 300 Menschen starben. 1974 forderte ein *Tornado* im Mittelwesten der USA über 300 Todesopfer.

Alle vier Stürme sind Variationen eines Wirbelsturms oder Zyklons. Ein *Zyklon* ist eigentlich ein Wirbelsturm mit heftigen, wirbelnden Winden, die mit hoher Geschwindigkeit um ein Zentrum mit niedrigem Luftdruck zirkulieren – das »Auge« des Sturms. Zyklone werden von stürmischem, häufig zerstörerischem Wetter begleitet. (Auf der Nordhalbkugel zirkulieren die Tiefdruckwinde entgegen der Uhrzeigerrichtung; in der südlichen Hemisphäre bewegen sie sich in Uhrzeigerrichtung.)

Hurrikans, Taifune und Zyklone sind allesamt heftige Wirbelstürme, die ihren Ursprung über dem warmen Wasser der Meere haben und auf der ganzen Welt verschiedene Namen tragen. *Hurrikan* (abgeleitet von einem Wort der karibischen Indianer) bezeichnet typischerweise einen solchen Sturm, wenn er im tropischen Atlantischen Ozean oder im

Karibischen Meer entsteht. Die riesige, wirbelnde Wolkenmasse, die um das ruhige »Auge« herumwirbelt, kann über 400 Kilometer breit sein. Die spiralförmigen Winde können zwischen 15 bis 20 Kilometer hoch in die Atmosphäre ragen. Ein *Taifun* (vom kantonesischen Wort *tai fung*) ist ein heftiger tropischer Wirbelsturm, der im westlichen Pazifik und vor allem im Südchinesischen Meer entspringt. Haben diese Stürme im Gebiet des Indischen Ozeans ihren Ursprung, nennt man sie *Zyklon*.

Ein *Tornado* (eine Abwandlung des spanischen Wortes *tronada* für »Gewitter«) ist ebenfalls eine Form des Wirbelsturms. Ein Tornado ist ein heftig wirbelnder Sturm, der sich aus einer großen Sturmwolke bis zum Boden hinab erstreckt; er bedeckt ein viel kleineres Gebiet als ein Hurrikan. Oftmals ist er allerdings stärker, da er mit einer Geschwindigkeit von bis zu 100 Stundenkilometern über das Land hinwegfegt.

Was ist ein Monsun?

Monsun bedeutet soviel wie »Jahreszeit« und leitet sich vom arabischen Wort *mausin* ab. Das Wort bezeichnet die starken Regenfälle, die in einigen Teilen der Welt, insbesondere in Südostasien, vorkommen. Die Regensaison setzt plötzlich ein, wenn Winde, die vom Meer kommen, über das Land fegen. Mehr als die Hälfte der Weltbevölkerung lebt in Gebieten mit Monsunklima. Bei den meisten handelt es sich um arme Regionen, in denen die Mehrzahl der Menschen zum Überleben auf die Landwirtschaft angewiesen sind. Eine späte oder ausbleibende Monsunsaison kann wirtschaftliche Katastrophen und Hungersnöte nach sich ziehen.

Ein typischer Monsunkreislauf vollzieht sich in Indien. Von April bis Juni wird es dort immer heißer, und die Luft ist sehr trocken. Der Wind weht landauswärts. Im Juni oder Juli kehrt die Windrichtung um, und wolkenbruchartig setzt der Monsun ein. Oft kann der Tag, an dem der Regen kommt, vorhergesagt werden. Dann nämlich beginnen die Winde, die Regen bringen, vom Meer her zu wehen.

Was ist wahrscheinlicher – eine weitere Eiszeit oder ein Schmelzen der Gletscher?

Geologen kratzen heute erst an der Oberfläche des Eises, wenn sie den langfristigen Klimawandel im Laufe der Geschichte verstehen wollen. Deshalb sollen Tiefbohrforschungen, die derzeit in Grönland durchgeführt werden, mehr Hinweise auf die Temperaturveränderungen im Laufe der Geschichte erbringen, als frühere Forschungen bislang geliefert haben. Wir wissen allerdings, daß es zwischen den Zeiträumen, in denen große Gletschergebiete vorherrschten, also den Eiszeiten, regelmäßig wärmere Phasen gegeben hat. Während der kälteren Perioden bedeckten Gletscher und riesige Schneedecken große Gebiete der Erde, änderten den Meeresspiegel und beeinflußten die charakteristischen Strömungsmuster von Meer und Luft.

Die Erde genießt derzeit eine Art »Tropenurlaub«, das heißt, wir leben in einer warmen interglazialen Zeit. In der Vergangenheit haben diese warmen Perioden etwa zehntausend Jahre gedauert. Die derzeitige warme Phase ist ungefähr ebenso alt. Manche Forscher sind daher der Meinung, daß die jetzigen Verhältnisse jenen ähneln, die vor etwa 90 000 Jahren herrschten, als eine plötzliche Abkühlung stattfand. Manche Wetterkundler vertreten sogar die Auffassung, daß es in den letzten dreißig Jahren Indizien für das Vorrücken der Gletscher gab. Natürlich ist der – nicht geringe – Unterschied zwischen Vergangenheit und Gegenwart der menschliche Faktor. Der Einfluß des Menschen auf das langfristige Klima der Erde ist schwer vorherzusagen. Manche Forscher glauben, daß durch den Staub und die Abgase, die der Mensch seit Beginn des Industriezeitalters der Luft hinzufügt, eine Art »Sonnenschirm« entstehen könnte, der die Strahlungswärme der Sonne verringern, die Temperatur der Erde reduzieren und den Eintritt der nächsten Eiszeit beschleunigen wird.

Auf der anderen Seite – die wohl mehr Anhänger hat – stehen die Wissenschaftler, denen zufolge das genaue Gegenteil passieren wird. Während aufgrund menschlicher Aktivitäten eine immer größere Menge bestimmter Gase in die Atmosphäre gelangt, entsteht ein »Treibhauseffekt«, der schließlich die Temperaturen auf der Erde erhöhen wird. Viele Leute nehmen den »Treibhauseffekt« nicht besonders ernst. Die meisten von ihnen sind Regierungsbeamte oder arbeiten für Mineralölkonzerne. Andere Skeptiker sind Menschen, die einmal zu oft gehört haben, daß die Forscher gerufen haben: »Der Himmel stürzt ein.« Vielleicht liegt das Problem im Namen »Treibhaus«. Er klingt etwas zu angenehm, zu positiv. Schließlich sind Treibhäuser Orte, in denen Blumen und Gemüsesorten das ganze Jahr über blühen und gedeihen. Das ist doch etwas Gutes.

Vielleicht sollte man diese Klimaveränderung anders bezeichnen, zum Beispiel als den »Auto, dessen Fenster an einem heißen Tag am Strand geschlossen sind«-Effekt«. Vielleicht würden wir dann die Gefahr der globalen Erwärmung ernster nehmen. Schließlich sind einige von uns noch nie in einem Treibhaus gewesen. Doch sehr viele verstehen, was es bedeutet, das Auto an einem heißen Tag in der Sonne stehen zu lassen. Wenn man die Türen eines solchen Wagens öffnet, bläst einem ein ofenheißer Strom superwarmer Luft ins Gesicht, das Lenkrad ist so heiß, daß man es kaum anfassen mag, und die Polsterung versengt einem fast die Hose.

Kohlendioxid ist das Gas, das Mineralwasser zum Sprudeln bringt. Klingt ziemlich ungefährlich. Darüber hinaus ist es eines der wichtigsten Gase in der Atmosphäre – auch wenn sein Anteil daran nur 0,03 Prozent beträgt. Wenn die Sonnenenergie auf die Erdatmosphäre trifft, prallt ein großer Teil davon ins All zurück. Doch einige Energie wird durch das Kohlendioxid absorbiert und erwärmt die Erdoberfläche – das ist der Vorgang, den man gemeinhin als »Treibhauseffekt« bezeichnet. Kohlendioxid und andere Gase in der Atmosphäre wirken wie das Glas im Treibhaus – oder wie Ihre Autotüren: Sie lassen die Sonnenstrahlen durch, fangen aber einiges der Hitze ein, die sonst zurück nach draußen abgestrahlt würde. Die Menschheit braucht eine gewisse Menge Kohlendioxid, damit Leben auf der Erde möglich ist. Ohne den CO_2-Faktor wäre die Durchschnittstemperatur auf unserem Planeten wohl um 30 Grad Celsius niedriger.

Das ist keine neue Erkenntnis. 1896 prägte der schwedische Chemiker Svante Arrhenius den Begriff »Treibhauseffekt«; er sagte voraus, daß das Verbrennen der fossilen Brennstoffe die Menge des Kohlendioxids in der Atmosphäre erhöhe, was zu einer Erwärmung des Weltklimas führen werde. Svante war ein intelligenter Kopf – und etwa hundert Jahre seiner Zeit voraus.

Wissenschaftler sind sich heute im großen und ganzen einig, daß der Treibhauseffekt mittlerweile den bedeutendsten und schnellsten Klimawandel in der Geschichte der Zivilisation hervorruft. Er wird enorme Folgen für das Leben auf der Erde haben. Seit dem Beginn der Industriellen Revolution werden in großem Rahmen fossile Brennstoffe verbraucht, wobei riesige Mengen Kohlendioxid ausgestoßen werden. Diese Entwicklung wird derzeit durch die Brandrodung der Tropenwälder noch verstärkt. Rund vier Fünftel des CO_2 stammen inzwischen aus der Verbrennung fossiler Brennstoffe, der Rest ist durch die Zerstörung der Vegetation, hauptsächlich durch die Rodung der Wälder bedingt.

Warum soll man also die Regenwälder retten? Weil Bäume Kohlendioxid aufnehmen, wenn sie leben, und es freigeben, wenn sie gefällt und verbrannt werden.

Derzeit erwärmt sich unser Planet. Zwar mag es wenig Veränderungen am Äquator geben, doch die Pole könnten sich durchaus um 7 Grad Celsius erwärmen – mit allem, was das letztlich für die Eiskappen bedeuten würde. Wenn die polaren Eiskappen schließlich schmölzen, könnte der Meeresspiegel unter Umständen um fünf bis sieben Meter ansteigen. Ein Großteil der Niederlande würde überflutet werden, zusammen mit der Hälfte Floridas und riesigen Abschnitten anderer tiefliegender Gebiete wie Bengalen und zahlreicher niedrigliegender pazifischer Inseln. Dort würde der Anstieg des Meeresspiegels die Süßwasservorräte verringern, noch ehe die Überschwemmung selbst zum Problem wird. Schon durch den Anstieg des Meeresspiegels um einen Meter könnten 200 Millionen Menschen obdachlos werden.

Doch selbst das würde wohl von den Auswirkungen übertroffen werden, die die globale Erwärmung auf die Ernten haben würde. Insgesamt könnte man auf einer wärmeren Erde mehr Nahrungsmittel erzeugen, aber einige Länder würden die Gewinner und andere die Verlierer sein. Im Mittelwesten der USA, der hilft, Hunderte Nationen zu ernähren, könnte die Ernten um ein Drittel zurückgehen. Die Vereinigten Staaten würden sich immer noch selbst ernähren können, doch die Ausfuhren in die übrige Welt könnten um bis zu 70 Prozent sinken. Neues Land würde in Kanada entstehen, wenn sich das Klima erwärmte, aber die Böden wären zu karg, um die Verluste wiedergutmachen zu können. Eine optimistische Prognose lautet, daß die Ukraine, früher die Kornkammer der Sowjetunion, vielleicht nicht so stark betroffen und der Boden, der in Sibirien freigelegt würde, fruchtbarer als der in Kanada wäre. Doch es gibt auch eine recht düstere Vorhersage, wonach die Eiskonzentrationen unter der gefrorenen sibirischen Tundra, wenn sie auftaut, den Boden für die Landwirtschaft nutzlos machen würde. Außerdem macht man sich Sorgen, daß Methan, ein weiteres gefährliches »Treibhausgas«, das in der gefrorenen Tundra eingeschlossen ist, freigesetzt würde – mit noch schädlicheren Auswirkungen. Selbstverständlich wären die armen Länder am schwersten betroffen. Gebiete, die bereits verödet sind – wie Tunesien, Algerien, Marokko, Äthiopien, Somalia, Botswana, Ostbrasilien und Teile von Asien –, würden vermutlich noch weiter austrocknen.

Die 1980er Jahre waren das bei weitem heißeste Jahrzehnt seit der regelmäßigen Messung von Temperaturen. Sieben der zehn wärmsten, seit 1880 aufgezeichneten Jahre fielen in dieses Jahrzehnt. 1990 wurde zudem in mehreren Studien als das wärmste Jahr überhaupt eingestuft. Niemand kann sicher behaupten, ob sich dies auf den Treibhauseffekt zurückführen läßt oder ob es sich lediglich um die Folge der natürlichen Veränderlichkeit des Klimageschehens handelt. Eine leichte Abkühlung fand 1991 statt; dies führt man jedoch auf die riesige Staubwolke zurück, die der Ausbruch des Pinatubo auf den Philippinen aufwirbelte. Aller Wahrscheinlichkeit nach handelt es sich jedoch um eine vorübergehende Situation, die den Gesamttrend zur Erwärmung nur verzögert.

In der Wissenschaft wird immer noch darüber diskutiert, wie wahrscheinlich die globale Erwärmung ist. Manche Forscher äußern, man habe die Bedeutung des Treibhauseffekts stark übertrieben. Dabei handelt es sich um Schätzungen, die die Erdölindustrie und die Regierungen im Weißen Haus vorziehen, die mehr Interesse an kurzfristigen politischen Erfolgen als an langfristiger Politik haben. Aber die meisten Forscher sind sicher, daß der Treibhauseffekt Auswirkungen haben wird. Im Mai 1990 schätzte die Internationale Kommission zur Erforschung des Klimawandels der

Vereinten Nationen, daß die weltweiten Temperaturen im Jahr 2020 um 1,3 Grad Celsius höher liegen werden als der derzeitige Weltdurchschnitt mit einem Wert ungefähr 15,2 Grad Celsius, wobei die Temperaturen bis zum Jahr 2070 um weitere 3 Grad Celsius ansteigen werden.

Selbst angesichts der optimistischsten Prognosen scheint die globale Erwärmung durch den »Auto mit geschlossenen Türen«-Effekt unausweichlich. Die Konzentration von Schadstoffen, die bereits stattgefunden hat, bestätigt dies. Bestenfalls können wir Menschen folgendes tun: den Wagen an einem schattigen Plätzchen abstellen und die Fenster hinunterkurbeln. Höchstwahrscheinlich könnten wir auch bei einer radikalen Reduzierung unseres Brennstoffverbrauchs und beim Schutz der Wälder den Vorgang bestenfalls verlangsamen, die Bedrohung der globalen Erwärmung jedoch nicht völlig beseitigen.

Der »Antarktische Doughnut«

Zu den unangenehmeren chemischen Substanzen, die wir in die Erdatmosphäre blasen, zählen die Fluorchlorkohlenwasserstoffe, kurz FCKWs genannt. Außerdem gehören sie neben Kohlendioxid und Methan zu den »Treibhausgasen«. Ein weiterer, nachgewiesener Effekt der FCKWs ist jedoch der sogenannte »Antarktische Doughnut«, ein riesiges Loch in der Ozonschicht der Atmosphäre über dem Südpol. In jedem südlichen Sommer öffnet sich über der Antarktis ein Ozonloch. Es ist so groß wie die Vereinigten Staaten und so tief wie der Mount Everest hoch ist. Die Entdeckung des »Antarktischen Doughnuts« im Jahr 1984 verblüffte viele Wissenschaftler. Computer in einem der erdumkreisenden Satelliten vermaßen das Loch, aber die Forscher wiesen die Daten zunächst als zu unwahrscheinlich zurück. Das Datenmaterial aus jüngerer Zeit deutet überdies darauf hin, daß auch in der Nordhalbkugel ein Riß in der Ozonschicht entstanden ist.

Auf den ersten Blick scheint die Ozonschicht nicht sehr angenehm zu sein. Tatsächlich handelt es sich um eine Art Mantel aus Giftstoffen, der die Erde einhüllt. Ozon ist eine Form von Sauerstoff und sehr giftig; weniger als ein Millionstel des bläulichen Gases in der Luft ist für Menschen schädlich. Nahe dem Boden ist es ein Umweltgift, das zur Entstehung von Smog beiträgt. Weiter oben in der Stratosphäre bildet es jedoch einen lebensrettenden Schutzschild, von dem alles Leben abhängt. Ozon ist das einzige Gas in der Erdatmosphäre, das die tödlichen ultravioletten Strahlen der Sonne herauszufiltern vermag. Gäbe es diesen dünnen Ozonschirm nicht, würde die ultraviolette Strahlung alles Leben auf der Erde sterben lassen.

Geringe Mengen ultravioletter Strahlung gelangen jedoch durch diesen empfindlichen Filter. Das ist die Hauptursache für Hautkrebs. An dieser sich ausbreitenden Krankheit sterben allein in den Vereinigten Staaten bereits jährlich 12 000 Menschen. Dermatologen in den USA registrieren eine Zunahme der Fälle von Hautkrebs bei jugendlichen Patienten. Die ultraviolette Strahlung beeinträchtigt das Immunsystem und trägt dazu bei, daß sich Krebserkrankungen festsetzen und wachsen; außerdem erhöht sie die Anfälligkeit für weitere Krankheiten. Die Strahlung ist zudem eine bedeutende Ursache für die Entstehung der Augenkrankheit Grauer Star, durch die mindestens 12 Millionen Menschen weltweit erblinden, und schädigt das Sehvermögen von mindestens weiteren 18 Millionen Personen. Außerdem verringert die ultraviolette Strahlung die Getreideerträge und tötet Meeresmikroorganismen, die anderen Arten als Nahrung dienen. Es ist unbestritten, daß bereits eine leichte Schädigung der Ozonschicht die Zahl der Todesopfer erhöhen wird.

Die größte Gefahr für die Ozonschicht bilden die äußerst nützlichen und vielseitigen Fluorchlorkohlenwasserstoffe. Die ersten von ihnen wurden als Kühlmittel eingesetzt und spielten beim Siegeszug der Klimaanlagen und beim Kühlen von Lebensmitteln eine große Rolle. Anschließend wurden sie auch als Treibmittel eingesetzt. Jedes FCKW-Molekül zerstört Tausende Ozonmoleküle.

Es wird lange dauern, bis das Ozon zurückkehrt. Analysen des US-Umweltschutzamtes deuten darauf hin, daß – selbst wenn die Produktion aller chemischen Verbindungen, die die Ozonschicht zerstören, eingestellt wird – ein Jahrhundert vergehen wird, bis in der Atmosphäre die früheren Verhältnisse wiederhergestellt sein werden. Aber als die Gefahren feststanden, hat die Menschheit schnell Gegenmaßnahmen ergriffen und ist übereingekommen, die Produktion der chemischen Substanzen allmählich einzustellen. Der amerikanische Chemiekonzern Du Pont, der weltweit größte Produzent, plädierte für die Einstellung von FCKW-haltigen Erzeugnissen, ein wohl beispielloser Fall von unternehmerischer Verantwortung. Die Maßnahmen gegen die FCKWs zählen zu den ersten positiven Präzedenzfällen für ein gemeinsames internationales Handeln gegen weitere Umweltgefahren.

Fragt sich nur, ob dies nicht alles zu wenig ist und zu spät kommt.

Was ist saurer Regen?

Das Phänomen des sauren Regens beschrieb erstmals 1872 ein englischer Chemiker. Es gilt als eines der unangenehmsten Probleme der industrialisierten Welt und als meistdiskutierte Form der Luftverschmutzung in den Industriestaaten. Es ist bittere Ironie, daß etwas, das wir im allgemeinen für so positiv halten – sanft fallender Regen –, an ein Bad in Batteriesäure gemahnt. Der scheinbar so harmlose Regen schädigt und zerstört nicht nur die Natur, sondern auch die Errungenschaften der Menschheit.

Saurer Regen – einschließlich Hagel und Schnee – entsteht in erster Linie durch die Freisetzung von Schwefeloxiden in der Atmosphäre. Die Hauptquellen solcher Emissionen sind zumeist Elektrizitätswerke, industrielle Heizanlagen und große Schmelzwerke sowie Gase, die durch hohe Schornsteine in die Luft geblasen werden und in den vorherrschenden Winden im Laufe des Transports über Land in Lösungen aus Schwefelsäure und Salpetersäure umgewandelt werden. Paradoxerweise entstand das Problem des sauren Regens bei früheren Versuchen, die örtlich verschmutzte Luft zu reinigen, indem man die Schornsteine verlängerte. Damit aber erreichte man lediglich, daß sich die Schadstoffe weiter oben in der Atmosphäre verteilten, wo sie in den Hinterhof des Nachbarn bliesen. Kanadas Probleme kommen aus den Vereinigten Staaten, und Londons schmutzige Luft weht bis nach Norwegen.

Wenn sich diese industriellen Schadstoffe in der Atmosphäre mit Wasserdampf, Sonnenlicht und Sauerstoff verbinden, entsteht eine verdünnte Lösung von Schwefel- und Salpetersäure. Diese unappetitliche Mischung wird dann durch Regen, Schneekristalle oder in Form von Trockenpartikeln ausgewaschen. Schließlich erreicht sie den Wasserkreislauf und erhöht den Säuregehalt von Süßwasserseen, Flüssen und Böden. Fast ein Viertel der 90 000 Seen in Schweden ist bis zu einem gewissen Grade »sauer«. In 4 000 von ihnen können Fische nicht mehr überleben. In Norwegen sind viele Seen und Flüsse im Grunde »tot«. Und in den östlichen Vereinigten Staaten sind inzwischen Tausende Seen so »sauer«, daß kein Fisch mehr darin leben kann. In neun sauren Flüssen in Neuschottland in Kanada vermehren sich die Forellen und Lachse nicht mehr.

In Teilen des US-Bundesstaats Pennsylvania ist das Ergebnis ein zersetzendes Lösungsmittel, das tausendmal saurer ist als natürlicher Regen. Bislang am schwersten betroffen von diesem alptraumhaften Geschehen sind die nordöstlichen Regionen Kanadas und der Vereinigten Staaten, Mitteleuropa und Skandinavien. Aber auch in Australien und Brasilien zeigen sich bereits Anzeichen des tödlichen Regens.

Der saure Smog nagt an allem und jedem – von den Großen Pyramiden und der Sphinx bis zu den großen architektonischen Wahrzeichen Europas. Das Mauerwerk des Kölner Doms wird zerfressen. Viele Buntglasfenster in europäischen Kirchen werden matt. Der Schwarzwald hat ein Drittel seiner Bäume verloren; dies führen viele Wissenschaftler auf die Verbindung von saurem Regen und anderen Formen der Luftverschmutzung zurück. Es ist schwierig, die Kosten der durch den sauren Regen verursachten Schäden zu beziffern. In Europa belaufen sich Schätzungen zufolge die Schäden an Metallen, Gebäuden und Farbe jährlich auf rund 30 Milliarden Mark, und das schließt die Kosten abgestorbener Wälder, versauerter Seen und geschädigter Ernten nicht ein. Der Schaden allein für die westdeutsche Holz-industrie wird mit 1,2 Milliarden Mark angegeben. Hinzu kommen noch 1,5 Millionen Mark an Verlusten in der Landwirtschaft aufgrund einer verringerten Produktivität.

Leider zerstört der saure Regen – zusätzlich unterstützt durch den Menschen, der Bäume fällt und Wälder zur Gewinnung von Weideland rodet – eine der besten Abwehrmöglichkeiten der Atmosphäre: die Wälder der Erde.

Schon in der Grundschule brachte man uns bei: »Der Wald ist unser Freund.« Die Wälder spielen eine bedeutende Rolle im planetaren »Recycling« von Kohlenstoff, Stickstoff und Sauerstoff. Anders ausgedrückt: »Hinein mit der schlechten Luft, hinaus mit der guten Luft.« Wälder helfen, die Lufttemperatur und die Regenfälle zu regulieren. Oft liegen sie im Quellgebiet großer Flüsse und tragen zum Schutz vor Bodenerosion bei. Sie bilden das größte Genreservoir des Planeten und sind die Hauptgebiete für die Entstehung neuer Arten.

Einst zählte Holz zu den im Überfluß vorhandenen Ressourcen der Erde. Aber man hat es schlecht behandelt. 1950 waren 30 Prozent der Erde von Wald bedeckt, die Hälfte davon war Tropenwald. 1975 war die von Tropenwald bedeckte Fläche auf 12 Prozent zurückgegangen. Im Jahr 2000 betrug sie sogar nur noch 4 Prozent.

Nach einem erbitterten Streit mit der kanadischen Regierung erkannten die Vereinigten Staaten das Problem und ergriffen allmählich Maßnahmen zur Reduzierung der Schadstoffemissionen – wenn auch in geringerem Ausmaß als in Europa, wo bis 2010 beim Schwefeldioxid ein Rückgang um 70 Prozent gegenüber 1990 erwartet wird. Doch viele Umweltschützer meinen, daß weltweit noch größere Einsparungen erforderlich sein werden.

Was sind Feuchtgebiete?

Die Frage ist nicht so einfach zu beantworten, wie sie klingt. Haben Sie zum Beispiel schon mal etwas von der »National Wetlands Coalition« gehört? Das scheint eine »ökologisch korrekte« Organisation zu sein, eine sanfte »Rettet die Erde«-Umweltschutzgruppe, die sich den Schutz der natürlichen Ressourcen zum Ziel gesetzt hat. Tatsächlich gehören dieser Koalition Vertreter von fünf Ölgesellschaften an, wobei eine ihrer Aufgaben darin besteht, die Regierung der Vereinigten Staaten dazu zu bewegen, »Feuchtgebiete« auf eine Art zu definieren, die mehr nach ihrem Geschmack ist.

Während seines Präsidentschaftswahlkampfes 1988 verkündete George Bush, er wolle zum »Umweltpräsidenten«, zum »Präsidenten für mehr Bildung« und zum »Präsidenten, der den Drogen den Krieg erklärt«, werden. Außerdem versprach er, »alle bestehenden Feuchtgebiete, egal, wie klein sie sind, bewahren zu wollen«. Das war kein geringes Versprechen. Derzeit gibt es in den USA 100 Millionen Acre Feuchtgebiete (1 acre = 4 047 qm). Die USA haben aber die Hälfte ihrer Feuchtgebiete verloren, die meisten davon an die Landwirtschaft und überwiegend in den letzten zwanzig Jahren. Das Sumpfgebiet der Everglades in Florida wird beispielsweise seit einem Jahrhundert zunehmend zu landwirtschaftlichen Zwecken entwässert. Doch viele Hektar Feuchtgebiete sind auch zubetoniert worden, um Platz für Wohnungen und Einkaufszentren zu schaffen.

Und hier wird es schwierig. Wie soll man »Feuchtgebiet« definieren? Was der eine als »Feuchtgebiet« betrachtet, ist für den anderen ein »Sumpf«, eine Marsch oder ein Morast. Die Feuchtgebiete der Erde, zu denen auch Niederungen, trichterartige Flußmündungen und Wattenmeere gehören, umfassen sechs Prozent der Landoberfläche der Erde. Sie zählen zu den fruchtbarsten und produktivsten Ökosystemen überhaupt. Laut dem *Umwelt-Atlas* des World Wildlife Fund gilt: »Feuchtgebiete bieten lebenswichtige Lebensräume für Tausende Pflanzen- und Tierarten. Sie liefern Nahrung, Faserstoffe und Baumaterialien, spielen eine wichtige Rolle bei der Regulierung von Wasserkreisläufen, filtern Verschmutzung und schützen Küstengebiete vor den Verwüstungen des Meeres.«

Küstenfeuchtgebiete – den Gezeiten ausgesetzte Flußmündungen, Salzmarschen und Wattenmeere – stellen lebenswichtige Laich- und Brutgebiete für Fische und Schalentiere dar. Zwei Drittel der weltweit gefangenen Fische schlüpfen in Gezeitenzonen. Feuchtgebiete sind natürliche Umweltschutz- und Kläranlagen. Krankheitskeime, Kolibakterien (aus Fäkalien) sowie Feststoffe, die normalerweise nach der Verarbeitung in nachgeordneten Kläranlagen zurückbleiben, können durch Feuchtgebiete ungewandelt und unschädlich gemacht werden. In Ungarn beispielsweise werden Torfmoore seit langem als natürliche Filter zur Klärung der Abwässer aus Kläranlagen eingesetzt.

Was uns zurück zum damaligen Präsidenten Bush führt, genauer gesagt, zu Vizepräsident Dan Quayle, der dem sogenannten »Rat der Konkurrenzfähigkeit des Weißen Hauses« vorstand. Diese Regierungsbehörde hatte die Aufgabe, gesetzgeberische Einschränkungen, die eine »unangemessene Belastung« für US-amerikanische Firmen darstellen, zu reduzieren und zu eliminieren. Nach dem Willen der US-Regierung werden Feuchtgebiete amtlich nach der Anzahl der Tage im Jahr definiert, in denen der Boden in Wurzelhöhe der Pflanzen mit Wasser durchtränkt ist. Die derzeitige Definition geht von sieben Tagen aus. Die Regierung Bush schlug vor, die Anforderung auf 21 Tage Durchtränkung abzuändern. Diese einfache definitorische Änderung hätte bestehenden Feuchtgebieten in 29 Bundesstaaten den Garaus gemacht. Die Änderung stieß selbst innerhalb der Regierung Bush auf derart heftigen Widerstand, daß man sie vorerst zurückstellte. Im Mai 1992 schlug das Landwirtschaftsministerium der Regierung Bush einen Gesetzesplan vor, der den Farmern erlauben würde, Millionen Acre von Feuchtgebieten, vom Mississipi-Delta bis zu den Großen Ebenen, trockenzulegen. Durch die Gesetzesänderung würden laut Senator Patrick Leahy, Senator der Demokraten für Vermont, der den Landwirtschaftsausschuß des Senats leitet, zehn Millionen Acre Feuchtgebiete vernichtet werden.

Die Bedrohung dieser wertvollen Ökosysteme beschränkt sich jedoch nicht auf die Vereinigten Staaten. Auch die Feuchtgebiete entlang des Nil-Deltas – einst ein überaus fruchtbares Gebiet und Stätte der westlichen Hochkultur – schrumpfen in schnellem Tempo. Bewässerungsprojekte und die Trockenlegung der Küstenfeuchtgebiete zerstören ein Gebiet, in dem 50 Millionen Ägypter wohnen. Nahe dem spanischen Doñana-Nationalpark, einem den amerikanischen Everglades vergleichbarem Sumpfgebiet, kämpfen Umweltschützer gegen die Baufirmen, die die bedeutenden Brutgebiete durch Hotelanlagen, Jachthäfen und Golfplätze ersetzen wollen. Nach dem Willen der Bauern soll das Land trockengelegt werden, damit sie Reis und Erdbeeren anbauen können. Umweltschützer argumentieren, daß ein vom Gesichtspunkt des Umweltschutzes vertretbarer Ferienort, der Naturfreunde anzieht, der geplanten Entwicklung vorzuziehen sei. Den Bauern empfehlen sie, Feldfrüchte anzubauen, die weniger Wasser benötigen. Die Situation im Süden Spaniens ist charakteristisch für den Konflikt zwischen Umweltschutz und Wirtschaftsförderung. Aber die Umweltschützer wollen zeigen, daß es stets Möglichkeiten der Erschließung gibt, ohne die Natur zu zerstören. Vorerst haben die Umweltschützer eine Schlacht gewonnen.

Wo liegt die bevölkerungsreichste Stadt der Erde?

Dem englischen Dichter John Milton (1608-1674) gefielen die Städte:

Das bunte, geschäftige Treiben der Leute.
in einer Stadt mit Türmen mich erfreute.

Zweihundert Jahre später war sein Landsmann Lord Byron anderer Meinung:

Hohe Berge wecken Gefühle in mir,
doch das Treiben in den Städten quält mich.

Lord Byron, der dies 1812 schrieb, hatte klaustrophobische Gefühle. Und wie ergeht es Ihnen, an der Schwelle zum 21. Jahrhundert?

- Man erwartet, daß die Weltbevölkerung, deren Zahl vor nur 40 Jahren 2,5 Milliarden betrug, in etwa 60 Jahren auf 10 Milliarden ansteigen wird.
- Die Weltbevölkerung ist von 1 Milliarde in den 1830er Jahren auf 2 Milliarden in den 1930er Jahren, auf 4 Milliarden im Jahr 1975 und auf etwa 6 Milliarden im Jahr 1999 angestiegen – bei einem weiteren erwarteten Anstieg wird mit 9 Milliarden im Jahr 2054 zu rechnen sein.
- Wenn sich in Afrika die jetzige Steigerungsrate der Bevölkerung von 3 Prozent bis in die 2090er Jahre fortsetzt, wird sich die Zahl der Einwohner von 771 Millionen im Jahr 1999 auf 9,5 Milliarden erhöhen.
- Zur Zeit Lord Byrons lebten nur 5 Prozent der Bevölkerung der Welt in Städten. Zweihundert Jahre später, zu Beginn des 21. Jahrhunderts, rechnet man damit, daß der Anteil über 50 Prozent betragen wird.
- Vor 1850 hatten nur London und Paris über 1 Million Einwohner. (Historische Rekonstruktionen ergaben für mehrere Städte des Altertums eine Einwohnerzahl von über 1 Million, doch sind diese allmählich zurückgegangen. Vor der Industriellen Revolution erreichten Rom, Xian in China, Bagdad, Byzanz und Edo – das heutige Tokio – während eines kurzen Zeitraums die 1-Millionen-Grenze, ehe sie einen bedeutenden Rückgang der Bevölkerungszahl verzeichneten.) In der zweiten Hälfte des 20. Jahrhunderts überschritten mehr als 240 Städte die Millionen-Grenze; die meisten von ihnen liegen in den Entwicklungsländern. Eine Großstadt wie London mit rund 7 Millionen Einwohnern wird wahrscheinlich bald nicht mehr unter den ersten 25 Städten sein.

- Bereits im Jahr 2000 lebten in Mexiko-Stadt und Neu Delhi mehr Menschen als in ganz Kanada.
- 1950 lebten weniger als 300 Millionen Menschen in Großstädten in den ärmsten Ländern der Erde. Man erwartet, daß die Zahl zur Jahrhundertwende auf rund 2 Milliarden ansteigen und sich bis 2025 wiederum verdoppeln wird.

Großstädte sind ein relativ junges Phänomen in der Geschichte der Menschheit. Sie wachsen schneller, als es ihnen guttut. Das antike Rom war im ersten Jahrhundert n. Chr. die erste Stadt mit einer Einwohnerzahl von einer Million. Doch nach einigen Jahrhunderten, gekennzeichnet von Barbaren, wilden und verrückten Kaisern sowie verheerenden Epidemien, fiel die Bevölkerungszahl auf rund 20 000 Einwohner. Erst 1930 erreichte Rom erneut die Einwohnerzahl von einer Million. Die meisten Großstädte der Welt sind infolge einer ungeheuren Expansion des Handels in Europa seit Mitte des fünfzehnten Jahrhunderts stark gewachsen. Tausende Städte – die meisten waren Hafenstädte an Küsten oder größeren Flüssen – entwickelten sich zu Stützpunkten für das wachsende Geflecht des Welthandels.

Nach dem großen Zeitalter des Handels entstand der nächste Bevölkerungszuwachs im Zug der Industriellen Revolution, als in Europa und Nordamerika immer mehr Zentren der verarbeitenden Industrie und der Schiffahrt entstanden. Durch den Niedergang dieser alten »Schornsteinstädte« während der letzten Jahrzehnte hat sich das rasche Wachstum der Städte in andere Teile der Welt verschoben. Heute befinden sich mehr als die Hälfte der über 300 Städte mit mehr als einer Million Einwohnern in Lateinamerika, Afrika oder Asien; fünf der zehn größten Ballungszentren finden sich in den Entwicklungsländern: Mexiko-Stadt, São Paulo, Shanghai, Buenos Aires und Seoul. Zu Beginn des 21. Jahrhunderts vertreten nur Tokio und

New York die »entwickelte« Welt in dieser Liste der »Top-Ten«.

Mexiko-Stadt, dessen Bevölkerung bald 23 Millionen erreichen wird, ist die größte Stadt der Erde. Ihre Einwohnerzahl hat sich seit 1970 verdoppelt; einigen Schätzungen zufolge dürfte sie sich bis 2025 abermals verdoppeln. Es ist eine beinahe unbewohnbare Metropole, voll lärmenden Verkehrs, der erschwert wird von zahllosen Straßenhändlern. Die Bevölkerungsdichte ist rund viermal so hoch wie in London – das ergibt eine Zahl, die siebenmal so hoch ist wie die Einwohnerzahl der zweitgrößten Stadt Mexikos, Guadaljara. Das berüchtigt schlechte Klima, das durch die krankmachende, bräunliche Smogglocke noch verschlechtert wird, führt zu exotischen Stadtentwicklungsplänen. Zu den neueren Vorschlägen, die in Mexico-Stadt die Runde machen, gehören große Löcher, die man in die umgebenden Berge bohrt, um die Abgase aus der Stadt herauszubekommen, Parfümzusätze zum Autobenzin und Gasmasken für alle. Eine andere Idee, die den offiziellen Segen des Bürgermeisters hatte, sah vor, die verunreinigte Luft mit riesigen Ventilatoren aus der Stadt fortzublasen. Kritiker haben das als schlechten politischen Witz bar jeder wissenschaftlichen Grundlage bezeichnet.

Teilweise liegen die Probleme in der Tatsache begründet, daß Mexico-City eine besonders schlechte Lage hat, in der man einfach keine Stadt bauen sollte. Angesichts dieses Umstands ist ihr Durchhaltevermögen schlechterdings bewundernswert. Die Stadt liegt in einem abflußlosen Hochbecken in einer Höhe von 2 250 Metern und leidet beständig unter Überschwemmungen sowie unter schwieriger Lebensmittelversorgung und Trinkwassermangel. Unterhalb der Stadt liegt eine schwer berechenbare und potentiell zornige Erde. In der Vergangenheit wurde die Stadt von äußerst heftigen Erdbeben erschüttert. Das letzte größere Beben fand 1985 statt und hatte einen Wert von 8,1 auf der

Richter-Skala. Das entspricht der tausendfachen Explosionskraft der Atombombe, die auf Hiroshima fiel.

Die zweitgrößte Stadt der Welt ist São Paulo in Brasilien, das wohl am schnellsten wachsende Ballungszentrum der Erde. Die 1554 von Jesuiten gegründete Stadt überschritt 1988 die 20-Millionen-Grenze. Heute ist São Paulo das wichtigste Industriezentrum Lateinamerikas. Die Stadt wurde reich durch die Kaffeeindustrie, die das Kapital für das massive industrielle Wachstum bereitstellte. Das Versprechen, in diesen Fabriken Arbeitsplätze zu schaffen, hat Millionen Bauern vom Land in die Stadt ziehen lassen. Schätzungsweise zehn Prozent der Einwohner leben heute in Slums und Elendsquartieren, wobei die Wasserverschmutzung und eine rapide ansteigende Kindersterblichkeitsrate zu den größten Problemen zählen. Die Industrialisierung hat außerdem das Problem des sauren Regens vergrößert, die Säuremenge im Trinkwasser liegt daher tausendmal höher als bei durchschnittlich reinem Trinkwasser.

Auch die Hauptstadt von Nigeria, Lagos, wächst schnell. Das Wachstum setzte ein, nachdem aufgrund der Einnahmen aus der Erdölförderung Hunderttausende Nigerianer in der Hoffnung auf ein besseres Leben in die Stadt zogen. Und sie kommen immer noch, etwa 200 000 jedes Jahr, ein Bevölkerungszustrom, der den inoffiziellen Ruf der Stadt als wohl unbewohnbarste Stadt der Welt noch vergrößern wird. Diese geradezu aberwitzige Ballung führt dazu, daß sich die Probleme dieser typischen Großstadt noch verschlimmern: Luftverschmutzung, mangelhafte Kanalisation, chronischer Wassermangel, Verkehrsprobleme, hohe Arbeitslosigkeit, schlechte Wohnverhältnisse, Lebensmittelknappheit und ungenügende medizinische Versorgung. In den achtziger Jahren des 20. Jahrhunderts führte der weltweite Rückgang der Ölpreise dazu, daß sich die Verhältnisse weiter verschlechterten. Wie Mexiko-Stadt ist auch Lagos auf sumpfigem, trockengelegtem Land gebaut. Entwässerungskanäle, die ein Teil des Wassers ableiteten – ein Brutgebiet für Stechmücken und andere krankheitverbreitende Insekten –, hat man einfach zugeschüttet und überbaut. Seit 1976 arbeitet die nigerianische Regierung an einem Plan, die Hauptstadt nach Abuja, einer Stadt im geographischen Zentrum des Landes, umzusiedeln. Vor zehn Jahren begann man in Nigeria, mit einigen Behörden in die neue Hauptstadt umzuziehen, doch hat es die Verlagerung – ähnlich wie die Umsiedelung der brasilianischen Hauptstadt von Rio de Janeiro in das neu errichtete Brasilia – nicht vermocht, Lagos' geradezu magnetische Anziehungskraft zu schwächen.

Können Städte der Zukunft funktionieren? Das ist die 2-Milliarden-Dollar Frage. Die reichsten Städte, von New York bis Tokio, sehen sich hartnäckigen Problemen gegenüber. Diese entstehen durch die zu vielen Einwohner, die sich auf einem zu kleinen Raum drängen, Müll und Abwässer produzieren und enorme Mengen Trinkwasser und Lebensmittel verbrauchen. An völlig unterschiedlichen Orten auf der ganzen Welt werden interessante Experimente zum Aufbau lebensfähiger Städte vorgenommen. Eine dieser Städte, die man als positives Modell für die Entwicklungsländer betrachtet, ist Curitiba, ein Handels- und Industriezentrum im brasilianischen Bundesstaat Paraná. Obwohl die Bevölkerung dort in den letzten 50 Jahren um das Elffache auf etwas mehr als eine Million angewachsen ist, ist Curitiba führend im Hinblick auf die Schaffung finanziell unaufwendiger Lösungen für Probleme, die für viele Großstädte in den unterentwickelten Ländern typisch sind. Das gilt vor allem für Lateinamerika, wo heute 75 Prozent der Bevölkerung in überfüllten Städten leben, so daß der übrige Kontinent stark entvölkert ist.

In Curitiba konnte man die Probleme durch ein ehrgeiziges städteplanerisches Projekt ansatzweise lösen. Durch ein Linienverkehrssystem von Schnellbussen ist ein preisgünstiges Nahverkehrsnetz zum Bruchteil der Kosten für eine Untergrundbahn entstanden. Gleichzeitig wird die Zahl der Automobile in der Stadt um 25 Prozent gesenkt. Große Teile der Fußgängerzonen, in denen sich die Kauflustigen drängen, sind für den Autoverkehr gesperrt. Man hat Fahrradwege gebaut, und die Fabriken unterstützen die Arbeiter beim Kauf von Fahrrädern – ein Verfahren, das man von den Chinesen übernommen hat. Statt umfangreichere städtebauliche Entwicklungsvorhaben zu verfolgen, hat die Stadt versucht, ihre älteren Gebäude wiederzuverwenden. Die Stadtoberen wissen außerdem, daß man für die Landarbeiter, die weiterhin in die Stadt kommen, Arbeitsplätze schaffen muß. Deshalb hat man ausgediente Busse in Klassenzimmer umfunktioniert, in denen grundlegende berufliche Fertigkeiten unterrichtet werden. Neben der eigentlichen Ausbildung werden den jungen Leuten Lehrwerkstätten, Schulunterricht, freie Mahlzeiten und ein geringer Lohn geboten. Um das Müllproblem in den Stadtteilen angehen zu können, die die Müllabfuhr nicht erreicht, teilt man an die Armen Nahrungsmittel im Tausch gegen Säcke mit wiederverwertbarem Müll aus.

Der amerikanische Schriftsteller Henry Thoreau, der Mann, der sagte, wir sollten »die Dinge vereinfachen«, wäre stolz auf die Curitibaner.

Kann sich die Menschheit selbst ernähren?

Noch drängender als das Problem der Überbevölkerung in den Städten durch den Anstieg der Weltbevölkerung sind die grundlegenderen Schwierigkeiten der mangelhaften Versorgung mit Nahrungsmitteln. Die schwierige Lage Äthiopiens fängt die Quintessenz der Hungersnöte auf dem afrikanischen Kontinent ein. Während der Hungersnot im Jahr 1985, von der die Weltpresse berichtete, litten 35 Millionen

Afrikaner akuten Hunger. Einigen Schätzungen zufolge erleben 150 Millionen Afrikaner ein gewisses Maß an Hunger und Unterernährung selbst in den Jahren ohne Dürre.

Die simple Antwort auf die Frage, ob wir den Hunger in der Welt akzeptieren müssen, lautet: »Nein, wir haben genug zum Leben.« Doch dann wird es schwierig.

Vor Jahren schrieb William Clark, der Präsident des Internationalen Instituts für Umwelt und Entwicklung:

> Viele detaillierte wissenschaftliche Untersuchungen haben gezeigt, daß die Bevölkerung des ganzen Planeten angemessen untergebracht und ernährt und mit einem Lebensunterhalt versorgt werden könnte, so daß sie nicht mehr in Furcht vor Armut leben müßte. Für die sechs oder mehr Milliarden Menschen, die zum Ende des Jahrhunderts hier leben werden, gibt es ausreichend Ressourcen. Die Frage ist, wie man mit den bestehenden Ressourcen umgeht. Der Schlüssel zur Zukunft ist das Konzept der nachhaltigen Entwicklung.
>
> Mit nachhaltiger Entwicklung meine ich den rationalen Umgang mit den Ressourcen, damit alle Grundbedürfnisse des Menschen erfüllt werden können. Damit eine Entwicklung nachhaltig sein kann, darf sie die langfristigen Kosten zugunsten kurzfristiger Erfolge nicht ignorieren. Die Sorge um die Umwelt ist kein Luxus, den sich nur die reicheren Nationen leisten können. Wenn irgendein Entwicklungsprojekt den Wald, den Boden, das Wasser oder die saubere Luft schädigt, dann ist das keine echte Entwicklung.

Clark und andere Fachleute auf dem Gebiet der Weltlandwirtschaft und der Entwicklung von Nahrungsmitteln sind sich einig: Die Unterernährung von derzeit etwa 500 Millionen Menschen resultiert nicht aus einem weltweiten Mangel an Ressourcen. Es besteht kein Zweifel, daß die

Menschheit genügend Lebensmittel erzeugen kann. Dennoch leiden Million Hunger, und Millionen sind unterernährt, weil die Natur bei der Zuteilung der Ressourcen nicht »fair« war. Hier wird es knifflig. Man braucht nationale und weltweite Wirtschaftsreformen. Aber wenn man anfängt, über die ungleiche Verteilung der Ressourcen der Erde zu sprechen, kann es geschehen, daß die Reichen die Armen mißtrauisch beäugen. Außerdem läßt jedes Gespräch über die »Umverteilung des Reichtums« all jene erschauern, deren Reichtum umverteilt werden soll.

Es gibt jedoch einige fundamentale und vernünftige Anpassungen, die man ohne Frage vornehmen muß, will man verhindern, daß täglich Zehntausende Säuglinge an Krankheiten sterben, die sich durch eine fehlerhafte und mangelnde Ernährung noch verstärken. Verbesserte landwirtschaftliche Techniken haben die Ernten bereits in vielen Gegenden bereits radikal gesteigert, in denen sich die Bewohner früher nur selbst ernähren konnten, wenn sie Grundnahrungsmittel einführten. Es würde schon helfen, wenn man ganz einfache Werkzeuge, die in Afrika noch heute verwendet werden, einsetzte, um die Ernteerträge zu steigern. Eine ausreichende Bewässerung und der Einsatz von Düngemitteln, die Anpflanzung der geeigneten Feldfrüchte und die Wiederaufforstung, um die Auswirkungen der Dürre und der Desertifikation aufzufangen – das alles sind einfache und relativ preiswerte Maßnahmen. Zum Beispiel bemüht sich Äthiopien nach Jahrzehnten unter einem marxistischen Regime und nach einem furchtbaren Bürgerkrieg, der die ohnehin verzweifelten Verhältnisse noch verschlimmerte, unter einer neuen Regierung um einen Neuanfang. Man hofft, Pläne umsetzen zu können, nach denen sich das Land selbst mit Lebensmitteln versorgen kann. Doch dies wird zehn Jahre in Anspruch nehmen. Und das ist noch eine optimistische Prognose. Lediglich zehn Prozent der äthiopischen Bauern stehen Düngemittel zur Verfügung, nur ein

Drittel besitzt einen Ochsen. Folglich braucht das Land zunächst Unterstützung durch Lebensmittel aus dem Ausland. Nur so kann die Versorgungslücke gefüllt werden, die nicht so sehr durch die Dürreperiode entstanden ist, sondern vielmehr durch einen inzwischen beendeten Bürgerkrieg und die verfehlte Wirtschaftspolitik der alten Regierung.

Wenn der Frieden in diesem ethnisch zerrissenen Land Bestand hat und wenn die Bauern erfolgreich ermuntert werden, könnte sich Äthiopien eines Tages selbst ernähren.

Ein weiteres großes Problem auf der ganzen Welt besteht darin, daß rund 40 Prozent der Getreideproduktion zur Fütterung des Viehs aufgewendet wird. In den Vereinigten Staaten sind es 90 Prozent! Man braucht mindestens zehn Kalorien Futtermittel, um eine Kalorie Rindfleisch zu erzeugen – ein absurd ineffizienter Weg der Nahrungsmittelherstellung. Dabei bleiben noch die großen Mengen Süßwasser unberücksichtigt, die zur Aufzucht des durstigen Viehs nötig sind – und das in einer Welt, die nur noch wenig Wasser im Tank hat.

Dies ist kein Aufruf zur Abschaffung unserer Nutz- und Haustiere: die meisten Tiere auf der Welt sind nämlich sehr »effizient«: Sie ernähren sich von Pflanzen, die der Mensch nicht nutzt – und zwar ohne schädigende Folgen für die Umwelt; es sei denn, ihre Anzahl stiege auf ein Niveau, das sich langfristig nicht halten läßt. Bereits eine geringe Einschränkung – nicht die völlige Beseitigung – des Rindfleischkonsums könnte bedeutende Folgen haben. Sogar die Regierung der Vereinigten Staaten hat schließlich Vernunft angenommen und ihre Bürger aufgefordert, weniger rotes Fleisch zu essen. Es ist nicht nur gut für den Rest der Welt, sondern auch für jeden einzelnen!

6

VERLOREN IM ALL?

Denn das ist offenbar jedem klar, daß sie [die Astronomie], die Seele nötigt, nach oben zu blicken, und daß sie sie von den Dingen hier fort nach drüben führt.

Platon, *Der Staat*

Das ist die ausbündige Narrheit dieser Welt, daß, wenn wir an Glück krank sind, [...] wir die Schuld unsrer Unfälle auf Sonne, Mond und Sterne schieben, als wenn wir Schurken wären durch Notwendigkeit; Narren durch himmlische Einwirkung; Schelme, Diebe und Verräter durch die Übermacht der Sphären.

Shakespeare, *König Lear*

Das ist ein neuer Ozean, und ich glaube, die Vereinigten Staaten müssen ihn befahren.

Präsident John. F. Kennedy

Wie groß ist das Universum?
Wie weit ist ein Lichtjahr?
Gab es einen Urknall?
Hat ein Asteroid die Dinosaurier umgebracht?
Meilensteine der Erkundung des Weltraums

Ich möchte die Leserinnen und Leser warnen – seien Sie auf der Hut. Wenn es Sie verblüfft hat, wie groß die Meere sind, könnte Ihnen beim Nachdenken über die Weite des Weltraums schwindlig werden. Wenn man erst einmal Fragen hinsichtlich des Weltraums stellt und überlegt, welchen Platz wir darin haben, erkennt man, wie winzig die Erde in dieser unvorstellbaren Weite ist. Solche Fragen hat man unter dem Begriff Astronomie zusammengefaßt, dem merkwürdigen Zwischenreich von Wissenschaft, Glauben, aufgeklärtem Verstand und metaphysischen Grübeleien.

Aber warum soll sich ein Buch über die Geographie der Erde überhaupt mit dem Weltraum befassen? Zum einen, weil die meisten Vorstellungen von der Welt durch die Beobachtung des Himmels entstanden – weshalb man die Astronomie auch als erste Wissenschaft bezeichnet. Die Kenntnis der Jahreszeiten, die Entwicklung des Kalenders und die Navigation resultierten allesamt aus den vor Jahrtausenden angestellten Beobachtungen des Himmels.

Zum anderen geht es in der Geographie um Erforschung und Entdeckung. Immer wieder wollte man wissen: »Was liegt hinter den Bergen?« – »Wer lebt auf der anderen Seite des Sees?« Auch wenn der Beweggrund oft Habgier war – oder das Verlangen, den Nachbarn zu beherrschen –, läßt sich doch nicht bestreiten, daß der Wunsch, die für uns unsichtbaren Orte kennenzulernen, ein wichtiges Motiv in der Geschichte darstellt. Da es auf der Erde immer weniger unerforschte Gegenden gibt, repräsentiert das Überschreiten der Grenzen der Schwerkraft daher die letzte »Grenze« und die womöglich lohnendste Erforschung unentdeckter Reichtümer.

Und schließlich gilt: Wenn es in der Geographie nicht nur um den Ort des Menschen auf der Erde geht, so ergibt es Sinn, verstehen zu wollen, wo sich unser Planet im Verhältnis zu den zahllosen Himmelskörpern befindet, die wir am Nachthimmel sehen – und auch zu dem großen, den wir am Tag sehen und der uns am Leben erhält, die Sonne. Deshalb möchte ich im folgenden die Geheimnisse des Universums, die sich um die Entstehung der Welt ranken, die Anfänge des Lebens und das Schicksal der Erde untersuchen. Dabei wollen wir ins All blicken, um zu erkennen, wohin die Menschheit steuert, und eine Antwort auf eine der wirklich großen Fragen suchen, nämlich: »Sind wir allein?«

Wie groß ist das Universum?

Die Astronomie wurde zu Recht als die erste und bedeutendste Wissenschaft bezeichnet. Man kann sie auch die schwierigste nennen. Das liegt aber nicht daran, daß sich die Astronomen nicht anstrengen oder begriffsstutzig sind. Im Gegenteil, mit Staunen vernimmt man, wie oft sie angesichts des ihnen zur Verfügung stehenden Instrumentariums recht hatten. Jahrhundertelang ähnelte der Astronom einem Chirurgen, der mit dem Küchenmesser Gehirnoperationen durchführte, und zwar bei abgeschaltetem Licht.

Bis in die jüngere Vergangenheit waren die Astronomen das wissenschaftliche Pendant zu den sechs blinden Männern, die einen Elefanten zu beschreiben versuchten, indem sie unterschiedliche Körperteile betasteten. Der eine befühlte den Schwanz und hielt den Elefanten für eine Schlange. Ein anderer griff nach dem Bein und hielt ihn für einen

Baumstamm. Als sie sich kein vollständiges Bild machen konnten, tasteten sie schließlich an den unterschiedlichen Körperteilen und stellten sich vor, wie wohl der Rest des Elefanten aussähe.

Durch die außergewöhnlichen Entdeckungen während der 1980er Jahre haben sich unsere Vorstellungen vom Universum radikal gewandelt. Das heißt nun aber nicht, daß man den Astronomen »Intelligenzpillen« verabreicht hätte. Man hat ihnen lediglich bessere Werkzeuge gegeben – genauer gesagt, bessere Brillen. Es wäre geradezu tollkühn sich vorzustellen, was Galileo, Kepler, Newton oder Einstein herausgefunden hätten, wenn sie über die Erkenntnisse und die technischen Möglichkeiten der modernen Astronomie verfügt hätten. Außerdem kann man seit den neunziger Jahren mit einer neuen Generation von Instrumenten in den Weltraum blicken, die imstande sind, Dinge zu sehen, die man noch nie gesehen hat, und uns einige fehlende Teile des riesigen Puzzles, genannt das Universum, liefern werden.

Zu den Grundideen, mit denen sich alle der Astronomie Unkundigen befassen müssen, zählt, daß man bei jedem Blick ins All die Zeit betrachtet. Das Licht, das die Fixsterne in der Tiefe des Weltraums aussenden, strahlte vor langer, langer Zeit. In diesem uralten Licht sind Hinweise enthalten, von denen sich die Wissenschaft die Beantwortung der vielen grundlegenden Fragen erhofft, die sich die Menschen stellen, seit sie Sonne, Mond und Sterne betrachten.

Uralte Gedanken hinsichtlich Größe und Form des Universums gingen in die Werke des Ptolemäus ein, dessen Vorstellung von einem um die Erde gruppierten Universum ungefähr 1 400 Jahre Bestand hatte. Diese Idee wurde allmählich in Frage gestellt, zunächst von Kopernikus und dann von Tycho Brahe und Johannes Kepler. Schließlich rief Galileo beim Papst hochgezogene Augenbrauen hervor, als er behauptete, die Erde sei gar nicht das Zentrum des Universums, sondern lediglich ein kleinerer Planet, der sich zusammen mit einigen anderen Planeten um die Sonne dreht.

Die Erde ist einer von neun Planeten – selbst diese Zahl steht heute in Frage, denn Pluto gehört möglicherweise zu einem anderen Sonnensystem –, der im Gravitationsbann unseres lebensspendenden Sterns, der Sonne, steht. Beginnt man die Zählung bei der Sonne, gibt es vier innere Planeten. Diese felsigen, kleinen – klein natürlich gemessen an den Maßstäben des Kosmos – Himmelskörper bezeichnet man als die *terrestrischen Planeten*.

Merkur: Der Merkur ist etwas größer als der Mond der Erde, aber so klein, daß er keine eigene Atmosphäre besitzt. Da der Planet deshalb die Wärme nicht zurückhalten kann, ist es sehr kalt auf ihm, obwohl er der Sonne am nächsten ist.

Venus: Die Venus ist der Planet, der in bezug auf die Größe der Erde am nächsten kommt. Er ist in Wolken eingehüllt, die vermutlich einen Treibhauseffekt erzeugen. Die Venus ist heiß genug, um Blei (bei 500 Grad Celsius) zum Schmelzen zu bringen. Sie ist einer von zwei Planeten, auf denen Raumschiffe gelandet sind (der Sowjetunion ist dieses Kunststück dreimal gelungen).

Erde (und ihr Mond): Die Erde ist der größte der vier terrestrischen Planeten. Er ist der einzige, auf dem es Wasser gibt, und offenbar der einzige mit tektonischer Aktivität.

Mars: Der Mars hat einen halb so großen Durchmesser wie die Erde. Man bezeichnet ihn auch als den Roten Planeten, weil das Eisen auf seiner felsigen Oberfläche rostet, was ihm auf den Aufnahmen seine charakteristische rötliche Patina verleiht. Auf dem Mars gibt es polare Eiskappen aus Trockeneis (Kohlendioxid). Außerdem befindet sich auf ihm der höchste Berg im gesamten Sonnensystem, ein erloschener

Vulkan namens Mons Olympus, der 27 Kilometer hoch ist und an der Basis einen Durchmesser von 625 Kilometern hat. Die berühmten »Kanäle«, die erstmals 1877 entdeckt wurden und von denen man glaubte, es handele sich um Anzeichen von Leben auf dem Planeten, existieren nicht; es handelt sich höchstwahrscheinlich um eine optische Täuschung. Bemannte Flüge zum Mars könnten bald denkbar sein.

Zwischen dem Mars und den anderen Planeten liegt ein Gürtel interplanetaren »Mülls«. Es handelt sich um einen **Asteroidengürtel**, geformt aus Elementarteilchen, die unter den richtigen Bedingungen vielleicht einen anderen Planeten gebildet hätten. Diese Himmelskörper reichen in ihrer Größe von winzigen Raumkieseln bis zu Ceres, einem Asteroiden mit einem Durchmesser von mehreren hundert Kilometern. Sie sind jedoch nichts weiter als »Kekskrümel« aus dem äußeren Weltraum, von denen einige gelegentlich den Weg der Erde kreuzen.

Jenseits dieses Gürtels liegen die *äußeren Planeten*, genannt die Jupiter-Planeten. Unsere Kenntnisse über sie haben wir durch die Entdeckungen vierer unbemannter Raumsonden, *Pioneer 1* und *2* und *Voyager 1* und *2*. Heute wissen wir, daß sich die vier großen Planeten insofern von den inneren Planeten unterscheiden, als sie möglicherweise einen festen Kern besitzen, jedoch von Schichten aus Flüssigkeit und Gas umhüllt sind.

Jupiter: Der größte Planet in unserem Sonnensystem ändert rasch sein Gesicht – sein »Tag« hat nur zehn Stunden. Wissenschaftler vermuten, daß der Jupiter – wie die Sonne – hauptsächlich aus Wasserstoff und Helium besteht. Der Jupiter besitzt viele Monde – bislang hat man 16 bestimmt – und ist so groß, daß er möglicherweise selbst einmal ein Stern war.

Saturn: Mit seinen berühmten Ringen ist der Saturn für den Laien wohl am leichtesten zu erkennen. Er ist der zweitgrößte Planet und hat 21 Monde; einer von ihnen, Titan, gehört zu den größten Satelliten im Sonnensystem und besitzt eine eigene Atmosphäre. Die sieben erkennbaren Ringsysteme bestehen aus Trümmerteilen, überwiegend Eis und Felsen. Ihre Größe reicht von Staubkörnern bis zu hausgroßen Felsen.

Uranus: Den Uranus kann man nicht mit bloßem Auge sehen. Er wurde erst 1781 entdeckt und ist der erste Planet, den man ausschließlich mit dem Fernrohr beobachtete. Er ist der drittgrößte Planet und hat 15 Monde – zehn von ihnen entdeckte die Raumsonde *Voyager 2* – sowie eine ganze Reihe dunkler Ringe. Die Äquatorebene des Planeten ist um 82° gegen die Bahnebene geneigt, so daß die Rotationsebene fast in der Bahnebene liegt und er sich »seitwärts« bewegt.

Neptun: Dieser viertgrößte Planet wurde erstmals 1846 beobachtet und nach dem römischen Meeresgott benannt. Neben seinen acht Monden und seinen eigenen Ringen besitzt er auch die stärksten Oberflächenwinde im Sonnensystem, die eine Geschwindigkeit von bis zu 2 500 Stundenkilometern erreichen. Sein großer Mond, Triton, hat eine eigene Atmosphäre und ist mit minus 242 Grad Celsius der kälteste bekannte Ort im Sonnensystem.

Pluto: Der neunte Planet in unserem Sonnensystem ist normalerweise am weitesten von der Sonne entfernt, zumeist 5,9 Milliarden Kilometer. Doch eine Exzentrizität in seiner Umlaufbahn hat Pluto vorübergehend in eine Position innerhalb der Umlaufbahn des Neptuns geführt, die bis in die neunziger Jahre dieses Jahrhunderts bestehen bleiben wird. Dies ist einer der Gründe, warum man Pluto für einen planetarischen Außenseiter hält. Anders als die anderen äußeren Planeten ist er außerdem klein, kalt und felsig. Sein einziger Mond heißt Charon. Derzeit wird darüber spekuliert, ob Pluto ein Asteroid ist, also ein von einem der anderen Planeten »entflohener« Satellit, oder vielleicht sogar ein Planet aus einem anderen Sonnensystem, den es in unser Sonnensystem verschlagen hat.

Unser Sonnensystem dreht sich natürlich um die **Sonne**, eine wirbelnde Masse aus Wasserstoff und Helium, die unter ständigen thermonuklearen Explosionen verbrennt. Diese Explosionen, die das Licht und die Wärme erzeugen, die das Leben auf der Erde erst möglich machten und es am Leben erhalten, beginnen im Kern der Sonne. Bis sie sich aus der Tiefe vorgearbeitet hat, benötigt die Sonnenenergie, die uns heute erreicht, 30 000 Jahre. Danach wird die Angelegenheit allerdings einfacher. Nachdem die Energie die Oberfläche erreicht hat, benötigt sie nur acht Minuten, um durch 150 Millionen Kilometer leeren Weltraum hinab zur Erde zu gelangen. (Es dauert fünfeinhalb Stunden, bis das Licht der Sonne Pluto erreicht.)

Es ist zwar unsere Sonne, die wir lieben, und doch ist sie ein recht gewöhnlicher Stern. Etwas Besonderes ist sie natürlich deshalb, weil sich unser merkwürdiger Planet namens Erde bislang als der einzige Ort erwiesen hat, der Leben hervorzubringen und zu erhalten vermag.

Die Sonne – und ihr feines kleines Sonnensystem, das mit uhrwerkhafter Regelmäßigkeit im Weltraum umherwirbelt – ist lediglich ein Fixstern unter einer großen Zahl von Sternen innerhalb einer Galaxis. Unsere Galaxis oder Sternsystem ist die Milchstraße; dies erklärt den Ursprung des Wortes Galaxis, das sich vom griechischen Wort *galaxias* für »milchig« herleitet. In Sommernächten wird der Grund für die Namensgebung erkennbar; dann ähnelt die Milchstraße einer großen, am Himmel ausgegossenen Pfütze Milch.

Wie die Sonne ein ganz normaler Stern ist, ist auch die Milchstraße in vielerlei Hinsicht eine typische Galaxis. In ihr gibt es rund 100 Milliarden Sterne. Die Milchstraße ähnelt in ihrer Gestalt ein wenig einem Windrädchen für Kinder, das sich mit seinen vier von der Mitte aus strahlenden Spiralarmen durch das Weltall dreht. Je näher man dem Mittelpunkt des Windrädchens kommt, desto dichter drängen sich die Sterne. Unser Sonnensystem liegt innerhalb der Milchstraße im Arm des Orionnebels. Das Licht braucht 100 000 Jahre, bis es von einer Seite der Milchstraße zur anderen gelangt.

Die Menschheit kennt zwar seit Jahrhunderten die Sterne der Milchstraße, und Immanuel Kant dachte schon vor über 200 Jahren über die Existenz weiterer Sternsysteme nach, doch entdeckt wurden sie erst in jüngerer Zeit. Bis 1923 meinte man sogar, Galaxien bestünden aus Gaswolken. Edwin Hubble, einer der bedeutendsten amerikanischen Astronomen, löste dieses Problem, als er in der Andromedagalaxis, die unserer Milchstraße am nächsten liegt, einzelne Sterne entdeckte. Es dauert 2 Millionen Jahre, bis das Licht des Andromedanebels unser Sternsystem erreicht. Hubble klassifizierte zudem erstmals die verschiedenen Galaxien: eiförmig (oder elliptisch), unregelmäßig oder spiralförmig wie unsere Milchstraße.

Über den leeren dunklen Weltraum sind vielleicht 100 Milliarden Galaxien verstreut, von denen jede Millionen oder Milliarden Sterne enthält. Die Sternsysteme wiederum versammeln sich zu Gruppen oder Superhaufen. Unsere Milchstraße und der nahegelegene Andromedanebel zählen zu den Spiralnebeln mit dem freundlich klingenden Namen »lokale Gruppe«, die mit 20 oder 30 Galaxien in dem intergalaktischen großen Bild recht klein wirkt. Diese lokale Gruppe liegt am Rand des Virgo-Superhaufens, der aus rund fünftausend Galaxien besteht. Zwischen den Superhaufen liegen »Löcher« – riesige Weltraumgebiete, in denen kein Licht der Sterne scheint. Diese bis in die 1980er

Jahre unbekannten Löcher trennen die Superhaufen der Galaxien und ähneln riesigen Weltraumwüsten, allerdings mit einem Unterschied: Sie liegen Millionen Lichtjahre voneinander entfernt.

Wie groß ist also der Kosmos? Sagen wir es rundheraus: unvorstellbar groß. Die Astronomen können bis zu einer Entfernung von zehn Millionen Lichtjahren blicken. Das ist möglicherweise aber nur ein Teil des Universums, das buchstäblich eine unbekannte Größe ist. Wenn Ihnen diese Zahlen immer noch nicht imponieren, zählen Sie doch einmal die Sterne. Die jüngste Schätzung der Zahl der Sterne in den Galaxien des sichtbaren Weltraums lautet: eine Sextillion, das ist eine 1 mit 21 Nullen.

Wie weit ist ein Lichtjahr?

Neben unserem Stern, der Sonne, ist der unserer Erde nächstgelegene Fixstern Proxima Centauri. Er ist ein entfernter Bekannter des besser bekannten Alpha Centauri. Beide Fixsterne sind lediglich 4,3 Lichtjahre entfernt, das heißt, es dauert nur etwas mehr als vier Jahre, bis das Licht dieser Sterne die Erde erreicht. Man kann es auch anders ausdrücken: das sind mehr als 40 Billionen Kilometer. Dies ist im übrigen die durchschnittliche Entfernung zwischen den meisten Sternen.

Die Distanz zwischen den Sternen ist so groß, daß die übliche Entfernungsmessung mit den bekannten Maßeinheiten unpraktikabel ist. Um das Ganze zu vereinfachen, hat man daher eine handhabbare astronomische Einheit eingeführt. Ein Lichtjahr mißt die Entfernung, die Licht, das sich mit einer Geschwindigkeit von 300 000 Kilometern pro Sekunde bewegt, in einem Jahr zurücklegt. Ein Lichtjahr entspricht 9,4605 Billionen Kilometern.

Gab es einen Urknall?

Die meisten – wenn nicht alle – Kosmologen beantworten die Frage mit »ja«. Wie Darwins »Theorien« oder die »Theorie« der Plattentektonik kann auch die *Big Bang*- oder Urknalltheorie, die die Entstehung des Universums erklären will, lediglich widerlegt, nicht aber bewiesen werden. Doch sie wird von immer mehr Indizien gestützt. Dennoch ist es klug, sich daran zu erinnern, daß auch die gebildetsten Menschen die Erde einst für den Mittelpunkt des Universums hielten und Galileo wegen seiner Theorien als Schwachkopf und Ketzer galt. Aber um eine Welt der Vorurteile zu erschüttern, bedarf es nur einer einzigen Entdeckung.

Im Kern behauptet die Urknalltheorie, daß Zeit und Raum – alle Materie – in einem einzigen Augenblick entstanden, und zwar während einer heißen, dichten Explosion vor 10 bis 20 Milliarden Jahren. Diese Auffassung vertrat 1927 der belgische Priester Georges Lemaître, der meinte, daß das Universum mit der Explosion eines »Uratoms« begann, in dem die gesamte Masse des Universums auf extrem winzigem Raum konzentriert war. In den ersten wenigen Millionenbruchteilen einer Sekunde habe sich der Raum in einer extrem kurzen Zeit unglaublich schnell ausgebreitet.

Die Vorstellung von der Schöpfung durch eine Art Urexplosion untermauerte der amerikanische Astronom Edwin Hubble, der die Galaxien entdeckte. Ungefähr zur selben Zeit bestimmte Hubble, daß sich die Galaxien von der Erde fortbewegten. Genauer gesagt, die Sternsysteme entfernten sich voneinander. Zudem fand er heraus, daß sich eine Galaxie umso schneller bewegt, je weiter sie entfernt ist. Sehr einfach ausgedrückt, war dies die Grundlage für die Theorie, daß sich das Universum ausweitet.

Stellen Sie sich einen Wasserballon vor, der zu Boden fällt. Wenn er auftrifft, breitet sich das Wasser vom Mittelpunkt des Aufpralls aus. Je größer der Ballon ist, desto mehr

Wasser wird verschüttet, das heißt, desto größer wird die Pfütze, die sich vom Mittelpunkt aus ausbreitet. Daher mußte irgend etwas, so wie ein kosmischer Wasserballon, der im Augenblick des Aufpralls eine immense Wasserpfütze entstehen läßt, die Galaxien nach außen geschleudert haben. Dieses Etwas war vermutlich der Urknall.

Den nächsten wichtigen Anhaltspunkt entdeckten 1965 die beiden Physiker Arno Penzias und Robert Wilson, die für die *Bell Telephone Laboratories* arbeiteten. Während die beiden Männer versuchten, ihre Radiowellenantenne zu verfeinern, hörten sie ein radiowellenartiges »Zischen«, das sie als Überbleibsel der Urexplosion deuteten.

Im Frühjahr 1992 gab schließlich eine Forschergruppe der *Lawrence Livermore Laboratory* in Kalifornien unter der Leitung des Astrophysikers George Smoot eine verblüffende Entdeckung bekannt, die die Urknalltheorie stützte. Die neuen Daten hatte der *Cosmic Background Explorer* (COBE) ermittelt. Dieser 160 Millionen Dollar teure amerikanische Satellit war 1989 zur Messung der elektromagnetischen Strahlung im Weltraum entsendet worden. Die Forschergruppe beschrieb ihre Entdeckung als »Falten« im weichen »Stoff« des Universums und schätzte deren Alter auf 300 000 Jahre nach dem Urknall – das ist ein blitzlichtkurzer Punkt in der kosmischen Zeit.

Stellen Sie sich nun wieder den Wasserballon vor. Schließlich breitet sich das Wasser nicht mehr weiter aus. Das ist nur eine der vielen, unbeantworteten Fragen über den Urknall und die Zukunft des Universums. Wird es sich weiter ausdehnen und sich unendlich nach außen bewegen? Oder wird es an eine Grenze stoßen, an einen Punkt der maximalen Ausweitung, an dem die kollektive Schwerkraft allmählich alle kosmologischen Körper wie ein Jojo zurück zum Mittelpunkt zieht? Diese Möglichkeit bezeichnet man als »Big Crunch« (der englische Begriff bezeichnet eine Art knisterndes Sich-Zusammenziehen).

Aber wie die Antwort auch ausfallen mag, man braucht sich nicht den Kopf darüber zu zerbrechen. Es geht hier um einen Zeitraum von mehreren Milliarden Jahren.

Das neue Datenmaterial stützt zudem eine Theorie, die die astrophysikalischen Beliebtheitsskalen rauf und runter gegangen ist. Ihr zufolge besteht der Kosmos zum großen Teil aus dunkler Materie, die wir nicht sehen können.

Hat ein Asteroid die Dinosaurier umgebracht?

KILLER-ASTEROIDEN AUS DEM ALL! – das klingt wie der Titel eines schlechten Science-Fiction-Films aus den fünfziger Jahren. Aber könnte es auch eine Schlagzeile sein, die wir irgendwann in der Zeitung als Ankündigung eines Zusammenpralls der Erde mit einem interplanetaren Trümmerteil lesen, was eine verheerende Explosion auslösen und die ganze Menschheit auslöschen kann?

Das ist nicht so ungewöhnlich, wie es klingt. Manche Astronomen nehmen die Möglichkeit allerdings ernster als andere. Aber viele halten diesen Fall für so unwahrscheinlich, daß sie ihre begrenzten wissenschaftlichen Mittel oder ihre kostbare Forschungszeit dafür nicht aufwenden wollen. Immerhin haben die amerikanische Raumfahrtbehörde (NASA) und der amerikanische Kongreß die Frage so ernst genommen, daß sie ihr einigermaßen gründlich nachgegangen sind.

Rufen wir uns das bisherige Geschehen in Erinnerung. Man weiß, daß Asteroiden in die Erdatmosphäre gelangen, und zwar in Form kleiner Meteore und Meteoriten. Normalerweise verglühen sie oder landen im Meer oder in irgendeiner menschenleeren Gegend, ohne Schaden anzurichten. Gelegentlich schlägt ein Stein ein Loch in jemandes Dach.

Abb. 12: Coon Butte oder Canon Diablo, ein Meteorkrater in Arizona. Mit freundlicher Genehmigung des *Department of Library Services, American Museum of Natural History.*

Doch manchmal sind Meteoriten nicht so klein. Im Bundesstaat Arizona gibt es einen riesigen Krater. Früher ging man davon aus, daß er durch Vulkantätigkeit entstanden ist, doch inzwischen weiß man, daß der Aufprall eines Meteors ihn verursacht hat. Außerdem hat man genügend Meteorkrater gefunden, um sicher zu sein, daß so etwas geschehen kann. So hat ein Krater im Süden Australiens einen Durchmesser von rund 160 Kilometern. Auch geschahen solche Zusammenstöße nicht nur vor Millionen Jahren. Einmal in diesem Jahrhundert – möglicherweise zweimal – ist es zu einem »Zusammenstoß« der Erde mit fremder Materie aus dem Weltraum gekommen.

Das erste dieser Ereignisse jüngeren Datums fand 1908 in der Gegend von Tunguska in Sibirien statt. Die Explosion machte hier eine riesige Gegend dem Erdboden gleich und zerstörte Millionen Bäume in einem Waldgebiet von 3 100 Quadratkilometern Größe. Die Bäume, die stehen blieben, neigten sich alle vom Punkt des Aufpralls fort. Es wurden jedoch keine Spuren eines Meteors entdeckt – keine Hinweise darauf, daß irgend etwas tatsächlich auf der Erde niedergegangen war. Heute geht man davon aus, daß es sich bei dem Tunguska-Ereignis um einen Asteroiden oder das eisige Stückchen eines Kometen handelte, der oder das gegen die Erdatmosphäre stieß und dann – wie ein Stein, der über einen See hüpft – in den Weltraum zurückprallte. Die Zerstörungskraft dieser kosmischen Kollision hat man mit der Explosionskraft von 20 Wasserstoffbomben verglichen (ohne die Strahlung, die eine Nuklearwaffe aussendet). Die Explosion wirbelte zudem eine enorme Menge Staub auf und zerstörte möglicherweise eine erhebliche Menge des schützenden Ozons in der Atmosphäre. Wissenschaftler schätzen, daß das Objekt, das die Zerstörung verursachte, ungefähr einen Durchmesser von 50 Metern hatte.

Beim zweiten Zusammenprall sind die Erkenntnisse weniger sicher. Doch 1978 wurde im Südatlantik eine riesige Explosion registriert. Damals wurde sie der Detonation einer Atombombe zugeschrieben, vielleicht einem Atomwaffentest Südafrikas oder Israels. Wie vorherzusehen war, verneinten beide Staaten diesen Vorfall. Heute vermuten Astronomen, daß es sich um einen recht kleinen Asteroiden handelte, der beim Auftreffen auf der Erde eine Energie von 100 Kilotonnen TNT entwickelt hatte. Damit wäre er weitaus zerstörerischer gewesen als die Bombe, die Hiroshima vernichtete.

1991 sahen dann Astronomen, die in Arizona ein Teleskop namens Spacewatch benutzten, wie ein Asteroid leise vorüberflog. An der nächsten Stelle war der Asteroid etwa 180 000 Kilometer entfernt. Das scheint weit, ist es aber nicht, wenn es um den Weltraum und die Kreuzungspunkte von Planeten geht. Wäre der Asteroid, der ungefähr einen Durchmesser von neun Metern hatte, auf der Erde aufgetroffen, hätte er die Energie von drei Hiroshima-Bomben freigesetzt.

Die bedeutendste Frage von alldem ist aber, ob ein solches Ereignis irgend etwas mit dem Aussterben der Dinosaurier zu tun hat. Viele Forscher gehen heute davon aus, daß die Ursache für das Massensterben der Dinosaurier vor 65 Millionen Jahren der Aufprall eines riesigen Asteroiden war, der unweit von Yucatán, Mexiko, in das Karibische Becken stürzte. Diese Theorie entwickelten erstmals Walter und Luis Alvarez zu Beginn der 1980er Jahre. Der Killer-Asteroid wirbelte eine riesige Wolke von Trümmern auf, die die ganze Welt monatelang in Dunkelheit tauchte. Der Feuerball erzeugte einen tödlichen chemischen Regen und veränderte die Zusammensetzung der Atmosphäre, möglicherweise auf Jahrhunderte – eben den Zeitraum, in dem die Dinosaurier ausstarben. Das ist ein verbreitetes Mißverständnis. Die Dinosaurier verschwanden nicht im Nu. Ihr Aussterben zog sich über eine lange geologische Periode hin.

Dies entspricht der Theorie des K-T-Aussterbens – so genannt, weil das Ereignis vermutlich an der Zeitgrenze zwischen der *K*reidezeit und dem *T*ertiär stattfand. Sie wurde durch geologische Hinweise anderer außerirdischer Einflüsse untermauert, die sich zu verschiedenen Zeiten vollzogen und zu einem ähnlichen Massensterben führten.

Natürlich handelt es sich hier um eine Theorie, der nicht alle Forscher zustimmen. Viele Paläontologen gehen zwar davon aus, daß ein solcher Aufprall vielleicht stattgefunden hat, weisen aber die Vorstellung zurück, daß er ein Massensterben verursachte. Ein Grund dafür ist, daß sehr viele andere Tiere, die zu der Zeit existierten, überlebt haben.

Es ist ein interessantes Gesellschaftspiel, das man vielleicht schon bald lösen könnte. Doch bleibt die Frage bestehen, ob so etwas noch einmal geschehen könnte. Bis heute ist kein Mensch, kein Tier von einem Meteoriten getötet worden – bis auf einen Hund, der 1911 in Ägypten von einem Meteoriten erschlagen worden sein soll. Wenn Sie ein Spielertyp sind, können Sie ja einmal ihre Chancen abwägen. Das Forscherteam der NASA, das diese Möglichkeit untersuchte, sah die Chancen als gering, aber nicht als verschwindend gering an. Demnach besteht die Möglichkeit, daß ein Asteroid, der ernsthaften Schaden auf der Erde anrichten könnte, alle 500 000 Jahre einmal die Erde trifft. Laut einer Schätzung bedeutet das: Die Chance eines Menschen, der siebzig Jahre alt wird, zu erleben, daß die Erde durch den Aufprall eines Asteroiden erschüttert wird, beträgt 1 zu 7 000. Im Vergleich dazu ist das Risiko, bei einem Autounfall ums Leben zu kommen, sehr viel größer – 1 zu 100 –, und das Risiko, bei einem Flugzeugabsturz umzukommen, beträgt 1 zu 20 000. Wie heißt es doch in einer Redewendung: »Wer die Wahl hat, hat die Qual.«

Meilensteine der Erkundung des Weltraums

1919: Der amerikanische Wissenschaftler Robert H. Goddard (1882-1945) veröffentlicht einen Aufsatz mit dem Titel »A Methode of Reaching Extreme Altitudes«. Darin schlägt er vor, mit Hilfe von Raketen ein kleines Fahrzeug zum Mond zu entsenden. Als der Vorschlag in der Presse allgemein kritisiert wird, beschließt Goddard, sich keinen weiteren Spötteleien auszusetzen. Seine Ideen werden von der US-Regierung ignoriert, erregen aber in Deutschland große Aufmerksamkeit.

1926: Robert Goddard startet die erste Flüssigkeitsrakete.

1929: Der amerikanische Astronom Edwin Hubble (1889-1953) beweist: Je weiter eine Galaxie entfernt ist, desto schneller entfernt sie sich von der Erde. Bekannt als Hubble-Effekt, bestätigt diese Entdeckung, daß sich das Universum ausdehnt.

1930: Der Planet Pluto wird entdeckt.

1938: Bei Experimenten mit einer Flüssigkeitsrakete unter der Leitung des Ingenieurs Wernher von Braun (1912-1977) gelingt es, eine Rakete zu fertigen, die 18 Kilometer weit fliegen kann. 1944 werden verbesserte Modelle dieser Rakete als V-1 und V-2 gestartet und als Bomben mit Eigenantrieb gegen England gerichtet. Nach dem Krieg wird von Braun in die USA geholt und leitet dort die Entwicklung des amerikanischen Raketenprogramms, das schließlich einen Menschen zum Mond bringt. Außerdem entwickelt er die Konzeption der Weltraumfähre.

1939: Der amerikanische Physiker J. Robert Oppenheimer, der später das Atomenergieprogramm der USA (Manhattan-Projekt) leitete, das die erste Atombombe während des Zweiten Weltkriegs entwickelte, erarbeitet die Theorie der »Schwarzen Löcher«. Oppenheimer rechnet: Wenn die Masse eines Sterns 3,2 mal größer als die der Sonne ist, wird ein durch den Mangel an nach innen wirkender Strahlung verursachter Zusammenbruch des Sterns dazu führen, daß er sich zu einem Punkt konzentriert.

1949: In Cape Canaveral, Florida, wird ein Raketenversuchsgelände errichtet.

1957: Die erste Weltraumkapsel, *Sputnik 1*, startet im Oktober vom Boden der UdSSR. Ihr folgt im selben Jahr *Sputnik 2*, in der ein Hund mitfliegt.

1961: Die UdSSR schickt erstmals einen Menschen, den sowjetischen Kosmonauten Juri Gagarin, in eine Umlaufbahn um die Erde.
Alan B. Shepard wird der erste Amerikaner im Weltraum, als seine Raumkapsel *Mercury 3* einen suborbitalen Flug beendet. Virgil I. Grissom wird der zweite Amerikaner im All.

1962: John Glenn ist der erste Amerikaner, der die Erde umkreist. Später im selben Jahr vollendet M. Scott Carpenter drei und Walter M. Schirra sechs Erdumkreisungen.

1963: Die sowjetische Kosmonautin Valentina Tereschkowa-Nikolajewa ist die erste Frau im Weltraum.

1965: Bei dem Versuch, ihre Funkausrüstung zu verbessern, entdecken Arno Penzias und Robert Woodrow Wilson zufällig die Radiowellenüberreste des Urknalls; diese Entdeckung überzeugt die meisten Astronomen von der Richtigkeit der Urknalltheorie.

1966: Die sowjetische Raumsonde *Venera 3* erreicht die Venus und ist damit der erste von Menschen gefertigte Gegenstand, der auf einem anderen Planeten landet.

1967: Drei amerikanische Astronauten – Virgil Grissom, Edward H. White II. und Roger Chaffee – kommen bei einem Bodentest eines Apollo-Raumschiffs ums Leben. Im selben Jahr stirbt der sowjetische Kosmonaut Wladimir M. Komarow, als die Raumkapsel *Sojus I* zur Erde zurückkehrt.

1968: Der erste bemannte Raumflug um den Mond durch die Raumfahrtmission *Apollo 8*. Der Mond wird zehnmal umkreist.

1969: Die Raumsonde *Mariner 6* fliegt nahe am Mars vorbei und übermittelt Bilder und weiteres Datenmaterial zur Erde.

1969: Am 11. Juli landet die *Apollo 11* erfolgreich auf dem Mond. Der amerikanische Astronaut Neil Armstrong ist der erste Mensch auf dem Mond. Ihm folgt Colonel Edwin Aldrin. Im November findet mit *Apollo 12* die zweite bemannte Mondlandung statt. Man versucht **1970** eine dritte Landung, die jedoch wegen eines Fehlers in der Ausrüstung abgebrochen werden muß.

Stimmen der Geographie: Neil Armstrong

Von allen eindrucksvollen Aussichten, die sich uns boten, beeindruckte mich am stärksten die auf dem Weg zum Mond, als wir durch seinen Schatten flogen. Wir waren immer noch Tausende Meilen entfernt, aber nahe genug, so daß der Mond unser Kreisfenster fast ausfüllte. Von unserer Position aus gesehen verdunkelte er die Sonne. Ihre Leuchtatmosphäre war am Rand des Mondes als gigantisches, linsenförmiges oder untertassenförmiges Licht zu sehen, das sich zu mehreren Monddurchmessern ausdehnte. Es war großartig, aber der Mond war noch großartiger. Wir befanden uns in seinem Schatten, so daß kein Teil des Mondes von der Sonne erleuchtet war. Er wurde lediglich durch den Schein der Erde erhellt. Dadurch wirkte er blaugrau, das gesamte Bild sah eindeutig dreidimensional aus. [...]

Der Himmel ist schwarz, sehr schwarz. Dennoch kam er uns mehr wie Tageslicht und weniger wie Dunkelheit vor, als wir aus dem Fenster blickten. Es war schon merkwürdig, aber die Mondoberfläche wirkte freundlich und einladend. Es war die Art »Wetter«, bei dem man sich gern, nur mit einer Badehose bekleidet, ein wenig sonnen möchte. Vom Cockpit aus wirkte die Oberfläche bräunlich. Das kann man schwer erklären, denn als ich später dieses Material in der Hand hielt, war es überhaupt nicht braun. Es war eher schwarz, grau. Es ist eine Art Lichteffekt, aber vom Fenster aus sieht die Oberfläche eher wie heller Wüstensand aus, nicht wie schwarzer Sand. [...]

Meilensteine der Erkundung des Weltraums
(Fortsetzung)

1972: Die USA starten *Landsat 1*, den ersten Erderkundungssatelliten.
Die US-Raumsonde *Pioneer 10* startet. Es wird das erste von Menschen gemachte Objekt sein, das das Sonnensystem verläßt.

1973: *Pioneer 11* fliegt an den Planeten Jupiter und Saturn vorbei, entdeckt den elften Mond Saturns und zwei neue Ringe.
Drei US-Raumlaborflüge werden unternommen.

1975: Im Juni umkreist die sowjetische *Venera 9*, eine Muttersonde mit Landegerät, erfolgreich den Planeten Venus, landet und übermittelt die ersten Aufnahmen von der Oberfläche.

Im August landet die US-amerikanische *Viking 1* auf dem Mars. Es ist die erste amerikanische Raumsonde auf einem anderen Planeten; sie übermittelt immense Mengen an Daten zur Erde. Im September wiederholt *Viking 2* diesen Erfolg. Ihre Suche nach Zeichen von Leben erbringt keine eindeutigen Hinweise.

1977: Die amerikanischen Raumsonden *Voyager 1* und *Voyager 2* starten zu einer Reise zum Jupiter und zu den äußeren Planeten.

1980: Ein Team unter der Leitung von Walter Alvarez und seinem Vater, dem Physik-Nobelpreisträger Luis Walter Alvarez (1911-1988), entdeckt eine dünne Lehmschicht aus der Zeit zwischen Kreide und Tertiär. Diese Periode ist durch das Aussterben vieler Tierarten gekennzeichnet, darunter auch der Dinosaurier. Der Lehm enthält das Schwermetall Iridium, eine chemische Verbindung, die häufig in Meteoren vorkommt. Das führt das Forscherteam zu der Vermutung, daß ein gigantischer Körper aus dem All mit der Erde zusammenstieß und das Aussterben der Dinosaurier verursachte. Spätere Entdeckungen lokalisieren die wahrscheinliche Aufprallstelle im Karibischen Becken nahe Yucatán, Mexiko.

1981: Der erste Flug der *Columbia*, der ersten Raumfähre. Die *Columbia* startet später im selben Jahr noch einmal und ist somit das erste Raumflugzeug, das zweimal genutzt wurde.

1983: Der zweite Raumtransporter, die *Challenger*, wird erfolgreich gestartet. Auf einem zweiten *Challenger*-Flug in selben Jahr ist Sally K. Ride die erste Amerikanerin im Weltraum. Eine dritte *Challenger*-Mission entsendet den ersten schwarzen Astronauten, Guion S. Bluford, Jr., ins All.

1984: Während des vierten Fluges der *Challenger* unternehmen zwei Astronauten den ersten freischwebenden Weltraumspaziergang, wobei sie düsenangetriebene Rucksäcke verwenden.

1986: Die Raumfähre *Challenger* explodiert. 73 Sekunden nach dem Start kommen die sechs Astronauten und die Lehrerin Christa McAuliffe ums Leben.

1989: Die NASA startet die »Mission to Planet Earth«. Mit dem Aufruf zur internationalen wissenschaftlichen Zusammenarbeit soll die Messung von Umweltdaten erleichtert werden.
Die US-Raumsonde *Magellan* vermißt die Venus mit bis dahin unbekannter Genauigkeit.

1990: Die Raumsonde *Voyager 1*, die 1977 gestartet war, fliegt an den Planeten Jupiter und Saturn vorbei und macht die erste Aufnahme des Sonnensystems.
Start des *Hubble Space Telescope*, eines 2,1 Dollar Milliarden teuren Raumteleskops, mit dem man weiter ins Weltall spähen kann als je zuvor. Kurz darauf wird an einem der Parabolspiegel ein Materialfehler entdeckt, der die Funktionstüchtigkeit des Teleskops stark beeinträchtigt. Ein Reparaturflug durch Astronauten der Raumfähre, die neue Linsen einbauen sollen, fand **1994** statt.

1992: Trotz des Defekts übermittelt das Hubble-Teleskop Informationen zur Erde. Darunter sind Daten über den heißesten Stern, der je entdeckt wurde – er ist 33mal heißer als unsere Sonne.
Ein Forscherteam des *Lawrence Livermore Laboratory* unter der Leitung von George Smoot verkündet die Entdeckung von elektromagnetischen Wellen im Weltraum, die der *Cosmic Background Explorer* (COBE) aufgespürt hat und die bedeutende Hinweise liefern, die die Urknalltheorie stützen.
Drei Astronauten, die außerhalb der neuesten Raumfähre, der *Endeavour*, arbeiten, bergen während eines beispiellos wagemutigen Weltraumspaziergangs einen Weltraumsatelliten und weisen so den Nutzen des vielgescholtenen Raumtransporterprogramms nach.

ANHANG I

MASSEINHEITEN

Knoten: »Knoten« ist keine Entfernung, sondern ein Maß der Geschwindigkeit und entspricht einer Seemeile pro Stunde. Mit ihm mißt man die Geschwindigkeit (Fahrt) eines Schiffes. Der Begriff leitet sich von der Praxis früherer Seeleute her, eine geknotete Leine über die Seite des Schiffes zu werfen. Die Zahl der Knoten, die in einem bestimmten Zeitraum ins Wasser gelassen wurden, bestimmte dabei die Geschwindigkeit des Schiffes.

Meile: Dieses in den USA und anderen englischsprachigen Ländern übliche Längenmaß entspricht als Landmeile 1 609,344 Metern. Die nautische Meile ist die Maßeinheit, die man für Messungen auf See und in der Luft verwendet, und entspricht 1 852 Metern. Das Wort kommt aus dem Lateinischen *mille passum* (= »tausend Schritt«).

Astronomische Einheit (AE): In der Astronomie benutzt, weil die herkömmlichen Maßeinheiten nicht praktikabel sind; die AE entspricht der Entfernung von 150 Millionen Kilometern, der durchschnittlichen Entfernung zwischen Erde und Sonne.

Lichtjahr: Ein Lichtjahr ist gleich 9,4605 Billionen Kilometer. Aber seien wir nicht kleinlich und sagen: 10 Billionen Kilometer. Das ist die Entfernung, die Licht in einem Vakuum in einem Jahr mit einer Geschwindigkeit von 2 999 792

Kilometern pro Sekunde zurücklegt. Wenn man eine astronomische Einheit als 2,5 Zentimeter darstellte, entspräche ein Lichtjahr ungefähr anderthalb Kilometern. Benutzt man für Messungen im interstellaren Raum.

Parsec: Und Sie haben geglaubt, diese Maßeinheit hätten sich die Autoren der Serie *Star Trek* ausgedacht! Der Begriff ist eine Kombination aus *par*allax und *sec*ond (Sekunde) (Parallaxensekunde, Sternweite). Die Entfernung beträgt ungefähr 3,26 Lichtjahre. Die Maßeinheit wird für die Messung von interstellaren Entfernungen verwandt.

Metrische Maße

Längenmaße

10	Millimeter	=	1	Zentimeter
10	Zentimeter	=	1	Dezimeter
		=	100	Millimeter
10	Dezimeter	=	1	Meter
		=	1 000	Millimeter
10	Meter	=	1	Dekameter
10	Dekameter	=	1	Hektometer
10	Hektometer	=	1	Kilometer
		=	1 000	Meter

Flächenmaße

100	Quadratmillimeter	=	1	Quadratzentimeter
10 000	Quadratzentimeter	=	1	Quadratmeter
100	Quadratmeter	=	1	Ar
100	Ar	=	1	Hektar
		=	10 000	Quadratmeter
100	Hektar	=	1	Quadratkilometer
		=	1 000 000	Quadratmeter

ANHANG II

DIE NATIONEN DER WELT

Die folgende Liste führt die Namen der 178 Mitglieder der Vereinten Nationen (UN) auf, unterteilt nach den Kontinenten. Nationen, die nicht Mitglied sind, sind gesondert am Ende der Liste aufgeführt.

Afrika

Ägypten
Algerien
Angola
Äquatorialguinea
Äthiopien

Benin
Botswana
Burkina Faso
Burundi

Dschibuti

Elfenbeinküste

Gabun
Gambia
Ghana
Guinea
Guinea-Bissau

Kamerun
Kap Verde
Kenia
Komoren
Kongo

Lesotho
Liberia
Libyen

Madagaskar
Malawi
Mali
Marokko
Mauretanien
Mauritius
Moçambique

Namibia
Niger

Ruanda

Sambia
São Tomé und Príncipe
Senegal
Seychellen
Sierra Leone
Simbabwe
Somalia
Südafrika

Sudan
Swasiland

Tansania
Togo
Tschad
Tunesien

Uganda

Zaire
Zentralafrikanische
Republik

Asien

Afghanistan
Aserbeidschan
(ehem. Sowjetrepublik)

Bahrain
Bangladesh
Bhutan
Brunei
Birma/Myanmar

China

Indien
Indonesien
Irak
Iran
Israel

Japan

Jemen
Jordanien

Kambodscha
Kasachstan
(ehem. Sowjetrepublik)
Katar
Korea
(Demokratische Volksrepublik Korea = Nordkorea)
Korea
(Republik Korea = Südkorea)
Kuwait
Kirgisien
(ehem. Sowjetrepublik)

Laos
(Demokratische Volksrepublik)

Libanon

Malaysia
Malediven
Mongolische Volksrepublik

Nepal

Oman

Pakistan
Philippinen

Saudi-Arabien
Singapur
Sri Lanka

Syrien
Tadschikistan (ehem. Sowjetrepublik)
Thailand
Türkei

Turkmenistan (ehem. Sowjetrepublik)

Usbekistan (ehem. Sowjetrepublik)

Vereinigte Arabische Emirate
Vietnam

Zypern

Australien (einschließlich Ozeanien bzw. die Pazifischen Inseln)

Australien

Fidschi

Marshallinseln
Mikronesien

Neuseeland

Papua-Neuguinea

Samoa
Solomoninseln

Vanuatu

Europa

Albanien

Belgien

Bosnien-Herzegowina (ehem. jugoslawische Republik)

Bulgarien

Dänemark
Deutschland

Estland

Finnland
Frankreich

Griechenland
Großbritannien

Irland
Island
Italien

Jugoslawien
(besteht aus den Republiken Serbien und Montenegro)

Kroatien
(ehem. jugoslawische Republik)

Lettland
Liechtenstein
Litauen
Luxemburg

Malta

Moldawien
(ehem. Sowjetrepublik)

Niederlande
Norwegen

Österreich

Polen
Portugal

Rumänien
Rußland
(liegt sowohl in Europa als auch in Asien)

Schweden
Slowakische Republik
Slowenien
(ehem. jugoslawische Republik)
Spanien

Tschechische Republik
Ukraine
(ehem. Sowjetrepublik)

Ungarn

Weißrußland
(ehem. Sowjetrepublik Belorussia)

Nordamerika
(einschließlich der Karibischen Inseln)

Antigua und Barbuda

Bahamas
Barbados

Dominica
Dominikanische Republik

Grenada

Haiti

Jamaika

Kanada
Kuba

Mexiko

St. Kitts und Nevis
St. Lucia
St. Vincent and the Grenadines

Trinidad und Tobago

Vereinigte Staaten von Amerika

Südamerika
(einschließlich Mittelamerika)

Argentinien

Belize
Bolivien
Brasilien

Chile
Costa Rica

Ecuador
El Salvador

Guatemala
Guyana

Honduras

Kolumbien

Nicaragua

Panama
Paraguay
Peru

Surinam

Uruguay

Venezuela

Die folgenden Nationen oder Staaten sind nicht Mitglied der Vereinten Nationen:

Asien

Armenien
(ehemals Sowjetrepublik)

Taiwan
(1971 in den Vereinten Nationen durch China ersetzt)

Europa

Andorra

Georgien
(ehemals sowjetische Republik)

Mazedonien
(ehem. Republik Jugoslawiens; der Name ist wegen der gleichlautenden griechischen Region umstritten)

Schweiz

Vatikanstadt

Ozeanien

Kiribati

Nauru

Tonga
Tuvalu

LITERATUR

Im folgenden sind Bücher zum Thema allgemein sowie zu den Einzelthemen der verschiedenen Kapitel aufgeführt. Überwiegend handelt es sich um Werke, die den neuesten Kenntnisstand widerspiegeln. Am Ende finden sich Bücher, die für Kinder geeignet sind.

Allgemeines

Abc Kartenkunde, in: R. Ogrissek (Hrsg.), Thun u. a. 1983.

Brucker, A. et al, *Die Welt auf einen Blick*, München 1981.

Carey, M.; Warmington, E. H., *Die Entdeckung der Antike*, Zürich 1966.

Goudi, A., *Physische Geographie. Eine Einführung*, Heidelberg 1995.

Grosjean, G., *Geschichte der Kartographie*, Bern 1980.

Emersleben, O., *Länder des Goldes. Der Ausklang des großen Entdeckungszeitalters*, Leipzig 1980.

Hambloch, H., *Allgemeine Anthropogeographie, Eine Einführung*, Stuttgart, 5. Aufl. 1982.

Harenbergs Weltreport. Länder, Städte, Reiseziele, 3. Bd., Dortmund 1990.

Helmess, M., *Die sieben Weltwunder*, Bindlach 1994.

Hellemans, A. u. B. Brunch, *Fahrplan der Naturwissenschaften*, München 1990.

Klug, H.; Lang, R., *Einführung in die Geosystemlehre*, Darmstadt 1983.

Krämer, W., *Geheimnis der Ferne. Die frühesten Entdeckungen der Erde*, Leipzig 1991.

Kidron, M.; Segal, R., *Atlas zur Lage der Welt. Globale Trends auf einen Blick*, Frankfurt a. Main 1996.

Manguel, A.; Guadalupi, G., *Von Atlantis bis Utopia*, München 1981.

Monmonier, Mark, *Eins zu einer Million: Die Tricks und Lügen der Kartographen,* Klosterberg 1996.

Marshall, B. (Hrsg.), *Die Welt von heute. Die Geographie als Grundlage von Politik, Wirtschaft und Kultur,* München 1992.

Reinhard, W., *Kleine Geschichte des Kolonialismus,* Stuttgart 1996.

Trefil, James, *1 000 Rätsel der Natur,* Reinbek b. Hamburg 1993.

Schüler Duden. Die Geographie, Hrsg. u. bearb. von Meyers Lexikonredaktion, Mannheim u. a. 1997.

Schumann, W., *Das Buch der Erde,* Neuausgabe München 1992.

Weber, H., *Die Opfer des Kolumbus: 500 Jahre Gewalt und Hoffnung,* Hamburg 1982.

Westermann-Lexikon der Geographie, hrsg. von W. Tietze u. a., 5 Bde., Braunschweig 1972-1975.

Westwood, Jennifer, *Sagen, Mythen, Menschheitsrätsel. Ein Atlas der heiligen Orte, geheimnisvollen Kultstätten und versunkenen Kulturen,* München, 9. Aufl. 1996.

Witt, W., *Lexikon der Kartographie,* Wien 1979.

Kapitel 1

Beck, H., *Große Geographen. Pioniere, Außenseiter, Gelehrte,* Berlin 1982.

Berthon, S.; Robinson, A., *Das Gesicht der Erde,* Braunschweig 1992.

Bagrow, L.; Skelton, R. A., *Meister der Kartographie,* Berlin, 6. Aufl. 1994.

Bitterli, U., *Die Entdeckung Amerikas. Von Kolumbus bis Alexander von Humboldt,* München 1991.

ders., Die *»Wilden« und die »Zivilisierten«,* München, Neuauflage 1991.

Die großen Entdeckungen, hrsg. von R. Meyn, München 1980-1981.

Galanoupolos, A. G.; Bacon, E. B., *Die Wahrheit über Atlantis,* München, 4. Aufl. 1980.

Granzotto, G., *Christoph Kolumbus: Eine Biographie,* Stuttgart 1986.

Hale, John. R., *Die Reisen der Entdecker. Die Erforschung fremder Länder und Kulturen,* hrsg. von der Redaktion der *Time-Life*-Bücher, Reinbek b. Hamburg 1978.

Kupcik, I., *Alte Landkarten. Von der Antike bis zum Ende des 19. Jahrhunderts,* Hanau, 7. Aufl. 1992.

Polo, M., *Il Millione. Die Wunder der Welt,* übers. von Elise Guignard. Zürich, 4. Aufl. 1983.

Parry, J. H., *Europäische Kolonialreiche. Welthandel und Weltherrschaft im 18. Jahrhundert,* München 1978.

Reinhard, W., *Geschichte der europäischen Expansion,* 4. Bde., Stuttgart 1983-1990.
Sale, K., *Das verlorene Paradies. Christoph Kolumbus und die Folgen,* München, Leipzig 1991.
Strabon, *Erdbeschreibung,* Stuttgart 1856-1862.

Kapitel 2

Aveni, A., *Rhythmen des Lebens. Eine Kulturgeschichte der Zeit,* Stuttgart 1991.
Díaz del Castillo, B., *Die Entdeckung und Eroberung von Mexiko,* Hamburg & Gotha 1848.
Gould, St. J., *Die Entdeckung der Tiefenzeit. Zeitpfeil und Zeitzyklus der Geschichte der Erde,* Frankfurt a. Main 1989.
ders., *Zufall Mensch. Das Wunder des Lebens als Spiel der Natur,* München 1991.
Goudi, A., *Mensch und Umwelt. Eine Einführung,* Heidelberg u. a. 1994.
Hughes, R., *Australien. Die Besiedelung des Fünften Kontinents,* München 1992.
Lindsay, W., *Bildatlas der Dinosaurier,* München 1992.
Pigafetta, A., *Die erste Reise um die Erde. Ein Augenzeugenbericht von der Weltumsegelung Magellans 1519-1522,* Tübingen & Basel 1968.
Revkin, A. C., *Chico Mendes. Tod im Regenwald,* München & Leipzig 1990.
Shoumatoff, A., *Chico Mendes: Der Regenwald brennt,* München 1990.
Weiner, J., *Planet Erde. Schicksal und Zukunft der Erde,* München 1989.
Young, L. B., *Die Selbstschöpfung des Universums,* München 1991.

Kapitel 3

Brosin, H. J., *Das Weltmeer,* mit 100 Farbgrafiken von H.-J. Ehricht, Thun u. a. 1985.
Carson, Rachel L., *Pflanzen und Tiere der Ozeane,* Ravensburg 1974.
Darwin, C., *Darwins Reise. Tagebuch naturgeschichtlicher und geologischer Untersuchungen über die während der Weltumsegelung auf der Beagle besuchten Länder,* Halle a. d. Saale, 13. Aufl. 1893.
Elder, D.; Parnetta. J. (Hrsg.), *Ozeane,* Ravensburg 1992.
Gierloff-Emden, H.-G., *Geographie des Meeres. Ozeane und Küsten,* 2 Bde., Berlin u. a. 1980.

Kelletat, D., *Physische Geographie der Meere und Küsten. Eine Einführung*, Stuttgart 1989.
The Random House Atlas of the Oceans, Hrsg. v. D. Elder u. J. Pernatta, New York 1991.
Turekian, K. K., *Die Ozeane*, Stuttgart 1985.
Twain, M., *Reise durch die Alte Welt*, Hamburg 1964.

Kapitel 4

Blixen, T., *Afrika – dunkel lockende Welt*, Zürich, 22. Aufl. 1996.
Bierhorst, J., *Die Mythologie der Indianer Nordamerikas*, München, Neuausgabe 1997.
Johanson, D.; Shreeve, J., *Lucys Kind. Auf der Suche nach dem ersten Menschen*, München 1992.
Keegan, J., *Das Antlitz des Krieges*, Frankfurt a. Main 1991.
ders., *Die Kultur des Krieges*, Reinbek b. Hamburg 1997.
Kennedy, P., *Aufstieg und Fall der großen Mächte. Ökonomischer Wandel und militärischer Konflikt von 1500 bis 2000*, Frankfurt a. Main 1991.
Lasky, K., *Jenseits der Wasserscheide*, Hamburg 1986.
Lewin, R., *Die Herkunft des Menschen. 200 000 Jahre nach der Evolution*, Heidelberg 1995.
Miller, J., *Darwin für Anfänger*, Reinbek b. Hamburg 1982.
Pritchard, J. B. (Hrsg.), *Herders großer Bildatlas*, Freiburg i. Br. u.a. 1989.
Raup, D. M., *Zufall oder Vorsehung*, Köln 1992.
Scott, R. F., *Scotts letzte Fahrt*, Wiesbaden 1946.
Stoker, B., *Dracula*, Genf & Hamburg 1967.
Taylor, Peter J., *Strukturen der Macht*, Amsterdam 1991.
Tuchman, B. W., *Die Torheit der Regierenden*, Frankfurt a. Main 1997.

Kapitel 5

Gore, Al, *Wege zum Gleichgewicht. Ein Marshallplan für die Erde*, Frankfurt a. Main 1994.
Myers, N., *Gaia, der Öko-Atlas unserer Erde*, Frankfurt a. M. 1985.
Lovelock, J., *Gaia: Die Erde ist ein Lebewesen. Anatomie und Physiologie der Erde*, München 1996.
Tatort ›Erde‹. Menschliche Eingriffe in Naturraum und Klima, Heidelberg u. a., 2. Aufl. 1992.

Tischler, W., *Einführung in die Ökologie*, Stuttgart u. a., 4. Aufl. 1993.
Westermann-Lexikon der Ökologie & Umwelt, hrsg. von H. Leser, Braunschweig 1994.

Kapitel 6

Cornell, J., *Die ersten Astronomen*, Basel u.a. 1983.
Ferris, T., *Das Weltall und ich*, Frankfurt a. Main 1995.
ders. *Das intelligente Universum*, München 1995.
Hawking, S., *Eine kurze Geschichte der Zeit. Die Suche nach der Kraft des Universums*, Reinbek b. Hamburg 1991.
Trefil, J., *Fünf Gründe, warum es die Welt nicht geben kann*, Reinbek b. Hamburg 1992.

Bücher für Kinder

Cole, J.; Degen, B., *Ausflug ins All*, Ravensburg 1997.
Flint, D., *Der Satelliten-Atlas*, Freiburg u. a. 1995.
Lindsay, W., *Bildatlas der Dinousaurier*, München 1992.
Mason, A., *In 80 Seiten um die Welt*, Nürnberg 1995.
Matthews, R., *Die großen Entdecker*, Hildesheim 1992.
Morris, N., *Erster Atlas für Kinder*, Nürnberg 1993.
Nicholson, J., *Atlas des Weltraums*, Nürnberg 1991.
Das Ravensburger Lexikon der Erde, Ravensburg 1997.
Das Ravensburger Lexikon der Weltgeschichte, Ravensburg, 2. Aufl. 1996.
Der große Xenos-Kinderatlas, Hamburg 1996.

REGISTER

area

präsentiert:

Sachbücher, die Geschichte schrieben

Kenneth C. Davis
Was dachte sich Gott, als er den Menschen erschuf?

ISBN 3-89996-028-9

Carl von Clausewitz
Vom Kriege

ISBN 3-89996-014-9

L. Günther
Die deutsche Gaunersprache

J. K. von Train
Wörterbuch der Gauner- und Diebessprache

ISBN 3-89996-016-5

A. Lecanu
Geschichte des Satans

ISBN 3-89996-013-0

Féréal
Geheimnisse der Inquisition

ISBN 3-89996-015-7

Wilhelm Vollmer
Wörterbuch der Mythologie

ISBN 3-89996-068-8

Jakob Sprenger
Heinrich Institoris
Der Hexenhammer

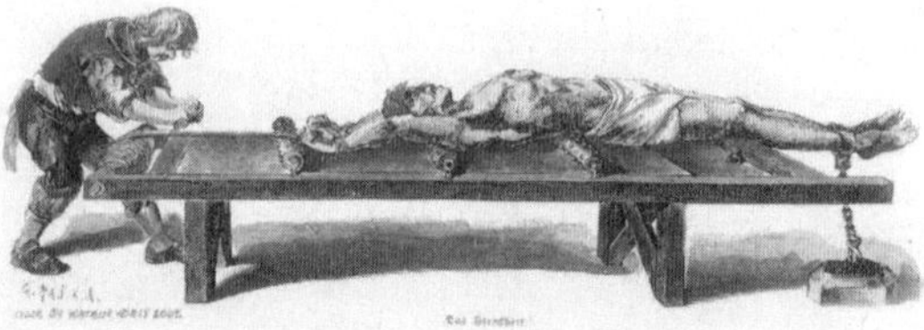

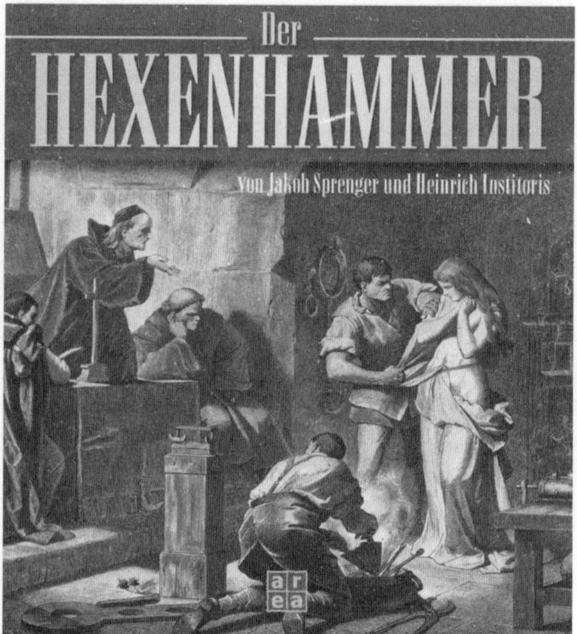

ISBN 3-89996-069-6

Hermann Weber
Geschichte der DDR

ISBN 3-89996-026-2

Alexander Demandt (Hrsg.)
Das Attentat in der Geschichte

ISBN 3-89996-001-7